Treasures for Scholars Worldwide

书心雕龙

古旧书版寻踪

——上卷——

韦 力 ◎ 著

GUANGXI NORMAL UNIVERSITY PRESS

广西师范大学出版社

·桂林·

书心雕龙：古旧书版寻踪

SHU XIN DIAOLONG：GU JIU SHUBAN XUNZONG

项目统筹：鲁朝阳
策　　划：马艳超
责任编辑：马艳超　尚玉清
责任校对：陈振林　李怡琴
责任技编：王增元
书籍设计：徐俊霞　俸萍利［广大迅风艺术］

图书在版编目（CIP）数据

书心雕龙：古旧书版寻踪：上、下卷 / 韦力著. ──
桂林：广西师范大学出版社，2023.10
　　ISBN 978-7-5598-6280-8

　　Ⅰ.①书… Ⅱ.①韦… Ⅲ.①木版水印－印刷史－研
究－中国 Ⅳ.①TS872

中国国家版本馆 CIP 数据核字（2023）第 153175 号

广西师范大学出版社出版发行

（广西桂林市五里店路 9 号　邮政编码：541004）
（网址：http://www.bbtpress.com）
出版人：黄轩庄
全国新华书店经销
广西广大印务有限责任公司印刷
（桂林市临桂区秧塘工业园西城大道北侧广西师范大学出版社集团
有限公司创意产业园内　邮政编码：541199）
开本：720 mm × 1 020 mm　1/16
印张：53.5　　　字数：578 千
2023 年 10 月第 1 版　　2023 年 10 月第 1 次印刷
定价：228.00 元（上、下卷）

如发现印装质量问题，影响阅读，请与出版社发行部门联系调换。

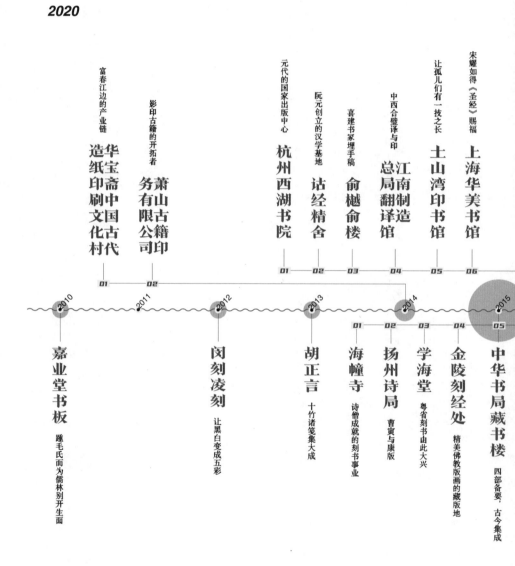

一个藏书家的十年

2010
—
2020

富春江边的产业链
华宝斋中国古代造纸印刷文化村
01

影印古籍的开拓者
萧山古籍印务有限公司
02

元代的国家出版中心
杭州西湖书院
01

阮元创立的汉学基地
诂经精舍
02

喜建书冢埋手稿
俞樾俞楼
03

中西合璧译与印
江南制造总局翻译馆
04

让孤儿们有一技之长
土山湾印书馆
05

宋耀如得《圣经》赐福
上海华美书馆
06

2010　2011　2012　2013　2014　2015

嘉业堂书板
踵毛氏而为儒林别开生面

闵刻凌刻
让黑白变成五彩

胡正言
十竹诸笺集大成
01

海幢寺
诗僧成就的刻书事业
02

扬州诗局
曹寅与康版
03

学海堂
粤省刻书由此大兴
04

金陵刻经处
精美佛教版画的藏版地

中华书局藏书楼
四部备要、古今集成
05

01 02 03 04 05 06 07 08 09 10 11

专研字学，隶法最优 **翟云升**

以石为版，刻经济世 **北京云居寺**

竹纸群落，唯重古法 **逸古斋**

眉子金星，索索有芒 **龙尾砚**

销主制辅，转售天下 **河口纸市**

徽墨三分，詹族独擅 **虹关墨**

纸脉源远，复盛路长 **铅山连四纸**

远溯秦汉，今统半壁 **文港笔**

最早的官定教科书 **学部编译图书局**

儒典西学，官修官译 **京师大学堂编书局译书局**

铜耶？锡耶？公心可鉴 **华燧会通馆**

浙刻天下第一 **南宋临安**

雕版兴则文化昌 **北宋皇城**

洞庭席氏 席丰履厚爱刊书

2016 2017 2018 2019 2020

08 09 10 11 01 02 03 04 05

中友修复公司 机械师出身的古籍修复师

扬州线装古籍文化公司 现代与传统的结合

陶子麟 陶氏常与天地在

陈义时 四代传承剞劂艺

金山钱氏 延绵百年的刻书世家

圣经书房 西洋人制作的几套活字

宁波华花书房

唐仲友 风尘中的公使库刻本

吴镜渊 挽狂澜于既倒

印有模 执掌商务，引进外资

自序

　　本书谈论的是中国与印刷出版有关的话题，以寻访历史遗迹的方式，将这些文明闪光点落脚到今天的现实。

　　对于书籍的价值，孙中山在《建国方略》中评论出版时曾说："一切人类大事，皆以印刷记述之；一切人类智识，皆以印刷蓄积之；故此为文明一大因子。"孙中山所说的印刷，实指书籍的出版，而书籍出版有两个先决条件，首先是文字的产生，其次是文字的载体。

　　文字本自语言，据说人类与动物区别开来的第一形式是说话，所以文字的产生标志着人们从蛮荒时代进入了文明时代。关于汉字的起源，历史上说法众多，仓颉造字是最为流行之一种，而在文字产生之前，人类靠结绳纪事，东汉郑玄在注《周易》时曾说："古者无文字，结绳为约。事大大结其绳，事小小结其绳。"但是以结绳纪事，需要人们有强大的记忆来做语言上的解释，只有文字能够记载下抽象的事物，因此文字的产生十分必要。

　　文字的产生需要一定的过渡，比如早期文字就是以图画的形式来展现，而后出现了陶器刻符。郭沫若在《古代文字之辩证的发展》一文中认为，半坡彩陶上的刻划符号乃是"中国原始文字的孑遗"，有不少学者对郭沫若的论断提出过质疑。但一种文字的形成必定要经过一定形式的过渡，甲骨文字则是今日已知中国最早的成熟文字，并且是世界上唯一保留下来的系统的表意文字。于是有人认为，甲骨文就是中国最古老的文字，比如懿恭在《我们最古的书：甲骨文——龟册》一文中就持这种观点，"中国最古老的书，从现存实物上看，第一就是商王朝的甲骨文，也就是'龟册'了"。

　　此后书的载体主要是简册，接下来有了版牍和帛书，但是这些文字载体不是笨重就是昂贵，难以普及，直到纸的产生方使书籍得以广泛流传，书籍从写本时代过渡到刻本时代则是一个质的飞跃。但无论哪个时代，都需要相应的书写和印刷工具，人们通常说的文房四宝"笔墨纸砚"就是古代书史中必然涉及的书写和印刷材料，正因印刷材料之于书史有着如此的重要性，故本书中对笔、墨、纸、砚各写一篇，来作为材料的代表。

中国古代书籍以雕版为主，关于雕版产生的年代，自宋元以来历代学者有不同说法，主流观点认为，雕版印刷术出现于唐代，至于是初唐、中唐还是晚唐，仍然有不同意见。唐朝建立后，沿袭隋代制度，废除了魏晋以来的贵族世袭官制，代以科举取士，民间读书风气大盛，朝廷也设置了国子学、太学，再加上唐代的造纸、造笔、造墨技术已十分成熟，物质条件的发展使得印刷技艺得以成熟。

雕版印刷术的出现大大提高了书籍的成书效率，在此之前，古人需要用纸和笔一部一部地抄书，速度十分缓慢，抄写过程中还会出现错讹等问题，而雕版印刷只需对底稿进行仔细校对，在刻版之时再做核对，形成定本后重复印刷，几乎每一版都是相同的。书籍的普及大大加快了人类文明的进程，因此雕版印刷术的出现具有划时代的重要意义，它不但提高了图书制作的效率，同时降低了图书的成本，由此而扩大了知识传播的广度。

有一种说法认为，雕版印刷术的产生本自佛教密宗咒语的传写。由于陀罗尼咒语无法翻译，当时的人主要是直接抄写梵文，而文字的隔阂使得抄写梵文容易出现错误，于是有人借鉴古代印章技术，发明了雕版。虽然印章大多是阴文，而雕版印刷是阳文，但两者之间以捺印方式予以过渡，最终形成了成熟的书籍印刷技艺。

佛教传入中国的时间，历来也有不同说法，学界大多以汉明帝派遣使者到大月氏国求经为标志。东汉后期，佛经翻译大为盛行，最初翻译的佛经是以抄本的形式呈现，到北宋初年刊刻了第一部大藏经《开宝藏》，自此之后，大藏经基本是以雕版形式予以传播。但是有一部大藏经十分奇特，它是以石头作为载体的，俗称"石经"。虽然古代在石头上凿刻文字早已有之，但大多是以碑刻或摩崖的形式出现，不能称之为书。但是，在北齐南岳慧思大师的发愿和倡议下，其弟子静琬开始以石头为载体，刊刻大藏经，这个刊刻过程延续千年之久，本书中的《北京云居寺：以石为版，刻经济世》一篇，就讲述了这个过程。此后自宋至清，朝廷也曾刊刻过大藏经，但其他的单经大多是由私人信众来刻版流传。晚清最有名的刻经地点乃是金陵刻经处，直到今天，这里仍然在补刻经版，刷印流通。

儒学经典也曾以石刻方式呈现，比如《熹平石经》和《正始石经》等，可惜未能像《房山石经》那样几乎完好地被保留下来。清乾隆时期石刻的"十三经"，虽然今日完整地保留在国子监内，但其刊刻年代要比《房山石经》晚得多。相对来说，儒学"十三经"大多是由朝廷刊刻，但由私人主持刊刻的也有，最著名的就是阮元主持的《十三经注疏》，本书中《诂经精舍：阮元创立的汉学基地》一篇就详细谈及此事。

按照传统分法，书籍出版主要分为官刻、私刻、坊刻及宗教刻书。其中官刻又可分为朝廷刊刻和地方政府刊刻，本书中提到的扬州诗局可以视作朝廷刊刻的代表，杭州西湖书院则为地方政府刊刻代表，洞庭席氏和金山钱氏为私刻代表。诂经精舍与学海堂由地方大员召集而成，也属于地方政府刻书。

相对于手工抄写，雕版印刷是一次质的飞跃，但是雕版印刷术也有其自身的缺陷，比如说刊刻一部大部头的书籍需要消耗大量木板，且刊刻周期长，储藏版片会占用大量空间。北宋庆历年间，毕昇发明的活字印刷术解决了这个弊端，沈括在《梦溪笔谈》中详细描述了毕昇的泥活字的制作方式及印刷方式，遗憾的是，沈括没有记载毕昇用这套泥活字印过哪些书，以致有人怀疑沈括的记载是否确有其事。

宋绍熙四年（1193），周必大在给朋友的信中写道："近用沈存中法，以胶泥铜板移换摹印，今日偶成《玉堂杂记》二十八事。"在这里，周必大直接按照沈括书中的记载制作出了一套活字，而后印出《玉堂杂记》，可见《梦溪笔谈》中的这段记载在社会上有着一定的影响力和实际操作性。元代农学家王祯根据毕昇制造泥活字的方式，在工艺上加以改进，发明了木活字，遗憾的是他用木活字所印之书也没有流传下来。但是，中国确实在宋代已经有了活字印刷术，因为近几十年出土了西夏文的活字本印刷实物。

今日国内可见的以汉文印刷的最早活字本，乃是明弘治三年（1490）华燧印制的《会通馆校正宋诸臣奏议》，这部书同时是中国最早的金属活字印本。有意思的是，中国早期铜活字主要产生在无锡地区，为什么会出现这种情况，本书中《华燧会通馆：铜耶？锡耶？公心可鉴》一文通过寻访华燧遗迹，来讨论这个问题。

套色印刷也是中国书史上璀璨的一页。单以文字套色来论，中国的套版印刷术起源于中国古代文献的注疏。中国古书中的阐释学十分发达，比如司马迁著有《史记》，刘宋时裴骃对该书作《集解》，唐代司马贞作《索隐》，张守节再作《正义》，通过层层阐述，使得人们对原书有了更为丰富的理解。但是在传写过程中，正文与注文容易混淆，于是人们用不同颜色的笔分别来抄写正文和注文，比如唐陆德明《经典释文》是"以墨书经本，朱字辨注，用相分别，使较然可求"。

现已知最著名的早期套印书籍是元顺帝至元六年（1340）中兴路资福寺套印、无闻和尚注释的《金刚经》，由于套印技术在操作上有一定难度，这种印刷方式早期并不普及。直到明万历四十四年（1616），闵齐伋套印出了朱墨本《春秋左传》，自此之后的几十年套印本大放异彩，仅吴兴闵、凌两家就出版了一百多种套印本，本书中的《闵刻凌刻：让黑白变成五彩》一文，讲述的正是相关细节。

在套印本中，版画一向被目录版本学界视为单独一类，如果以时代论，套印版画要早于文字套版。1974年在山西应县木塔内发现了三幅彩印的《南无释迦牟尼佛像》，其印刷方式与传统的漏孔印染花布技艺相类似，这种印刷方式与主流的套版印刷有一定区别。套印版画的盛行基本与套色文字印刷的盛行并行。套印版画中的最著名技艺乃是饾版、拱花，这种技术一直被公认为中国对印刷术的独特贡献。而饾版、拱花究竟是谁发明的，本书中的《胡正言：十竹诸笺集大成》一篇探讨的就是这个问题。

随着时代发展，中国的传统印刷技术开始受到西方印刷术的影响和冲击，鸦片战争结束了中国与国外的隔绝状态，中国开始"师夷之长技"，"师夷"的第一步就是翻译西方著作。第二次鸦片战争后，西方教会的传教事业在中国快速发展，为了传播宗教思想，他们专门发明了中文铅字技艺。但是由于中国文字数量太多，在制作字模方面成本巨大。1834年，法国人勒格朗对汉字进行排列组合，经过合并分类，创造了叠积活字，这套活字送到澳门后印刷了不少宗教书籍，后来这套字模运到了宁波的华花圣经书房，接着又转到了上海美华书馆。但是叠积字拼出的中文活字并不美观，不符合中国人对于文字美的追求，所以叠积字印本难以推销。华花圣经书房又制出了其他中文活字，该书房迁到上海后，发明了电镀字模，使得铅字可以大量印刷。

捷裔德国人塞内费尔德发明了石印技术后，1828年传教士在巴达维亚印刷所用石印技术印刷中文书籍，1876年英国商人美查在上海创办点石斋石印局，所印《点石斋画报》影响巨大。但是点石斋石印局并不是最早在中国使用石印技术的出版机构，净雨在《清代印刷史小记》一文中称："中国之最早用石印术者，或谓为上海徐家汇天主教之土山湾印刷所，时在清光绪二年（1876）间。"然而，邹振环在《疏通知译史》中谈到净雨的这段叙述显然不准确，因为早在1832年底，麦都思就在广州设立了两个石印所，并且1843年底麦都思抵达上海后，创建了墨海书馆，也曾采用石印。虽然净雨的记述在时间上有误差，但在石印术的传播链上，土山湾印书馆的确是一个重要环节。美查创办的点石斋石印局所聘请的石印技师邱子昂就是来自土山湾印书馆，本书中专有一篇《土山湾印书馆：让孤儿们有一技之长》讲述土山湾印书馆在印书史上起到的重要作用。

在叠积字传播的同时，英国伦敦会传教士戴尔等人试制的铅字在香港英华书院流通，这套铅字被称为"香港字"。关于这套字模后来的情况，张秀民、韩琦合著的《中国活字印刷史》中说："后来传入上海，在麦都思创办的墨海书馆使用，后又传入北京的同文馆，用来印刷科学和宗教书籍。"

北京的同文馆又称京师同文馆。咸丰十年（1860）英法联军再次入侵，咸丰皇帝逃往热河，临行前授恭亲王奕䜣为"钦差便宜行事全权大臣"，负责中外交涉。当年十二月初三，奕䜣与文祥等人联名上奏《钦差大臣奕䜣等奏通筹洋务全局酌拟章程六条折》，首次提出设立"总理各国事务衙门"，同时提出开办"外国语言文字学堂"，此即后来的京师同文馆。设立此馆的缘由正如奕䜣等大臣在奏折中所言："查与外国交涉事件，必先识其性情。今语言不通，文字难辨，一切隔膜，安望其能妥协！"

为了解西方，同文馆翻译了《万国公法》。对于该书的价值，谭嗣同在《报贝元征》中认为："西人仁至义尽之书，亦即《公羊春秋》之律。"对于该书的重要意义，邹振环总结说："如果说鸦片战争是从事实上击溃了清政府奉行了百来年的闭关锁国的外交政策的话，那么《万国公法》可以认为是从理论上打破了清王朝那种以天朝上国自居的愚昧颠顶的观念。"京师同文馆还翻译了大量西方著作，本书中专有一篇《江南制造总局翻译馆：中西合璧译与印》讲述同文馆的创设及译书过程。此外，京师大学堂编书局及学部编译图书局等都与之有相应关系。

西方印刷术对中国出版业产生巨大冲击的同时，也带来了新技术与新思想。鲍咸昌曾在美华书馆做过排字工人，后来与夏瑞芳、鲍咸恩等在上海创立了商务印书馆。该馆创立于1897年，到1903年改建为股份有限公司，同时引进日资。金港堂为日本最大的教科书出版机构，具有很强的技术力量。与金港堂合资使得商务印书馆在短期内掌握了凸版、平版和凹版三种印刷技术，同时拥有了先进的印刷设备，使得该馆一跃成为当时国内最大的出版机构。

此后，陆费逵创立了中华书局，另外上海还诞生了大东书局、世界书局、开明书局等重要出版机构。按照1937年王云五在《十年来的中国出版事业》中的统计，1927年至1936年中国共出版新书近4.3万种，其中商务、中华和世界三家占总出版数的65.2%。他们何以能够占据中国出版业的大半，本书中的《中华书局藏书楼：四部备要，古今集成》《印有模：执掌商务，引进外资》《吴镜渊：挽狂澜于既倒》等篇皆有相关论述。

晚清民国时期，是一个中西碰撞、交流与融汇的时期，尽管西方新的印刷技术开始大行其道，但仍然有很多人喜爱传统书籍的形式。民国期间就有很多大藏书家专门请名手用雕版来刊刻书籍，其中最著名的刻版人名叫陶子麟。陶子麟曾为许多大藏书家刻过书，其中就有南浔大藏书家刘承幹，当然为嘉业堂刻版的不止陶子麟一位，因为嘉业堂的版片堆满了数个房间，这些版片大多都留存至今。

到如今，仍有一些传统文化继承人在雕刻书版，其中最著名的是陈义时先生。本书中专门谈到了陈家几代传承此技艺，并将其发扬光大的过程。但是，在当今的现实状况下，使用传统雕版方式来做书，更多的意义在于传承这项技艺。以这种方式来制作书籍，不但花费巨大，出书速度也很缓慢，这两个缺点都不利于让更多的人来了解中国的典籍之美，于是以传统装订的方式影印出版古籍，成为最佳折中结果。当今有数家专门从事古籍影印出版的公司在业界颇有好评，具有代表性的两家分别是萧山古籍印务公司和华宝斋，本书通过实地探访来讲述他们创建公司、复制古籍的曲折过程。

在经历了千百年的火、水、兵、虫四厄之后，留存于今的许多古籍不免有所残损，因此古书修补一向是中国书业的保留项目。十余年来，国家古籍保护中心成立，在此中心的推动下，古书修补行业有了长足进步。本书中讲到的中友修复公司乃是该行业中的佼佼者，通过该公司亦可管窥当今私人修书的状况和理念。

总之，我对书有着无以言表的爱，尤其是对中国的古书，对它们的制作过程以及所有的相关细节都有着强烈的好奇之心。我想通过这本小书，以点窥面来讲述中国的书是如何被制造出来的；通过对相关历史遗迹的寻访，来讲述自古至今有哪些人为书籍的出版做出了哪些重要贡献。因为历史变迁的原因，有些重要遗迹已了然无痕，还有一些遗迹因为已经写入了其他的书中，故在此不予重复收录。

1500 多年前，南朝宋文学理论家刘勰写出了《文心雕龙》，此书乃是中国文艺理论史上最重要的成果之一。刘勰在书中用战国时齐人"雕龙奭"的掌故来比喻善于修饰文辞。在我看来，古人刊刻典籍传播文化，是善莫大焉的一件事，因此我觉得雕版印刷颇有雕龙之意，虽然此意与刘勰所用在内涵上有一定差异，但在事实上却有异曲同工之妙，故而这部小书以"雕龙"来命名，以此表达我对刊刻和出版典籍的前贤们之敬意。

辛丑腊八晨于芷兰斋　韦力

古代篇

古代篇

北京云居寺

以石为版，刻经济世

　　早在汉代，就有人将儒家经典刊刻在石头上，比如著名的《熹平石经》以及后来的《正始石经》等，其主要目的是让学子们观摩及捶拓，故刊刻完毕后，这些石经大多会置于交通方便之处，以便让更多的人来阅读使用，因此有人说，这些儒家刊刻的石经可以被视为经典的母版。

　　北京的云居寺自隋代开始也刊刻了一些石经，与其他石经不同的是，这些刊有经文的石版大多藏在了挖好的山洞之内，而一个山洞藏满之后，就会将其封闭起来，再挖一个新的山洞予以储藏。这样的藏经洞在云居寺至少有八处之多，并且根据史料记载，至今还有未发现的藏经洞。由此可见，云居寺石经从刊刻之初就是以石版为书，其刊刻目的乃是保存经典，而不是让学子们来传拓，此举在中国书籍刊刻史乃至世界出版史上都颇为罕见。而云居寺石经的这项刊刻工程前后长达千年之久，同样是世界书史上的奇迹。

云居寺石经的开创人是隋代僧人静琬。隋郎茂撰《州郡图经》载："智泉寺僧静琬，见白带山有石室，遂发心书十二部经，刊石为碑。"云居寺重开山第十三代住持纯山在其所撰《白带山志序》中称："白带山在涿县之西北，隋文帝建舍利塔于寰区山中，智泉寺其一也，嗣以琬公镌石经藏而知名。"由此可知，白带山就是现今北京房山区云居寺所处的那座山。白带山上原有智泉寺，静琬乃是智泉寺僧人。某天静琬在白带山上看到了一石窟，于是发愿刊刻石经。根据文献记载，幽州地区原本有两个智泉寺，一个位于北京城内法源寺东侧，另一个位于北京的房山。静琬能够在白带山上发现石窟，故而学者们更倾向于他是房山智泉寺的僧人。那么，静琬为什么要刊刻石经而后封存于洞中呢？

明末刘侗、于奕正所撰《帝京景物略》卷八《畿辅名迹·石经山》中有这样一段话："北齐南岳慧思大师，虑东土藏教有毁灭时，发愿刻石藏，閟封岩壑中，以度人劫。〔南〕岳〔慧思大师〕坐下静琬法师，承师付嘱，自隋大业〔年中〕，迄唐贞观，《大涅槃经》成。"按此说法，想出刊刻石经并密藏洞中的人应当是南岳慧思大师。在此之前，北魏太武帝太平真君年间和北周武帝建德年间有过两次大规模的灭佛活动，摧毁了大量佛寺，很多经卷被焚毁，这两场运动被佛界称为"法难"。正是因为这些事，让慧思忧虑如果再有这样的法难，就会使很多佛经失传，于是想出了把佛经刊刻在石头上而后封于洞内的办法。通过这种办法保存佛经，以期在法难过去后，佛经能够以此为底本，再度传于世间。但南岳慧思并未实施他的想法，而是命令静琬来刊刻石经。静琬的刻经活动始自于隋大业间，到唐代贞观年间，他完成了《大涅槃经》的刊刻。

将静琬视为南岳慧思的弟子，仅在《帝京景物略》中有一段记载，然后世学者认为这段记载没有历史依据。罗炤在《房山石经之源与静琬的传承》一文中进行了辨析，该文从五个方面进行论述，得出的结论是："明末的《帝京景物略》所记静琬是慧思弟子的说法，是晚于静琬整整一千年的刘侗、于奕正杜撰出来的，不仅没有史实根据，而且与慧思的经历、思想、教理教法不能相符，与静琬所处的地理、历史、宗教文化环境相悖。"

那么静琬应当是谁的弟子呢？罗炤先生在其文中提出："通过以上关于雷音洞与大住圣窟、静琬与灵裕之间的对照比较，我们认识到，在灵裕与静琬之间，存在着非同寻常的一致性。寻绎灵裕与静琬的行迹，笔者推测，静琬极有可能是灵裕的弟子。不过，因为在原始资料中没有相关的直接记录，为慎重起见，将静琬视为灵裕思想与事业的继承人，应是比较稳妥的。"

静琬是否是灵裕的法脉，于此不展开讨论，然其在云居寺刊刻石经之事，却有早期史料记载，在这里仍需探求静琬为什么要刊刻石经。管仲乐在其博士论文《房山石经研究》中认为，静琬所处时代正是信行禅师三阶教流行时期，虽然隋文帝一度禁止三阶教流传，但该教派在河北地区依然有很多信徒，因此静琬受到了"末法学说"的影响。此说可以房山石经藏经洞新编第八洞《镌华严经题记》为证，该原石应嵌在新编第八洞洞门上方横梁中间，后来断为两段，前段现存于新编第八洞，后段存于旅顺博物馆。其文如下：

　　〔静琬〕敬白：未来之世，一切道俗，法幢将没，六趣昏冥，人无惠眼，出离难期。每寻斯事，悲恨伤心。今于此山，镌凿华严经一部，永留石室，劫火不焚。使千载之下，惠灯常照；万代之后，法炬〔恒〕明，咸闻正道。□□□□乃至金刚，更□□□。

　　此经为未来佛〔法〕难时拟充经本。世若有经，愿勿辄开。贞观八年岁次甲午六月乙卯十五日巳□。

后世学者大多认为，这是静琬刊刻房山石经的直接动机。他给未来人写下了这段话，认为自己所处的时代已经进入末法时代，佛教将灭。为了能让佛典传承下去，他开始在石头上刊刻佛经，所刊第一部经典乃是《华严经》。他希望刻在石头上的经文能够躲避战争和灾难，如果世上仍然有《华严经》流传，就不要打开石洞请出此经；如果《华严经》在世上失传了，则可打开此洞，以石经作为传抄的底本。

　　以石刊经，使之流传久远，这在唐代得到了社会上的普遍认可。白居易在《苏州重玄寺法华院石壁经碑文》中说到过这样的观念："佛涅槃后，世界空虚。惟是经典，与众生俱。设有人书贝叶上，藏檀龛中。非坚非久，如蜡印空。假使有人刺血为墨，剥肤为纸，即坏即灭，如笔画水。噫！画水不若文石，印蜡不若字金。其功不朽，其义甚深。故吾谓石经功德，契如来付嘱之心。"静琬正是怀着强烈的末法思想，选一处便于久藏之地来刊刻和秘藏佛经。贞观二年（628），他在《涅槃经》的题记中表达了同样的观念："〔释迦如来正法、像法凡千五百余岁〕，至今贞观二年，〔已浸末法〕七十五载。佛日既没，〔冥夜〕方深，瞽目群生，从兹失导。静琬为护正〔法〕，率己门徒知识及好〔施檀〕越，就此山顶刊华严〔经等〕一十二部，冀于旷〔劫，济度〕苍生，一切道俗，同登正觉。"

　　静琬及其后继者所刊刻的石经因处在房山，故被称为"房山石经"。清顾祖禹在《读史方舆纪要》中说："房山县，州西北四十里。东至府城百二十里，西至保定府易州涞水县八十里。本良乡、宛平、范阳三县地，金大定二十九年（1189）始置万宁县以奉山陵，明昌二年（1191）改为奉先县。元至元二十七年（1290）改为房山县，属涿州。"可见到元代之后，才有"房山县"之名，静琬刊经时，此地尚属范阳县。辽天庆七年（1117）刊刻的《石经寺释迦佛舍利塔记》称："大辽燕京涿州范阳县白带山石经云居寺释迦佛舍利塔记。案诸传记并起寺碑，原其此寺，始自北齐，迄至隋代，有幽州智泉寺沙门智苑，精炼有学，终有琐骨，此寺见有塔焉。发心磨莹贞石，镌造大藏经，以备法灭。"其中的"智苑"当作"智琬"，即静琬。

　　可见那时的范阳县属于涿州，云居寺所处之地名白带山。然早期文献称静琬是智泉寺僧人，管仲乐在其论文中经过分析，认为涿州的智泉寺与云居寺同位于房山地区，静琬虽然是智泉寺僧人，后来他前往云居寺时发现了寺前的雷音洞，于是将云居寺进行扩建，以便在附近刊刻石经，故而静琬也是云居寺的实际开创人。

　　对于两寺的关系还有另一种说法。溥儒《白带山志》称："云居寺，隋曰智泉寺，以泉名也。"如果这段记载准确的话，那么智泉寺乃是云居寺的前身，静琬原本就是智泉寺僧人，如此说来，他所建的云居寺有可能是在智泉寺的基础上扩建而成。

　　白带山距离市区颇远，静琬从哪里筹集到大笔资金来扩建云居寺及刊刻石经呢？唐永徽年间，吏部尚书唐临在其所著《冥报记》中写道：

　　唐幽州沙门知苑，精练有学识。隋大业中，发心造石室一切经藏，以备法戒。既而于幽州西山凿岩为石室，即摩四壁而以写经。又取方石，别更摩写，藏诸室内。每一室满，即以石塞门，镕铁固之。时隋炀帝幸涿郡，内史侍郎萧瑀，皇后弟也，性笃信佛法，以其事白后。后施绢千匹，瑀施绢五百匹。朝野闻之，争共舍施，故苑得成功。

这段话讲述的是知苑（即静琬）刻经和藏经的方式：他先是凿出石洞，在石壁上刻出经文，同时用一些石片刻经储在洞内，每藏满一洞，就用石头将门封上，同时熔化铁水把门缝封死。隋炀帝巡幸涿州时，皇后的弟弟萧瑀笃信佛教，听闻到静琬的所为后，将此消息禀报给皇后，随即皇后和萧瑀分别捐出大量的钱财，在皇后的带动下，朝野人士纷纷捐款，从而使静琬的刊刻石经事业有了充足资金保障。

　　有了资金，还需要到各地购买栋梁之材，方能建起宏大庄严的庙宇。白带山一带群山环绕，运送大木十分困难，可能是静琬的宏愿感动了佛祖，他缺少建材之事得到了神助。《冥报记》中写道：

　　苑尝以役匠既多，道俗奔凑，欲于岩前造木佛堂，并食堂寝屋。而念木瓦难办，恐分费经物，故未能起作。一夜瀑雨，雷电震山。明旦既晴，乃见山下有大松柏数千株，为水所漂流积道次。山东少林木，松柏尤稀，道俗惊骇，不知来处。推寻踪迹，逐自西山，崩岸倒木，漂送来此。于是远近叹服，谓为神助。苑乃使匠择取其木，余皆分与邑里。邑里喜悦，而共助造堂宇，顷之毕成，皆如其志焉。

静琬正在发愁建材之事，突然某晚下起了暴雨，天亮时发现山洪冲来了许多的大树，正好供他建造寺院。这个传说在唐代刘济的《涿鹿山石经堂记》中亦有记载："至国朝贞观五年，《涅槃经》成，其夜山吼三声，生香树三十余本。其年六月，暴水浮大木数千株于山下，遂构成云居寺焉。"

静琬最终将智泉寺扩建为三个寺院，即东峪云居寺、西峪云居寺以及中峪云居寺，此外还有石经寺（该寺又称云居上寺和雷音寺），另外还有专供刻经的磨碑寺，等等。当然，这些寺院是逐渐形成的，静琬圆寂后，他的弟子继续在此刊刻石经。辽清宁四年（1058）赵遵仁在《涿州白带山云居寺东峰续镌成四大部经记》中谈到了静琬圆寂后的继承人顺序，"以唐贞观十三年奄化归真，门人导公继焉；导公没，有仪公继焉；仪公没，有暹公继焉；暹公没，有法公继焉。自琬至法，凡五代焉，不绝其志。乃知自唐以降，不闻继造"。

到了静琬第三代弟子惠暹时期，云居寺得到了皇室的支持。王守泰《记山顶石浮图后》载："大唐开元十八年，金仙长公主为奏圣上，赐大唐新旧译经四千余卷，充幽州范阳县为石经本。又奏范阳县东南五十里，上垒村赵襄子淀中麦田庄，并果园一所，及环山林麓，东接房南岭，南逼他山，西止白带山口，北限大山分水界，并永充供给山门所用。"刘济所撰《涿鹿山石经堂记》中更明确地写道："既而玄宗开元圣文神武皇帝第八妹金仙长公主特加崇饰，遐迩之人，增之如蚁术焉。有为之功，莫此而大。"

　　唐玄宗的妹妹金仙公主奏请赐云居寺佛经四千余卷，成为该寺刊刻石经的底本，同时金仙公主又奏请皇帝将大片田地和果园赐给了云居寺。关于金仙公主，刘济在文中说乃是玄宗的第八妹，但也有的文献称是第四妹，总之是在她的帮助下，云居寺得以扩建。

　　有了物资保障，云居寺刊刻石经的工程得以加快步伐，在隋唐时期，云居寺总计刊刻出了经版四千余块。五代时期由于战乱，云居寺刻经一度中止。后来白带山成为辽国属地。辽统和二十二年（1004），辽宋缔结"澶渊之盟"，此后云居寺有了一段安定时期。辽太平七年（1027），时任涿州牧韩绍芳上奏朝廷，经皇帝批准，云居寺刻石经之事得以接续。辽应历十四年（964），云居寺住持僧谦讽对该寺又进行了大规模整修，刻经的速度也得以加快。

　　辽应历十五年（965），王正在所撰《重修范阳白带山云居寺碑》中记载了此前因长期的兵火战乱，使云居寺被毁和寺主谦讽于应历年间大规模修复云居寺的史实，"和尚则历纲维，典寺事，见风雨之坏者及兵火之残者，补正绍隆，迭有次序。以坛物毕萃于十方，故建库堂一座，五间六架；以庖人可供于四众，故建厨房一座，五间五架；以我佛方转于法轮，故建转轮佛殿一座，五间六架；以待宾不可以无位，故建暖厅一座，五间五架。又化助前燕主侍中兰陵公，建讲堂一座，五间七架。次化助公主，建碑楼一座，五间六架，并诸腰座。次建饭廊二十三间四架，次又建东库四间五架，次建梵纲经廊房八间四架，次盖后门屋两座。余有舍短从长，加朱施粉，周而复始，不可弹论"。

　　在谦讽的主持下，云居寺不但修复了破损的房屋，还得以扩大，由此奠定了云居寺的规模。辽代时期，云居寺还建起了两座塔，北塔称为罗汉塔，建于辽重熙年间（1032—1055），是云居寺僧募集钱财建造而成，该塔一直留存至今。南塔为寺僧绍坦建造于辽天庆七年（1117），该塔内藏有三百余粒舍利子，可惜20世纪40年代毁于日军炮火。

辽大安九年（1093），通理大师为房山石经刊刻者静琬的灵骨建造了琬公塔，并撰有《静琬大师塔铭》。

金灭辽后，云居寺的刻经事业并未中断。金大定十二年（1172），义谦法师继任云居寺住持，将该寺由律宗改为禅宗。元灭金后，房山石经的刊刻陷入停顿，然此阶段也刊刻了少量石经。比如顺帝至正元年（1341），高丽僧人慧月来到云居寺，看到庙宇破坏严重，于是募集资金修复雷音洞，并嘱托僧达牧对石经进行补刻。

朱元璋建立大明后，在洪武二十一年（1388）命姚广孝前往房山云居寺了解刻经情况，姚广孝将所见情况禀报皇帝，于是皇帝在洪武二十六年（1393）下令对云居寺进行了修复。明正统九年（1444），朝廷又对云居寺进行过修复。

明永乐年间，印度高僧桑谒巴辣来华，深得永乐皇帝信任，到东峪云居寺担任住持，在此期间也对庙宇进行了修复。桑谒巴辣圆寂后葬在了云居寺附近。到了明代晚期，云居寺再次衰落，有些僧人竟然倒卖庙产，甚至售卖石经。明万历二十年（1592），高僧紫柏真可和憨山德清来到了云居寺，发现这里十分残破，真可在雷音洞内无意间发现了一个石函，石函内有三颗佛舍利，此事引起了朝野轰动，这些舍利被万历皇帝的母亲慈圣太后迎入慈宁宫供养，后来又将其中两颗放回云居寺雷音洞内安置。

在朝廷的指示下，云居寺得以修缮，被盗卖的寺产赎了回来，紫柏真可将东、西云居寺的住持以及执事僧人召集在一起，对他们严加训示，同时撰写了《示东西云居寺僧众》，文中称"涿州石经山为天下法海"。紫柏真可认为自己跟此寺有宿缘，不能坐视云居寺庙产被蚕食，想办法筹资赎回了被卖出的寺产，使得该寺恢复了原有的规模，但真可担心此后再发生类似事件，于是对寺僧悉心开导，告诉他们传法的重要性。而憨山德清也撰写了《复涿州石经山琬公塔院记》。

可惜云居寺的僧人并没听从两位高僧的劝导，待高僧离开不久，寺僧石壁又私下卖出云居寺田产五百亩，石经的刊刻也难以延续。到了晚明时期，云居寺刻经事业已近尾声，但仍有一些居士出资刊刻石经，比如董其昌等人就刻过一些经。不过，董其昌等人所刻之经完成后，原来用于储藏石经的山洞已经因为藏满而封闭，于是他们在雷音洞附近又开了一个小洞，将新刻石经藏在了里面，此洞被后世俗称为"宝藏洞"。

进入清代，房山石经的刊刻基本停止，云居寺也因战乱再度衰落。康熙年间，溟波任云居寺住持，对该寺进行了大规模复建。溟波为临济宗第三十三祖，故而此时的云居寺又改为了临济宗。正是在溟波的努力下，云居寺再现辉煌，因此后世视溟波为云居寺重兴初祖。溟波圆寂后，其弟子圆通继任云居寺住持，圆通之后则是了尘，了尘之后为光泰，自溟波之后的三位住持被后世并称为"云居寺三公"。

对于静琬刊刻石经的独特性，管仲乐在其论文中认为："房山石经在碑石的贮藏方法上不断调整，日渐趋于合理。一方面，在刻石的形制上，静琬时期从传统的摩崖刻经转为碑版式，最开始乃先刊于碑板，后镶嵌于洞穴内壁。这是摩崖刻经的变体，虽然最终没脱离摩崖刻经的形式，但是在刊刻方式上由直接于墙体镌刻到先镌刻后镶嵌，更为简便。继而发展为大碑的形式，石碑脱离了墙体有利于更多石经的贮藏。至辽代通理创制了小幅石碑的形式，刊刻更加简便，而且一定程度上保留了佛教刻本大藏经（《契丹藏》）的版面形式，也更加便于储藏。"

古代传统刻经方式主要是刊刻在岩石外表上，而静琬改变了这种方式，之后又通过调整，直接用石板刊刻佛经，而后将其整齐地摆放在洞内或埋入地下。从出版史的角度来说，这些刻有经文的石板可以视为石板书。虽然古人偶尔也会把一些书刊刻在石板上，但远不能跟静琬及其后继者刊刻的石经相并提。同时，这种石板书跟晚清时期西方传入的石印技术又有所不同，因此房山石经从形式上而言，是中国书籍史上独特的一种出版方式。

从清代到民国年间，云居寺颇为兴盛。1942 年，日军轰炸云居寺，几乎将其夷为平地，仅余山门仍然屹立。此后云居寺又沉寂了一些年，直到石经的发掘，引起世人对该寺的重视，云居寺又得以修复。

1956 年是佛教创始人释迦牟尼涅槃 2500 周年的重要年份，中国佛教协会决定将房山石经从洞中挖出，而后制作拓片，以此来作为献礼，于是云居寺石经洞得以开启。为了能够对这些石经进行系统清理，工作人员将云居寺藏经洞作了编号，将它们分别列为一号洞至九号洞。然据史料记载，石经山上还有一个名为孔雀洞的藏经洞，但该洞未能发现。

已发现的九洞，总计清理出石经近五千块，尽管有足够多，但与文献记载的数量仍然有较大的差异。工作人员将石经从洞中搬出而后进行拓印，用时两年将这些石经拓完之后，又按照原来的位置重新放回洞内并封好了石门。

云居寺除了九个藏经洞所藏的石经，另外还有穴藏石经。辽天庆八年（1118），僧志才在《大辽涿州涿鹿山云居寺续秘藏石经塔记》中写道："又有门人讲经沙门善锐，念先师遗风不能续扇，经碑未藏，或有残坏，遂与定师共议募功。至天庆七年（1117），于寺内西南隅，穿地为穴。道宗皇帝所办石经大碑一百八十片，通理大师所办石经小碑四千八十片，皆藏瘗地穴之内。上筑台砌砖建石塔一座，刻文标记，知经所在。"

由此可知，辽代时期，云居寺还曾另外挖了一个地穴，里面藏了四千八百多片石经，但这个地穴在哪里，发掘人员却始终找不到，后来因为一个偶然的机会才找到了该地穴，由此发现了云居寺石经数量最多的藏经之地。再后来，这些石经不适应当今空气中的酸浓度，出现了风化现象，于是相关部门决定重新建造一处封闭的藏经洞。2000 年第 1 期的《深冷技术》杂志中刊登了顾福民摘选的《北京云居寺辽金石经充纯氮保存》一文，此文写道："1999 年 9 月 9 日 9 时 9 分 9 秒，北京房山云居寺辽金石经回藏庆典隆重举行。房山石经，被誉为'北京的敦煌'。新建地宫面积近 400 平方米，其中藏经室和附属储藏室均采用密封措施，室内恒温、恒湿，并充入纯度为 99% 的氮气。"

云居寺石经刊刻是中国历史上继京杭大运河之后的又一项伟大工程，现今寺内珍藏石刻佛经 1122 部 3572 卷，共 14278 块，云居寺因此堪称世界上最大的石刻图书馆。对于这样一个独特而悠久的藏书之地，我当然要前往探访。

2019 年 10 月 18 日，我驱车前往云居寺，此处距北京市区七十余公里，因京港澳高速修路，于是绕国道辗转前往。进入山区后看到两侧山体裸露出的岩石，有不少呈乳白色，据说故宫内大量使用的汉白玉就来自此处，汉白玉石质很容易风化，也许这就是石经出土后出现磨泐的主要原因。

云居寺附近的停车场颇为空旷，5元钱不限时停车，这个价格颇为亲民。路边的摊贩售卖一种个头不小的酸枣，这勾起了我儿时的味蕾记忆，但又觉得拎着一兜酸枣在寺庙内咀嚼颇为不雅，于是咽下几口唾沫后花40元购票进入寺内。

云居寺依山而建，沿着中轴线一路向内走，每一个院落逐渐升高。在院中遇到一位端着食盘的年轻僧人，我向他请教石经埋藏地，他并未停留脚步，只是让我继续向上走。进入另一道山门，在这里看到了云居寺沙盘，然沙盘上却看不到藏经洞的位置。在院内参观，几个展室内摆

图一　云居寺山门

放着一些新旧文物，唯独没有石经。在文物展室的另一侧，则看到了"千年刻经史"展。

进入展室，里面模拟了小型的雷音洞，该洞乃是静琬所建的第一个藏经洞，这个洞与其他藏经洞的不同之处是未作封闭。但是以不封闭的洞窟来藏经，并不符合静琬的藏经理念，比如新编第八洞石门上方原本刻有静琬在贞观八年（634）所写的题记，最后一句是"世若有经，愿勿辄开"，也就是说只要世间还流传有该部经书，那么封闭的石洞就不要打开。既然如此，为什么雷音洞却是敞开的呢？不同的学者从各个角度做

图二　仿制的雷音洞

过研究，认为该洞的布置另有寓意。此次前来，我本想前往雷音洞一探究竟，到达后方知雷音洞不对外开放，只能在此看看这个复制品。

复制的雷音洞里面摆放有僧人刊刻石经的雕塑，不知这位僧人是不是静琬。里面的四根石柱上刻满了佛像，这也是雷音洞原本的模样。走出此洞，参观了这里的展览，几面的展柜内用泥塑的方式展现着刻制石经及储藏石经的全过程，其中专门提到了董其昌刻经之事。

参观完展览，转入左侧前去寻找地穴式藏经室，于此看到了新建的南塔。旁边的介绍牌上写道："静琬法师秘藏于雷音洞内的佛舍利曾藏于

图三　南塔

此塔，故称释迦佛舍利塔。此塔在 1942 年毁于日军炮火时，塔心中脱落《石经寺释迦佛舍利塔记》，上面'此塔前相去一步在地宫有石经碑四千五百条'的碑记，成为发现辽、金石经的重要线索。"

这座宝塔建造得颇为巍峨，侧旁是静琬的墓塔，俗称"开山琬公塔"。沿台阶走到此塔旁，一路上听到诵经念佛的声音，原来在琬公塔下方摆放着一个莲花状的念佛机。琬公塔的下方有两排碑廊，里面陈列的均是一些功德碑，从这些功德碑上刊刻的介绍文字得知，这些功德主都是曾经捐款修建地穴、保护石经的善人。另一侧则是云居寺石经的简介展板，其中一块为"辽金石经发现的机缘"，这个机缘颇具偶然性，故我将其抄录于此。

这张照片是 1957 年专家黄炳章先生整理房山石经时的情景。1956 年至 1958 年经国务院批准，为纪念释迦牟尼佛涅槃 2500 周年，中国佛教协会对房山石经进行了全面地发掘整理和拓印。照片上看拓片的专家就是黄炳章先生，是他发现了记载辽金石经埋藏方位的重要碑记。1956 年的春天，由黄炳章、曾毅公等专家组成的考古发掘工作队来到石经山开始了艰苦的考古发掘工作。在考古发掘之余，专家们翻阅了大量关于云居寺的文史资料，他们发现了石经"一藏于山，一藏于穴"的记载，这说明除石经山藏隋唐石经外，在云居寺内还藏有辽金石经，但史料上却没有记载藏石经的准确方位。为了找到埋藏辽金石经的确切地点，专家们查找了大量资料，但收获甚微。

1957 年 8 月，经过房山石经考古发掘工作队的辛勤劳动，山上的隋唐石经按照原计划全部整理完成，考古专家们准备集中力量对云居寺进行考古发掘。为找到地穴的石经，专家们忘我地工作着，分头找寻辽金石经的埋藏地点。一天，骄阳似火，但黄炳章先生凭着对工作的热爱和执着，在云居寺周边考察，找寻辽金石经的埋藏地点。

时值正午，黄先生忽觉一阵口渴。于是，他就近到老乡家找水喝。朴实的老乡早已听说有城里的专家在山上整理石经，看到汗流满面的专家找水喝，立即热情地让到了屋里。黄炳章先生坐在炕沿上喝着老乡舀的凉水，顿觉一丝清凉，暑气渐消。他边喝水边和老乡聊天，就在他无意间一低头的时候，看到靠近灶台旁的炕沿下有一块被灶火映亮的石头，上面仿佛还有文字。出于职业本能，他急忙凑到石头旁仔细察看，果然上面镌有文字，当他看到"……发心磨莹贞石，镌造大藏经，已备法灭……此塔前相去一步，在地宫有石经碑四千五百条……"的刻字时，他惊呆了，情不自禁地说道："找到了，找到辽金石经线索了。"困扰已久的谜团就在不经意间破解了，这块误被垒炕的石碑原来是《大辽燕京涿州范阳县白带山云居寺释迦佛舍利塔记》，据老乡讲：在南塔没倒塌时，这块碑曾镶于南塔塔心，1942 年南塔被毁时，这块碑混于瓦砾中，被老乡捡回家做了垒炕的石料。

根据这块碑"此塔前相去一步，在地宫有石经碑四千五百条"的重要记载，1957 年 8 月 1 日，专家们开始在南塔塔基附近进行发掘。发掘工作进行很顺利，仅用 7 天便全部发掘出藏经地穴的位置，使埋葬了 810 年之久的 10082 块辽金石经第一次重现人间。曾镶于南塔塔心的《大辽燕京涿州范阳县白带山云居寺释迦佛舍利塔记》历战火而不毁，又传奇般地被老乡拾到家里做了垒炕的石料才得以保存，它仿佛在默默地等待慧眼识"材"之人。沉寂了 15 年后，机缘终于来临，我们顺着时间往前推，会发现许多机缘；塔不塌，碑掉不下来；碑掉下来，老百姓捡回家垒在了炕沿下；黄先生口渴偏偏到这家找水喝，偏偏就坐在了这个炕上，偏偏就看见了这块碑记……无意间的发现，使得辽金石经在纪念释迦牟尼涅槃 2500 周年之际得以重现人间。正如已故的中国佛教协会会长赵朴初所说"辽金宝藏，应机出现"。是啊！辽金石经的出土的确是一种无巧不成书的机缘。

天下许多巧合都难以解释其中有着怎样的因缘，我在这两排长廊的旁边，也就是新建南塔之侧看到了新修的地宫。按照文献记载，这个地宫的修建处应该就是原石穴的位置。

图四　石经地宫入口

图五 展柜里的石经

走入地宫内，里面是二十余米的长廊，长廊上一字排开有十几个展柜，透过玻璃窗可以看到里面摆放着一排排的石经，每排石经有软的衬垫物。地宫内有一排照明灯，所以里面的情形看得非常清楚。能够看到如此大量的石经，还是令我有些激动，可惜无法入内亲手触摸这些瑰宝。

藏经室另一侧的墙上悬挂着一些展板，其中之一乃是许多人熟知的故事。上世纪 50 年代印度总理尼赫鲁访华，周恩来总理陪同他来到云居寺看石经，尼赫鲁被房山石经绵延千年的刊刻历史和鸿篇巨制所震撼，通过翻译表达了一个心愿，他说在印度很多佛经已经失传了，他愿意用等重量的黄金换取等重量的石经。尼赫鲁总理的请求得到的是周恩来总理的婉言拒绝："黄金有价，石经无价。"因为房山石经的价值不是金钱

图六　北塔

可以衡量的。

参观完南塔，我接着去看北塔。穿过西峪花宫，又穿过一片茂密的竹林，来到了北塔前。此塔的周围摆放着一些小型的唐塔，另外还有一些刻石，塔基周围有很多文字砖，关于这些砖的来由，杨亦武《房山石经与云居寺》中记载了另一个巧合：

1989年6月，投资30万元修缮云居寺北塔，年内竣工。北塔施工中，塔基上所镶200余块有"诸法因缘生，我说是因缘。因缘尽故灭，我作如是说"字样的铭文佛偈砖朽坏，需要去旧换新。施工人员苦于没有替代品，工程无法进行，这时北塔东南10米处施工用的淋灰坑里的灰水，一夜之间向正北流渗而尽。水渗方向出现洼陷，长达10米，距北塔塔基不足2米。翌日，请来北京市文物局专家勘测，专家推测塔基下可能有藏有宝物的洞穴，当即决定停工挖宝。奇迹出现了，挖宝第一天，挖出了辽代建塔时埋下的佛偈砖221块，拆旧易新，恰巧用去220块，只余下一块。可想，当年建塔时便备下了未来修塔时所需砖偈，足见古人虑事慎密久远。

这个故事真够神奇，北塔旁的一个介绍牌上对这个故事的记载更为详尽。如何解释这样神奇之事呢？看来只能相信有些事情的确是老天自有安排。北塔的北侧另有三座塔，这就是著名的三公塔，然而介绍牌中写明"此三塔自北向南，分别是清朝溟波、圆通、了尘三位的墓塔"。这与我查到的文献略有差异，因为其他文献上的"三公"无溟波而有光泰，不知哪个记载更为准确。

图七　塔基的文字砖

图八　三公塔

图九　《龙藏》木经板

瞻仰完三公塔，而后参观了云居宝藏展室，此展室内摆放着不少明代的刻经。对于该寺的藏经情况，杨亦武在文中有如下介绍："云居寺纸本经卷共有 2.2 万卷，绝大多数为明代刻本和手抄本，包括明代的《南藏》和《北藏》、单刻经卷、藏文经卷、手写经残卷。这是我国仅存的明版经卷，具有极宝贵的学术价值和文物价值。经初步整理统计，明《南藏》约存近 3000 卷，估计为永乐时期（1403—1424）的印本，在南京印刷，经文中有'南京聚宝门外徐龙山印行'的题记。明《北藏》有两个版本，一为正统五年（1440）印本，现存 7000 余卷，这部经由两部同样的经拼凑而成，基本完整；一为万历十一年（1583）印本，现存 3000 余卷，乃太监卢受捐资刊印。单刻佛经 4000 卷左右，多为明代刻印本。藏文经卷共 4 种，1000 余卷左右，属于最早的藏文印刷品之列。手写佛经多数为明代抄本，最早书于嘉靖十九年（1540），这些抄本是珍贵的佛教文物，数量之多为国内各大名寺罕见。"

这里还展示着几块清宫所刻《龙藏》经版，《龙藏》又称乾隆版《大藏经》，该经版辗转存放多地，至今仍在补刻刷印中。1989 年到 1991 年间，《龙藏》经版存放到了云居寺，这些经版总计七万七千余块，我曾在刷印之地看到了这些经版，而今在云居寺见到了展示的这几块，顿有如逢故人之感。《龙藏》刊刻于北京城内，而后藏于宫中，最终相关部门将其安置在了云居寺，想来这正是石经的巨大影响力所致。

北宋皇城

雕版兴则文化昌

文化的普及，是以书籍的广泛流传作为前提，而这个前提的成立，则是由写本时代过渡到了刻本时代，雕版印刷的出现使得书籍能够在短时间内化身千百。关于雕版起于何时，业界有着不同的说法，比如初唐说、中唐说、五代说等，更为大众所接受的则是北宋说，比如王国维在《两浙古刊本考》中指出："古籍流传，自宋以后，以刊本为枢纽；而经史诸要籍尤以五代、北宋监本为枢纽。"

张凤霞、孙业超所撰《试论北宋汴梁的刻书业》中称："虽然唐代即出现了雕版印刷，但中国传统刻书业的真正繁荣却始于北宋。北宋时，刻书业形成了官刻、坊刻、家刻三大系统，每个系统都出现了繁荣的景况。还形成了汴梁、杭州、福建三大刻书业中心，每个中心都展现出各自的特点。汴梁作为北宋的都城，在政治、经济、文化上都处于中心地位，刻书业的繁荣有独特的历史条件，其繁荣的状况亦有独特之处。"

为什么到了北宋会出现这种雕版术的迅速繁荣呢？这跟当时的社会氛围有较大的关系。北宋的建立结束了五代时期几十年的割据与战乱，而赵匡胤黄袍加身的夺权方式，使得他对武将有着本能的警惕之心，故而在登基之初就演了一出"杯酒释兵权"的漂亮把戏，由此而实施扬文抑武的整体国策。《宋史》卷四三九《文苑传》称："艺祖革命，首用文吏而夺武臣之权，宋之尚文，端本乎此。"

其实北宋重文的政策也并非仅仅是出于对武将的防备，因为宋太祖赵匡胤原本就喜好读书。南宋李焘在《续资治通鉴长编》中写道：

　　显德中，从世宗平淮甸，或谮上于世宗曰："赵某下寿州，私所载凡数车，皆重货也。"世宗遣使验之，尽发笼箧，唯书数千卷，无他物。世宗亟召上，谕曰："卿方为朕作将帅，辟封疆，当务坚甲利兵，何用书为！"上顿首曰："臣无奇谋上赞圣德，滥膺寄任，常恐不逮，所以聚书，欲广闻见，增智虑也。"世宗曰："善！"

赵匡胤在北周做大将时跟随周世宗柴荣出外打仗，在征战途中，他拉着几车的货物。有人向世宗上谗言，说赵匡胤在打下寿州时私藏了很多宝物。世宗派人查验，发现车上载的是几千卷书，世宗好奇赵匡胤在作战途中为何随身带着大量的书，赵向他解释了读书的好处，为此还受到了世宗的夸赞。

赵匡胤读书确实不是做给人看，南宋李焘《续资治通鉴长编》中说他极喜买书读书，"上性严重寡言。独喜观书，虽在军中，手不释卷。闻人间有奇书，不吝千金购之"。他的读书之好传导给了太宗和真宗，《宋史》卷四三九《文苑传序》中称："太宗、真宗，其在藩邸，已有好学之名，及其即位，弥文日增。自时厥后，子孙相承，上之为人君者，无不典学；下之为人臣者，自宰相以至令录，无不擢科。海内文士，彬彬辈出焉"。

这些都表明了北宋初期的几位皇帝对文化，尤其对书籍的重视。宋太宗明确地说："王者虽以武功克敌，终须以文德致治。"

北宋的文治政策对中国历史影响深远，日本汉学家内藤湖南把中国古代史分为上古、中世、近世三大部分，上古是指从开天辟地到东汉中期，中世指五胡十六国至唐中期，近世指从宋代到清代，每世之间还有相应的过渡期。由此可以看出，内藤湖南认为宋代是中国近世的开端。王国维在《宋代之金石学》中亦有类似说法："故天水一朝，人智之活动与文化之多方面，前之汉唐、后之元明，皆所不逮也。近世学术多发端于宋人。"

现在的人们普遍将唐宋并称，然而从这些论述看，唐朝与宋朝在性质上有着重大区别，按照内藤湖南在《概括的唐宋时代观》中的说法："'唐宋时期'一词虽然成了一般用语，但如果从历史特别是文化史的观点考察，这个词其实并没有什么意义。因为唐和宋在文化的性质上有显著差异：唐代是中世的结束，而宋代则是近世的开始，其间包含了唐末至五代一段过渡期。"

宋代对文化的重视达到了封建社会的顶峰，陈寅恪在《邓广铭宋史职官志考证序》中称："华夏民族之文化，历数千载之演进，造极于赵宋之世。后渐衰微，终必复振。"而皇帝对书籍的重视起到了上行下效的作用。宋元以来的文学作品中流传托名宋真宗的《劝学文》：

富家不用买良田，书中自有千钟粟。
安居不用架高堂，书中自有黄金屋。
出门莫恨无人随，书中车马多如簇。
娶妻莫恨无良媒，书中有女颜如玉。
男儿欲遂平生志，五经勤向窗前读。

此诗中的黄金屋、颜如玉两句已经成为流传千古、妇孺皆知的名句，这对于社会风气的转变起着重大作用。文学作品中亦有托名北宋一代名相王安石的劝学诗，其中几句把读书的作用说得更为直白。

贫者因书富，富者因书贵。
愚者得书贤，贤者因书利。
只见读书荣，不见读书坠。
卖金买书读，读书买金易。

正是这种国策，奠定了中国文化的大繁荣。宋人杨万里在《杉溪集后序》中明确地说："古今文章，至我宋集大成矣。"科举考试的广泛推行，使得更多平民百姓加入了读书人的行列，而读书人的增多，书籍的需求也大为增加，由此而形成了刻书与藏书的社会风气。这之间的逻辑关系，苏勇强在《北宋科举教育与书籍刊刻》一文中做出了如下的表述：

"社会读书藏书风气、士人和科举地位的提升等（多源头因素影响）→学校数量和学生人数增加→社会书籍需求量增加→刺激书籍产量提高→刺激先进书籍生产技术的采用（雕版、活字印刷术，譬如木活字、泥活字等）→流通市场的扩大和流通方式多样化→造成社会影响的多样化（包括对文学、艺术、宗教、风俗等的影响）。"

按照一般的事物规律，任何一个新生事物的出现，都要经历由低级到高级、由粗疏到精密的演化过程，但雕版印刷似乎并不符合这样一个规律。宋代乃是雕版印刷的第一次大繁荣时期，而其恰恰也成为千年以来这种印刷方式的最高峰。李致忠先生在《宋代刻书述略》中说："宋代，是我国历史上雕版印刷事业发展的黄金时代。南北两宋刻书之多，雕镂之广，规模之大，版印之精，流通之宽，都是空前未有的。"李先生在这里用了"空前未有"，但我觉得宋代刻书不仅是"空前"，同时也是"绝后"。

从宋代开始，直到清朝末年，以雕版形式印刷书籍一直是中国书籍史的主流。到了清末，西方的印刷技术传入中国，但很多文士依然认为只有雕版刷印之书方为正统。到了民国年间，虽然雕版印刷渐渐失去了优势，但很多好古之人依然精益求精地雕造出了一些书籍，虽然说，这种复古之作堪称精湛，但它们与真正的宋版书比起来，依然有着云泥之别，这也正是我认为宋代刻本既"空前"也"绝后"的原因。

宋刻本为什么有这么高的成就？宋代乃是中央集权的政治结构体，所以皇帝的重视才能引起上行下效，为了推行文治，宋朝在建国之初就开始广泛地搜集图书，曾巩在《本朝政要策·文馆》中说："三馆之设，盛于开元之世，而衰于唐室之坏。五代高武力，虽存西馆之署，而法度卑矣。宋兴，太祖急于经营，收天下之地，其于文儒之事稍集，然未能备也。太宗始度升龙之右，设署于禁中，收旧府图籍与吴蜀之书，分六库以藏之。又重亡书之购，而闾巷山林之藏，稍稍益出，天下图书始复聚，而缙绅之学彬彬矣。悉择当世聪明魁垒之材，处之其中，食于太官，谓之学士。其义非独使之寻文字、窥笔墨也，盖将以观天下之材，而备大臣之选。此天子所以发德音、留圣意也。"

赵匡胤夺取天下之后，忙着搞文化建设，但真正出成效则是到了赵光义时代。赵光义广泛地收集书籍，而后分六库来储藏，这种表率作用带动了风气，使得天下文人大多有了此好，而社会风气也为之改变。

如前所言，经过了五代的战乱，公私藏书大多失散，宋太宗为了将这些书籍收集起来，先后下了好几道诏令，比如他在太平兴国六年（981）十二月就下诏在民间征集医书，"宜令诸路转运司，遍指挥所管州府，应士庶家有前代医书，并许阙诣进纳。及二百卷以上者，无出身与出身，已任职官者亦与迁转；不及二百卷，优给缗钱偿之。有诣阙进医书者，并许乘传，仍县次续食"。

到了太平兴国九年（984），宋太宗再次下诏："国家宣明宪度，恢张政治，敦崇儒术，启迪化源，国典朝章，咸从振举，遗编坠简，当务询求；眷言经济，无以加此。宜令三馆以《开元四部书目》阅馆中所阙者，具列其名，于待漏院出榜告示中外。若臣寮之家有三馆阙者，许诣官进纳。及三百卷以上者，其进书人送学士院引验人材、书札，试问公理，如堪任职官者，与一子出身；亲儒墨者，即与量才安排。如不及三百卷者，据卷帙多少优给金帛。如不愿纳官者，借本缮写毕，却以付之。"

当时朝廷要求根据《开元四部书目》按图索骥地补充内府所缺之书，

并贴出告示，凡是能提供三百卷以上者，就可以赏官，即使达不到这个数量，也要给予现金和实物奖励。如果有的藏书家不愿意把自己的书出让给官府，那么各地官员也可以安排人员来抄写该书，抄写完之后，原本仍然归藏家。这等优厚的条件使得大家踊跃献书，北宋官府藏书大大丰富了起来。

朝廷的征书令果真起到了作用，程俱在《麟台故事》中也记载了此事："遣使于诸道，访募古书、奇画及先贤墨迹，小则偿以金帛，大则授之以官，数年之间，献图书于阙下者不可胜计，诸道又募得者数倍。"因为献书不仅能够升官，还能够得钱，消息在民间流传开来，于是前往朝廷献书的人络绎不绝。而献书的效果，宋人袁褧的《枫窗小牍》中有详细记录："国朝开献书之路，祥符中献书者十九人，赐出身，得书万七百五十四卷。宣和五年，三馆参校荣州助教张颐所进书二百二十三卷，李东一百六十二卷，皆系阙遗，乞加褒赏。颐赐进士出身，东补迪功郎。七年，取索到王阐、张宿等家藏书，以三馆秘阁书目比对，所无者凡六百五十八部、二千四百一十七卷，阐补承务郎，宿补迪功郎。"

仅在真宗祥符年间，就有 19 个人因此得以赐官，朝廷征得的书足有 10700 多卷，可见这样的征书活动很有效果。藏书数量的增多，必然要具备一定的储藏条件，于是皇帝下令在皇宫内建造了多个藏书之所。《宋史·艺文志》中称："宋初，有书万余卷。其后削平诸国，收其图籍，及下诏遣使购求散亡，三馆之书，稍复增益。太宗始于左升龙门北建崇文院，而徙三馆之书以实之。又分三馆书万余卷，别为书库，目曰'秘阁'。"在皇宫内首先建造三馆来藏书，但书仍然多到盛放不下，于是又建三馆，其藏书之丰富由此可窥。

　　征集到了大量的书籍，首先涉及使用问题，而借阅就有可能产生丢失，由此皇家又制定出了严格的藏书管理制度。席会芬在《北宋官府藏书的保管和整理》一文中说："太宗建崇文院后，藏书除了秘阁，三馆书可供朝臣们自由借看，后来因为丢失太多，制度逐渐严格。真宗咸平二年（999）三月，点检三馆秘阁书籍，有460卷被朝臣借走未还。下诏除诸王宫给本抄写外，其余借书一并督还。自哲宗元祐开始，规定只有集贤书库的书可以借看，其余各库均不得借出。徽宗政和四年（1114）时又下令：'自今省官取借书籍，并申本省贰判状权借，依限拘收。'又设专人负责出纳，称为'库子'，而且书籍出入库房，还设立了检查制度。政和四年后，带出的书籍需经监门根据单子方可放行。"这样的借阅手续，已然具备了现代图书馆管理方式的雏形。

　　大量图书汇在一起，必然会考虑如何保证不受损伤。北宋时期社会安定，书籍的保护除了避免水、火的侵害，最重要的就是防虫，而古人的防虫手段主要还是靠阳光的暴晒，故北宋内府所藏之书，每年要进行定期的晾晒。当时在宫内任职的官员中，很多人都写过关于晒书的诗词，比如苏轼的《次韵米黻二王书跋尾二首》："三馆曝书防蠹毁，得见《来禽》与《青李》。"刘攽则有《和宋次道三馆晒书》一诗："天禄图书一岁开，五云迟日近蓬莱。后生得见灵兰策，贵客都倾内外台。不似羽陵残蠹简，正如金谷聚英材。论诗老去无情思，况是阳春未易陪。"

　　既然有传抄之本，就必然会产生错讹，为此皇帝专门命一些大臣对宫内藏书进行校勘。《宋会要辑稿·崇儒》中录有咸平二年（999）闰三月真宗皇帝的诏令，内容为经过考试筛选出十余人，专职进行校勘，"并令于崇文院校勘，给本官俸料，太官供膳"。

　　古人是如何校正书中的误字呢？那个时代虽然没有今天的涂改液，但他们也有自己独特的方式。《南宋馆阁录》中记载："诸字有误者，以雌黄涂讫，别书。或多字，以雌黄圈之；少者，于字侧添入；或字侧不容注者，即用朱圈，仍于本行上下空纸上标写。倒置，于两字间书'乙'字。诸点语断处，以侧为正；其有人名、地点、物名等合细分者，即于中间细点。"看来，雌黄就是那个时代的涂改液。

　　对于这一点，沈括在《梦溪笔谈》中予以了确认："馆阁新书净本有误书处，以雌黄涂之。尝校改字之法：刮洗则伤纸，纸贴之又易脱，粉涂则字不没。涂数遍，方能漫灭。唯雌黄一漫则灭，仍久而不脱。"

　　皇宫藏书的目的不仅是保留典籍，以及相应的阅读，这些书同时也成为编纂书籍的底本，北宋《太平御览》《册府元龟》《太平广记》《文苑英华》四大类书的编纂正是在此基础之上，这些书籍的刊刻，使得内府的雕版数量大为增加。

　　对于雕版刻书的重大意义，田建平在其专著《宋代出版史》中总结说："雕版书籍解放了文字（使文字的内在空间得以大大释放），将文字的神圣性、神秘性彻底瓦解，这是导致宋人疑经、王安石《字说》解字，宋学兴起的重要原因。"

　　宋景德二年（1005）五月，真宗皇帝巡视国子监，问及此处所藏雕版的数量，国子监祭酒邢昺回答说："国初印板止及四千，今仅至十万，经史义疏悉备。曩时儒生中能具书疏者，百无一二，纵得本而力不能缮写。今士庶家藏典籍者多矣，乃儒者逢时之幸也。"

　　从宋初建国到景德二年，仅仅四十多年的时间，国子监版片数量就增加了几十倍之多。其实北宋官府刻书不仅仅是国子监，几乎地方的各级衙门都有刻书活动，李致忠先生在《宋代刻书述略》中把宋代的刻书机构"按其投资和经营的性质"大体分为官刻、私刻和民间刻三大系统，为了能够清晰直观地看出这些系统之间的关系，李先生列出了如下示意图：

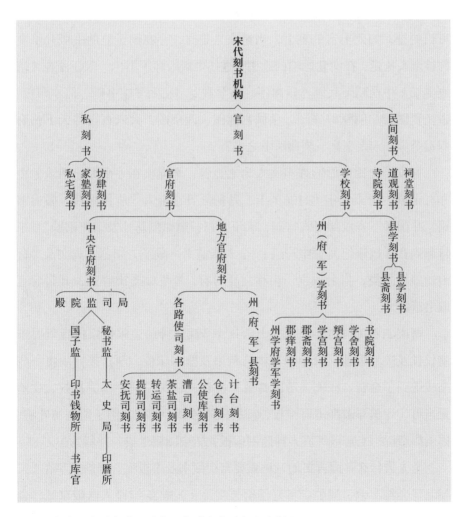

图一　宋代三大刻书系统（李致忠《宋代刻书述略》）

由此可见，宋代的刻书活动已经渗透到了公私的各个方面。北宋为什么如此重视书籍呢？宋太宗给出了这样明确的回答："夫教化之本，治乱之源，苟无书籍，何以取法？"

对于宋代的藏书与刻书，还有太多的相关史料，在此无法一一引用。可惜的是，如此丰富的藏书，当靖康之难时，存在国子监的书版几乎全部被金人抢走，在向北运输的途中，这些书版毁坏了不少。宋汪藻在《靖康要录》中谈到金兵统帅斡离不、粘罕索要"秘阁三馆书籍、监本印板、古圣贤图像、明堂辟雍图、皇城宫阙图、四京图、大宋百司并天下州府职贡令应、宋人文集、阴阳医卜之书"。

这段历史让中原的许多文人为之扼腕，辛弃疾在《南烬纪闻录》中亦有记载，靖康元年（1126）十二月初五日，金人"遣兵入城，搬运书籍，并国子三省六部司式官制，天下户口，财赋图籍，及宗正谱牒"。丁特起则在《靖康纪闻》中写道："金人索监书、藏经。如苏、黄文及《资治通鉴》之类，指名取索。仍移文开封府，令见钱支出收买，开封府直取书籍铺。"

靖康二年（1127）正月二十六日，金兵大帅胁迫宋钦宗传旨索要宋室仪仗及美女财物，其中包括内府藏书及监本印板，朝官接旨后将一些书板送到了金营。汪藻《靖康要录》卷十一记载："鸿胪卿康执权、少卿元当可、寺丞邓肃押道释经板，校书郎刘才邵、傅宿、国子监主簿叶将、博士熊彦诗、上官悟等五人押监书印板并馆中图籍送纳，并留营中。"

金人为什么一而再再而三地索要宫中藏书及书板呢？宋徐梦莘在《三朝北盟会编》中引鸿胪寺丞赵子砥《燕云录》所言："金人既破京城，金帛子女、象马宝贝，尽为攘夺。燕人乃说粘罕曰：'今日破国而掠取太甚，天下后世所讥。'于是又取图籍文书与其镂板偕行，其所欲不在是也。当时下鸿胪寺取经板一千七百片，是时子砥实为寺丞，使之管押随行。"

根据这段记载，金人攻入开封后，大肆抢掠金银财富和美女珠宝，为避免被人笑话，所以又抢了图籍和书板以做掩饰，其实并不是真正对汉文化感兴趣。靖康二年（1127）四月二日，金兵撤出开封，汪藻《靖康要录》载："营中遗物甚多。……秘阁图书，狼籍泥中。金帛尤多，践之如粪壤。书史以来，安禄山陷长安以后破京师者，未有如今日之甚，二百年来府库蓄积，自是一旦扫地。"

覆巢之下，焉有完卵？宫中尚且不保，京城里的大藏书家也损失惨重，宋人张邦基《墨庄漫录》中记载："京都盛时，贵人及贤宗室往往聚书，多者至万卷。兵火之后，焚毁迨尽，间有一二流落人间。亦书史一时之厄也。"文化被践踏到这种程度，唯有令人叹息。好在宋室南渡后，新建立的国子监又开始刊刻书籍，由此而使藏书与刻书的风气得以延续。

雕版的黄金时代已然远去，但爱书人对那个时代的神往却并不因此而消减。2017 年 2 月 13 日，我来到了开封，当然希望能够探寻到北宋时代的藏书之所，而开封图书馆的张家路老师告诉我，开封一地自宋朝以来多次被黄河淹没，到如今北宋的皇宫早已没有了痕迹。这个结果令我大感失望。但张老师又跟我强调，开封人特别执着，每次黄河淹没城郭之后，用不了多少年，当地人就会在原址上再建起一座城市，因此说，明清以来的建筑遗迹就是一层层累叠在北宋城郭之上。我觉得这也算是个好消息，能够探寻这样的遗迹，就等于是踏在了当年北宋刻书藏书之地上。

开封如今也成为著名的旅游城市，打出的旅游品牌就是北宋皇城，并且在这里建起了御街。张老师告诉我，这条御街就是建在北宋御街的原址之上。我问他何以为证？张老师恰好就是研究地方文献的专家，他说北宋都城的地图，其中轴跟今日的开封主街能够完全叠合。这倒是一条有力的证据，于是我跟着张老师来到了这条著名的御街之上。此街的两旁全部改造成了仿古建筑，显然如今这里的业态跟宋代已经大不相同，但能在原街之上建造起来，也算是一种奇迹。御街的顶头位置，就是今日的龙亭公园，这里在北宋之时是皇家的御花园，而其前方的位置，也即北宋皇宫的原址。

龙亭公园的前面建成了巨大的广场，我来到开封的这一天正是农历正月十六。张老师说，我幸亏错过了昨天，因为昨天这里举办灯会，热闹程度几乎是全城总动员，不要说过车，连步行都难以穿过。今天这广场中心依然竖着巨大的造型彩灯，灯的后方聚集着不少的围观者。张老师说，这里每天早晨举办北宋皇家表演，于是我也挤进人群，看到台上一位位帝王来做自我介绍。虽然我从这些演员身上看不出皇家气度，然而他们表演的认真程度，却能够看出大国之君的自信心。

龙亭公园的左右两侧各有一个巨大的湖泊，据说这两个湖早在宋代就已经存在。但我查得的史料中，有的称它们的形成乃是到了后世，因为很多人到这里来取土，渐渐挖成了两个大坑。张老师告诉我，湖的下面有许多瓦砾，它们是宋代及明代藩王府的遗物。我透过水面望下去，果真看到成片的破碎青砖。来到北宋都城，看到的都是残砖碎瓦，这当然不能让我惬意，张老师闻我所言，顺手向身后一指，说完整的在那里。顺其所指，我看到龙亭公园的斜对角有一处体积较大的仿古建筑，看来他只是跟我开个玩笑，然而张老师却认真地跟我说："这就是李师师的住所。"

图二　宋都御街

图三　北宋皇家御花园——龙亭公园

图四　对面的仿古建筑传为李师师居所遗址

　　李师师名气太大了，我的第一联想就是她跟宋徽宗之间的韵事。皇帝当然不能浩浩荡荡地带着随从去找妓女，即便在开放的北宋，似乎也不能这样明目张胆，但这种小问题显然难不倒皇帝，据说他秘密地派人从皇宫挖了条地道直通此楼之内。而今我目测皇宫遗址到此楼的距离，不过三五百米，这样说来，通地道之事完全有可能。张端义在《贵耳集》卷下中说："道君（徽宗）幸李师师家，偶周邦彦先在焉。知道君至，遂匿于床下。道君自携新橙一颗，云江南初进来，遂与师师谑语。邦彦悉闻之，隐括成《少年游》云。"

　　在《二刻拍案惊奇》一类的民间传说中，徽宗就是穿过地道来到了李师师家，以致让周邦彦无法躲到门外，只好藏在了床底下。徽宗带来了南方新下来的橙子，与李师师分享，整个过程被躲在床下的周邦彦听了个清清楚楚，后来忍不住就此事填了一首《少年游》。该词的前面三句是"并刀如水，吴盐胜雪，纤手破新橙"。正是因为这首词，周邦彦倒了霉，徽宗立即问李师师外人何以知道切橙子之事？这个故事总算是以好的结局收场：经过一番曲折，周邦彦成为朝中最高级别的乐官。

　　虽然这只是个民间故事，但也间接证明了李师师的居所确实距离皇宫很近。

　　来到开封市图书馆时，我跟张老师还在八卦着李师师的故事，同时也感慨在这里难以看到北宋皇城的老痕迹，该馆的马慧萍馆长却告诉我，如果想看到自北宋以来开封城的变迁遗迹，她可以带我去参观。这样的好消息，当然令我喜出望外，于是我请马馆长安排，希望明天能够到此拍照，然而她却告诉我说，这里仍然在考古发掘之中，对外开放还要再等上几年，但为了能够让我拍摄到这处重要的遗迹，她会去想办法。

　　第二天下午，马馆长说已经与那里联系好，于是我跟该馆文献部主任阙梦亚以及张家路老师，由馆里的另一位张老师开车，前往城摞城博物馆。

　　来到此馆门前时，我在侧墙上看到了广告牌，上面写着"聚焦大宋文化博物馆，重现'城摞城'奇观——开封大宋文化博物馆，为感动开封而来！"原来"城摞城"只是当地人的口语，这里的正式名称是"大宋文化博物馆"。然而来到该馆的门前时，又看到这里的正式名称是"宋东京城新郑门"。在此处又见到了马慧萍馆长，她介绍我认识了博物馆的一位老师，这位老师介绍说，该馆规划面积很大，而今只发掘出了北宋时的新郑门，故而暂称此名。

　　按照安排，我们进馆之后，先坐在影视厅内观看了十几分钟的节目介绍，而后被带着进入发掘现场。此时已近下午五点，现场的工作人员正在陆续收工，我对这种现场发掘颇感兴趣，真想跟这位老师说，能不能先别让他们撤离现场，让我拍几张照片，显然我自己都觉得这个要求有些过分，于是未曾张口。

图五　宋东京城新郑门

图六　北宋皇城考古发掘现场

石磨盘

砖 台

图七　发掘现场挖出的清代民居

　　这位老师颇有耐性，他带着我等一行人边参观边介绍，让我了解到不少新的考古知识。原来自北宋以来，开封城被淹过多次，每次被淹掉之后，都会留下两米多厚的泥沙，后来者就会在这原址之上重新盖起房屋，这样的奇观在别的地方很难见到，而从发掘现场的立面上，能够清晰地看到一层一层的历史积淀。尤为有趣的是，在这里的最上层，还发掘出几乎完整的清代民居建筑，我们都在感慨这种房屋面积之小，于是猜测这里是当年的贫民区。

　　参观完现场，这位老师又带领我们去参观文物展室。这里面陈列着几百件从现场挖出的文物，尤其让我感兴趣的是这里摆放的一些礌石。其实礌石就是古代的炮弹，因为这里是城门，所以能够在此挖掘出这些石制之物，但我觉得把这些石头打造成圆形，远不如带棱角的杀伤力更大，然这位老师又给我普及了一个知识点：如果弄成锐角，则不能抛得很远。

　　在展室里还看到了古人制作的象棋，以及一块砖砚，还有着其他许多有趣的物件。将古代的军事物资与生活用品摆放在一起，这让我觉得奇特又新鲜，而正因为有这些实物的存在，使得今人能够穿越清、明、元，直接抵达那曾经灿烂辉煌的北宋。

图八　当年的炮弹——礌石

图九　古人制作的象棋

浙刻天下第一

南宋临安

叶梦得在《石林燕语》中说："今天下印书，以杭州为上，蜀本次之，福建最下。京师比岁印板，殆不减杭州，但纸不佳；蜀与福建多以柔木为之，取其易成而速售，故不能工；福建本几遍天下，正以其易成故也。"

叶梦得是北宋、南宋之交的人物，他在这段话中将京师刻版与杭州对称，说明他写此文时是在北宋。以那时的情况看，浙刻、蜀刻、建刻三分天下，三者相较，以浙刻质量最高，可见在北宋时，杭州刻印书籍的质量已然是天下第一。

正因为这个缘故，当时的朝廷国子监刻书，有一部分就是直接发往杭州刊刻，正如程俱《麟台故事》中称："淳化五年（994）七月，诏选官分校《史记》、前后《汉书》，虞部员外郎崇文院检讨兼秘阁校理杜镐、屯田员外郎秘阁校理舒雅、都官员外郎秘阁校理吴淑、膳部郎中直秘阁潘慎脩校《史记》，度支郎中直秘阁朱昂再校；又命太常博士直昭文馆陈充、国子博士史馆检讨阮思道、著作佐郎直昭文馆尹少连、著作佐郎直史馆赵况、著作佐郎直集贤院赵安仁、将作监丞直史馆孙何校前后《汉书》。既毕，遣内侍裴愈赍本就杭州镂板。"《麟台故事》中的这段话，是目前能够查到的最早的国子监到杭州刻版的记载，所刻之书乃是正史中的前三部，朝廷命多位官员仔细核对，形成定本后，派太监拿着原稿前往杭州刻版。

除了正史，朝廷所看重的经书在由大儒校勘完毕后，也会拿到杭州去刻版。王应麟《玉海》卷四十一《艺文部》载："咸平三年（1000）三月癸巳，命祭酒邢昺，代领其事。杜镐、舒雅、李维、孙奭、李慕清、王焕、崔偓佺、刘士元预其事。凡贾公彦《周礼》《仪礼》疏各五十卷、《公羊疏》三十卷、杨士勋《穀梁疏》十二卷，皆校旧本而成之。《孝经》取元行冲疏，《论语》取梁皇侃疏，《尔雅》取孙炎、高琏疏，约而修之，又二十三卷。四年九月丁亥以献，赐宴国子监，进秩有差。十月九日命杭州刻板。"

除此之外，从庆历四年（1044）始修到嘉祐五年（1060）成书的《唐书》，治平二年（1065）完成的《周书》《陈书》《北齐书》《宋书》《魏书》《梁书》《南北史》，都一律到杭州刊版。可见北宋时期，国子监刊刻的一些重要典籍其实大多出自杭州刻工之手。

杭州刻工为什么能有如此高的成就？王国维在《两浙古刊本考·序》中称：

雕板之兴，远在唐代。其初见于纪载者，吴蜀也，而吾浙为尤先。元微之作《白氏长庆集》序，自注曰："杨越间多作书摹勒乐天及予杂诗，卖于市肆之中。"夫刻石亦可云摹勒，而作书鬻卖，自非雕板不可，则唐之中叶，吾浙已有刊板矣。《册府元龟》载：后唐长兴中，冯道、李愚奏云："尝见吴、蜀之人鬻印板文字，色类繁多。"则五季之顷，其行转盛。及宋有天下，南并吴越，嗣后国子监刊书，若《七经正义》，若《史》《汉》三史，若南北朝七史，若《唐书》，若《资治通鉴》，若诸医书，皆下杭州镂板。北宋监本刊于杭者，殆居泰半。

王国维认为杭州乃版刻发祥地之一，他引用了唐元稹为《白氏长庆集》所作的序言，认为"摹勒"就是刊刻之意。虽然有学者对此持有异议，但王国维坚持自己的认定，以此来说明早在中唐时期，浙江就已经有了雕版印刷术。同时他也提到北宋时期国子监刻书有一半以上都从京师发往杭州刊刻。

五代十国时期，当年的吴越国奉中原王朝为正朔，向中原王朝进贡的物品中就有书籍，宋王钦若等撰《册府元龟》卷第一百六十九《帝王部》记载有后唐庄宗同光三年（925）十月吴越国进贡书籍之事，"十月，两淮钱镠、留后钱元瓘、苏州节度使钱元璙，各贡进金银、锦绮数千件，御服犀带，九经书史，汉、唐书共四百二十三卷"，由此说明了当年浙江刻书已然成为享誉天下的名品。虽然那时开封也有刻书业，但是京都刻书主要是朝廷的官刻，而杭州等地的刻书更多的是书坊所为，从这点来说，杭州刻书更具社会性。

北宋时期，杭州一地刊刻了不少重要书籍，当年王安石将新编的《三经新义》拿到杭州去刻版，同时规定该书禁止在民间私刻和售卖。李焘《续资治通鉴长编》卷二百六十六"神宗熙宁八年"载："诏以新修《经义》付杭州、成都府路转运司镂板，所入钱封桩库，半年一上中书。禁私印及鬻之者，杖一百，许人告，赏钱两百千。从中书礼房请也。"

当年杭州还刊刻了许多重要的佛道典籍，比如真宗大中祥符二年（1009），皇帝下诏校定《道藏》，命王钦若任总管，张君房参与其事。后来张君房在《大宋天宫宝藏》的基础之上，萃取精华，编成《云笈七笺》，该书被认为是道书中最重要的经典之一。

淳化至咸平年间，杭州龙兴寺刊刻了《华严经》，此为北宋时期最重要的刻经之一，除此经外，杭州还刊刻过许多重要的佛经。泉州商人徐戬在杭州刊刻佛经2700多片，刻完后将此经运往海外，然而根据那时的制度，私人不可以将书卖往海外。徐戬的所为被苏轼发现后，告到了朝廷，"访闻徐戬，先受高丽钱物，于杭州雕造夹注《华严经》，费用浩汗，印板既成，公然于海舶载去交纳，却受本国厚赏，官私无一人知觉者。臣谓此风岂可滋长，若驯致其弊，敌国奸细，何所不至。兼今来引致高丽僧人，必是徐戬本谋"。

两浙文化之兴，与人口南移有重大关系。唐末五代时大量北方人口南移，由此给南方带来成熟的技术，使得当地雕版技艺更为成熟。五代时期，吴越王钱俶刊刻了《宝箧印陀罗尼经》，至今此经已发现三个版本，从字体和卷前版画看，当时的刊刻技术已然十分成熟。张秀民在《五代吴越国的印刷》中说："及看了绍兴出土的乙丑本经卷，不但扉画线条明朗精美，文字也清晰悦目，如宋本佳椠。纸质洁白，可能用的是温州蠲纸。墨色精良，千年如新，实为罕见。可以证明吴越印刷不但数量多，

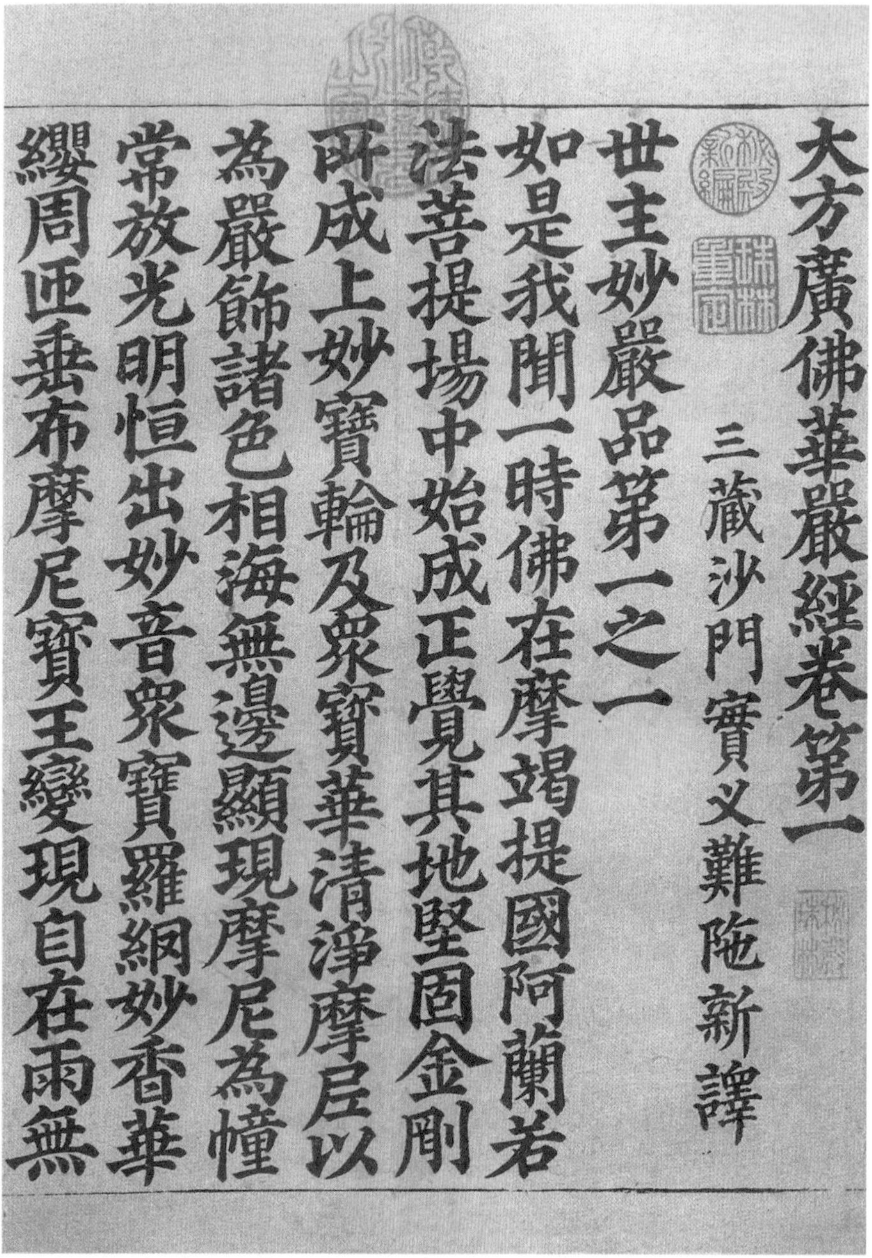

大方廣佛華嚴經卷第一

三藏沙門實叉難陀新譯

世主妙嚴品第一之一

如是我聞一時佛在摩竭提國阿蘭若菩提場中始成正覺其地堅固金剛所成上妙寶輪及眾寶華清淨摩尼以為嚴飾諸色相海無邊顯現摩尼為幢常放光明恒出妙音眾寶羅網妙香華纓周匝垂布摩尼寶王變現自在雨無

图一　唐实叉难陀新译《大方广佛华严经》卷首，宋淳化、咸平间杭州龙兴寺刻本，台北故宫博物院藏（载《大观——宋版图书特展》）

质量亦臻上乘。"

公元 978 年，吴越国归附宋朝，宋朝统一全国后，南方人口迅速增加，雕版技艺亦得到长足发展，致使朝廷国子监大多将刻书之事交到浙江办理。靖康元年（1126），北宋被金所灭。转年，徽宗第九子、钦宗之弟赵构在南京（今商丘）称帝，是为高宗。南宋建炎三年（1129），升杭州为临安府。绍兴二年（1132），高宗率文武百官迁入临安。绍兴八年（1138），高宗正式以临安为行在所，杭州实际成为南宋的首都。

金人攻取开封后，宋朝大量朝官南移，随着定都临安，一些士大夫纷纷迁居于此，李心传在《建炎以来系年要录》中说："四方之民，云集二浙，百倍常时。"然而，这些士大夫大多是仓皇逃离北方，无法将藏书尽数携来杭州，留存家中的藏书也损失殆尽，故他们到达杭州后，有不少人重新刊刻前人著述。比如绍兴二十一年（1151），王安石曾孙王珏在两浙西路转运司刊刻《临川王先生文集》，他在此书的序言中写道：

> 曾大父之文籍，旧所刊行，率多舛误。政和中，门下侍郎薛公，宣和中先伯父大资皆被旨编定，后罹兵火，是书不传。比年临川、龙舒刊行，尚循旧本。珏家藏不备，复求遗稿于薛公家，是正精确，多以曾大父亲笔、石刻为据。其间参用众本，取舍尤详，至于断缺，则以旧本补校足之，凡百卷，庶广其传云。

因为北宋末年的战乱，使得王安石的文集流传甚稀，虽然有刊本传世，但到了其曾孙王珏的时代，想找到一部也不容易。后来王珏终于找到了一部抄本，经过校勘，凑足百卷，在浙江刊版流传。

图二　唐释不空译《一切如来心秘密全身舍利宝箧印陀罗尼经》卷首扉画，宋开宝八年（975）吴越王钱俶刊本，台北故宫博物院藏（载《大观——宋版图书特展》）

天下兵馬大元師吳越國王錢俶

造此經八万四千卷捨入西關

塼塔永充供養乙亥八月日紀

　　由于士大夫们迁居南方，原来的都城开封少了大批的文化精英，一些书坊也迁移到了杭州，其中最著名的就是荣六郎家书籍铺。这家书铺迁移到杭州后继续刊书，刊刻的书中有一部《抱朴子内篇》，此书的牌记极具名气，牌记载"旧日东京大相国寺东荣六郎家，见寄居临安府中瓦南街东，开印输经史书籍铺，今将京师旧本《抱朴子内篇》校正刊行，的无一字差讹，请四方收书好事君子，幸赐藻鉴。绍兴壬申岁六月旦日"。这段牌记文字也被认为是中原文化南移的一个证据。

　　该牌记称，荣六郎家书籍铺原本开设在开封大相国寺旁，到达杭州后，租赁临安府的一处房屋继续经营刻书业。顾志兴在《浙江出版史研究——中唐五代两宋时期》中说："这份书后的广告，在某种程度上是中原文化南移的一个证据。"

　　南宋定都于杭州后，努力恢复文化事业，叶德辉在《书林清话》卷六"南宋补修监本书"中评价说："绍兴南渡，军事倥偬，而高宗乃殷殷垂意于此。宜乎南宋文学之盛，不减元祐也。"

　　想要恢复刻书事业，首先需要大量的底本，《宋史·艺文志》称："高宗移跸临安，乃建秘书省于国史院之右，搜访遗阙，屡优献书之赏，于是四方之藏，稍稍复出，而馆阁编辑，日益以富矣。"

　　那时的南宋朝廷还在受着金人的威胁，为什么在这种景况下，皇帝还要急着恢复藏书、刻书事业呢？从整体来说，高宗大约有两个考虑，李心传在《建炎以来系年要录》卷七十六中称，绍兴四年（1134）五月癸丑（四日），"上谕朱胜非等曰：神宗、哲宗两朝史录，事多失实，非所以传信后世，当重别刊定。著《唐鉴》范祖禹有子名冲者，已有召命，可促来令兼史事。胜非曰：神宗史录，添入王安石日录；哲宗史，经蔡

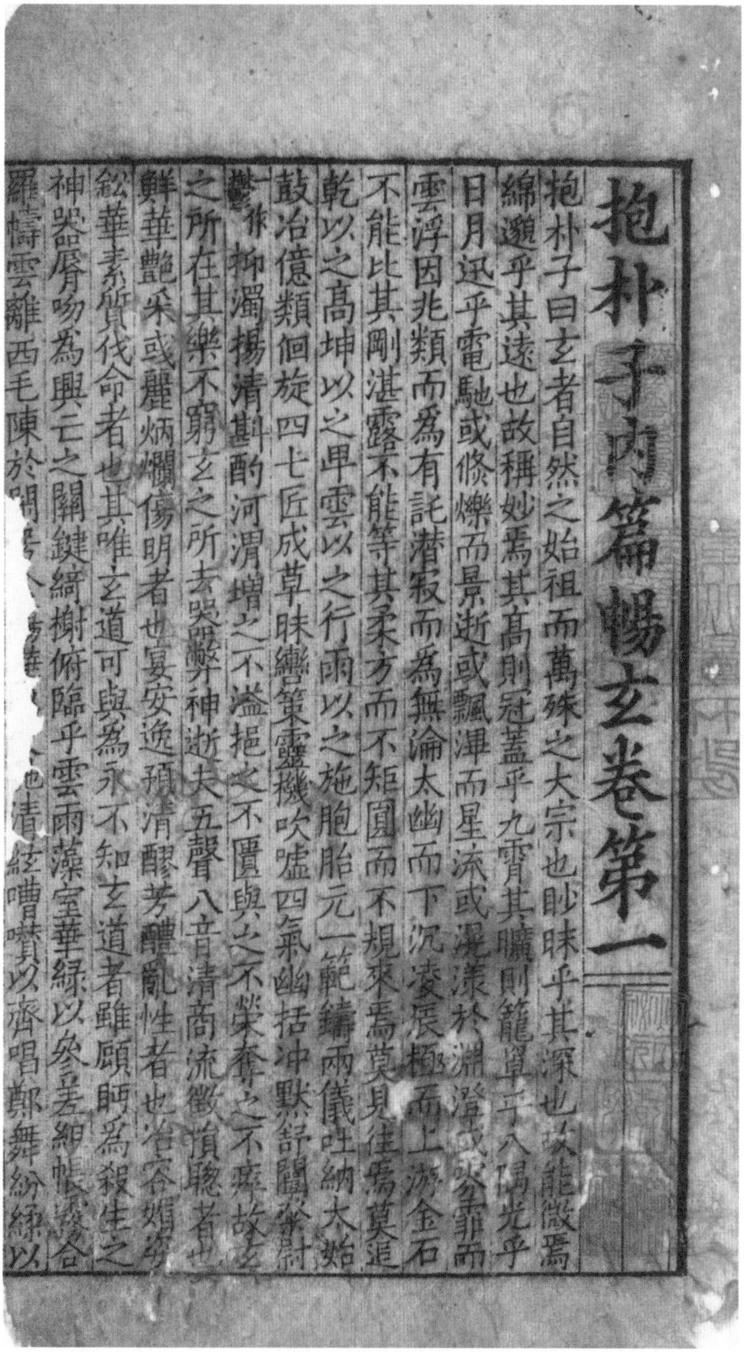

抱朴子內篇暢玄卷第一

抱朴子曰玄者自然之始祖而萬殊之大宗也眇眛乎其深也故稱微焉綿邈乎其遠也故稱妙焉其高則冠蓋乎九霄其曠則籠罩乎八隅光乎日月迅乎電馳或倏爍而景逝或飄滭而星流或滉漾於淵澄或雰霏而雲浮因兆類而為有託潛寂而為無淪太幽而下沉凌辰極而上游金石不能比其剛湛露不能等其柔方而不矩圓而不規來焉莫見往焉莫追乾以之高坤以之卑雲以之行雨以之施胞胎元一範鑄兩儀吐納大始鼓冶億類回旋四七匠成草昧轡策靈機吹噓四氣幽括沖默舒闡粲尉〔一作抑濁揚清斟酌河渭〕增之不溢挹之不匱與之不榮奪之不瘁故玄之所在其樂不窮玄之所去器弊神逝夫五聲八音清商流徵損聰者也鮮華艷采或麗炳爛傷明者也宴安逸豫清醪芳醴亂性者也冶容媚姿鉛華素質伐命者也其唯玄道可與為永不知玄道者雖顧眄為殊榮以神器屑吻為興云之關鍵縚綺樹俯臨乎雲雨藻室華璫綠以參差組帳雜合以羅幬雲雜西毛陳於明壃地蓆經唱嘈謔以蓓唱鄭舞紛綸以

图三　晋葛洪撰《抱朴子内篇》卷首，宋绍兴二十二年（1152）临安府荣六郎刻本，辽宁省图书馆藏（载《辽宁省图书馆藏古籍精品图录》）

京、蔡卞之手，议论多不公，今蒙圣谕，命官删修，足以昭彰二帝盛美，天下幸甚"。

高宗认为神宗、哲宗两朝实录所载非实，所以要找文臣来重新修订，可见他很在意后世对于前代皇帝的评价。几天之后的绍兴四年五月庚申（十一日），高宗再次下诏解释急着修史的原因："属以车驾南幸，图籍散亡，史官废阙，未暇举行。近虽再降指挥，令史官看详重修，尚恐论者以为朝廷方修武备，指此为不急之务，又复悠悠，则一代信史，无期可成。数年之后，故家零凋，耆旧老死，传闻讹谬，载记失真，益难取信矣！欲望睿慈，特降诏旨，明示圣意，选择史官，责以岁月，先令刊修《哲宗实录》，候成书，然后取《神宗实录》朱墨元本，考正是非，修定施行。"

除了修史外，高宗还亲自安排刻书、印书之事。绍兴十二年（1142），高宗下令增修临安府学为太学。转年，又命人将岳飞的旧宅改建为国子监。国子监内设印书工场，又称"印文字所"。从名称上看，南宋国子监初期只是刷版而非刻版，这是因为当年开封国子监所存的书版被金人抢走了，而临安新建的国子监来不及刻书，于是朝廷下令将南宋区域内各州县所刊之书版印好后直接送到临安的国子监。《建炎以来系年要录》载："尚书兵部侍郎兼史馆修撰王居正言，四库书籍多阙，乞下诸州县，将已刊到书板，不以经、史、子、集，小说、异书，各印三帙赴本省；系民间者，官给纸墨工价之直。从之。"

对于搜集版片之事，宋李心传在《建炎以来朝野杂记》甲集卷四"监本书籍"中称："监本书籍者，绍兴末年所刊也。国家艰难以来，固未暇及。九年九月，张彦实待制为尚书郎，始请下诸州道学，取旧监本书籍，镂版颁行。从之。然取者多有残缺，故胄监刊六经无《礼记》，正史无《汉》《唐》。二十一年（1151）五月，辅臣复以为言。上谓秦益公曰："监中其它阙书，亦令次第镂板，虽重有所费，盖不惜也。'由是，经籍复全。"

从绍兴九年（1139）至绍兴二十一年（1151），国子监努力搜集雕版版片，征集不到的部分再予以刊刻，终于使正经、正史得以完备。对于杭州国子监刊刻的经学著作，王国维在《两浙古刊本考》中评价说：

案：北宋监本经史既为金人辇之而北，故南渡初即有重刊经疏者。如日本竹添氏所藏《毛诗正义》乃绍兴九年九月十九日绍兴府雕造。此事是否奉行是月七日诏书，抑或先已刊刻，别无可考。又：刊经疏者，绍兴之外，尚有婺州所刊《春秋左传正义》，温州所刊《尔雅疏》，虽未审在何时。至绍兴十五年，令临安府雕造群经义疏未有板者，则高宗末年，经疏当尽有印板矣。此种州郡刊板，当时即入监中，故魏华父、岳倦翁均谓南渡监本尽取诸江南诸州。盖南渡初，监中不自刻书，悉令临安府及他州郡刻之，此即南宋监本也。

但是这样拼凑而成的版片难免会有错讹，质量远在北宋刊本之下，宋魏了翁在《毛义甫居正六经正误序》中说："本朝胄监经史，多仍周旧，今故家往往有之，而与俗本无大相远。南渡草创，则仅取版籍于江南诸州，与京师承平监本大有径庭，与潭、抚、闽、蜀诸本互为异同，而监本之误为甚。"

除了临安的国子监刻书之外，南宋疆域内两浙的其他部门、地区也

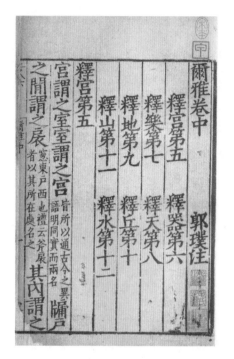

图四　晋郭璞注《尔雅》，南宋国子监刻本，台北故宫博物院藏（载《大观——宋版图书特展》）

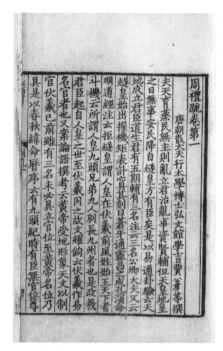

图五　汉郑玄注、唐贾公彦疏《周礼疏》五十卷，南宋初年两浙东路茶盐司刻本，台北故宫博物院藏（载《大观——宋版图书特展》）

参与刻书，比如郡庠、公使库以及绍兴、宁波、严州、台州、嘉兴、湖州、温州、衢州、婺州、建德等都有刻本流传于世。余外，私人刻书也很发达。这些加在一起，使得南宋浙刻本成为业界翘楚。陈国灿、陶立方在《略论南宋两浙地区的出版业》中总结说："其出版业普及程度之高，出版机构和人员之众，出版物的质量之佳，种类之多，板量之大，流行之广，出版业在社会上的影响之巨，亦非蜀、闽等其他出版业传统发达地区可比。"

除了雕版业，浙江一地跟活字印刷也有重要关联。沈括《梦溪笔谈》中有一段话详细记载了布衣毕昇制作胶泥活字的细节，但毕昇是哪里人，沈括在文中未曾提及。1990 年，湖北英山县出土了毕昇墓碑，由此认定那里是毕昇的家乡。但是相关学者经过一系列考证，有人肯定这种说法，有人则认为英山县的这个毕昇不是沈括所载的那位泥活字发明人。

沈括在文末说："昇死，其印为予群从所得，至今宝藏。"毕昇去世后，他发明的泥活字被"群从"得到了。关于"群从"是谁，曹之在《中国印刷术的起源》中有如下推论：

那么，这位"群从"到底叫什么名字呢？据宋王辟之《渑水燕谈录》卷八："钱塘沈振蓄一琴名冰清，腹有晋陵子铭……陈圣与名知琴，少在钱塘，从振借琴弹，酷爱之。后三十年，圣与官太常，会振侄述（按：沈述乃沈振之子，此误）鬻冰清，索百千不售。"可见沈述也是一位文物收藏家，其家亦住杭州，上述收藏古钟者或许就是他。既然，沈括及其"群从"沈述都是杭州人，那么，毕昇的籍贯当非杭州莫属。

如果这种说法无误的话，那么具有划时代意义的活字印刷术也出自杭州，可见杭州一地在中国印刷出版史上有着极其崇高的地位。

2017 年 9 月 30 日，在浙江图书馆修复师汪帆老师的带领下，我前去参观新近修复的南宋御街。这一带是步行街，我们把车停在了中山中路，而后步行前往。在街口处看到一组雕像，铭牌上介绍说这是二十位南宋英杰，可惜每座雕像上都没标注他们的大名。

穿过一座造型奇特的天桥，走到了御街的另一端。从外观看过去，这里的建筑大多是民国风格，当地有关部门未将其拆掉盖出一堆新古董，这种做法很值得赞赏。

边走边看，街的两边大多是商铺，走到中段时，看到有一小型水池，里面赫然排布着活字模型，可见当地有关部门已经把毕昇视为杭州人，同时表明这里就是活字印刷术的发明地。

图六　南宋御街及横跨御街的天桥

图七 御街主景点——活字模型

图八 御街侧旁的幽静小巷

　　御街两侧有许多小巷，在这里四处游逛，看到不少极具特色的咖啡厅和茶馆，可惜没有遇到书店。一条街的墙上画着历史遗迹图，其中有三茅观，简介中说该观在南宋时地位显赫，被列为"御前十大宫观之一"。墙上还画着"苏东坡与感花岩"，但是从所绘图案看，感花岩处在山中，似乎与御街没关系。

　　御街上游人如织，我不清楚大家来这里观览什么，但我要找的书坊遗迹在这里已经看不到了，好在有那组活字，证明当地人没有忘记杭州在印刷史上曾经有过的显赫地位。

杭州西湖书院

元代的国家出版中心

元朝是中国历史上第一个由少数民族建立并统治中国全境的封建王朝，当时的蒙古族贵族为了维护本民族的特殊权益，把国民分为蒙古人、色目人、汉人和南人四等，其中南人是指江南地区的人民。当时的统治者极其不重视中国传统文化，有"七匠、八娼、九儒、十丐"之说，儒生的地位甚至排在了娼妓之后，仅比乞丐高一等。谢枋得《叠山集》中记载："后十六年而验，滑稽之雄以儒为戏者曰：'我大元制典，人有十等，一官、二吏，先之者，贵之也；贵之者，谓有益于国也。七匠、八娼、九儒、十丐，后之者，贱之也；贱之者，谓无益于国也。'嗟乎卑哉！介乎娼之下、丐之上者，今之儒也。"

蒙古时期的四位可汗——成吉思汗、窝阔台、贵由、蒙哥，他们的主要精力都放在了征战上，普遍重武轻文。窝阔台执政时，由于耶律楚材等人的努力，开始注意儒学对稳定社会所起到的作用，于是设立了周子祠，办起了国学，但在社会上并未造成影响，直到忽必烈登基后，情况才有较大变化。

窝阔台十二、十三年（1240—1241），燕都创建了太极书院，而太极乃是本自宋代周敦颐的理论。此后元朝渐渐受理学影响，开始在全国推广书院，清朱彝尊《日下旧闻》中称："书院之设，莫盛于元，设山长以主之，给廪饩以养之，几遍天下。"根据王颋先生的统计，元代有书院408所之多。

元代杭州的西湖书院性质比较特殊，与其他的中国古代书院相比较，这座书院竟然是以整修书版、校书、刻书为主业。虽然古代的书院大多都附带有藏书与刻书的功能，但像杭州西湖书院这样专以此闻世者，却仅此一家。王东、钟甦在《浙江印刷史》一书中称："在元代的学校刻书中，在浙江地区，乃至全国都最为重要的，是西湖书院。"

对于西湖书院的这个特点，邓洪波在《中国书院史》中给予了这样的评价："生产图书是书院与生俱来的一种职能，自唐代丽正、集贤书院的'刊缉古今之经籍'，到五代、北宋时期由修书到刻书的过渡，到南宋'书院本'的赫然面世，历经数百年的发展，书院的这种职能不断强化，到元代终于分立出近乎专门从事出版事业的书院，出现刻书专业的倾向。其时，具有这种专业倾向的书院不在少数，最具典型意义的则是杭州西湖书院。"

邓洪波说书院自唐代之后经过几百年的发展，到了元代就分化出了一些主要从事出版事业的书院，他说这种书院其实不止杭州西湖书院一家，但还有哪些家，他没有点出来。其他学者对于古代书院的研究文章中，谈到藏版与刻书时，主要所指也都是西湖书院，看来西湖书院专以刊版为事，这是它最大的特点，也是后世学者对它的主要关注点。

按照资料记载，杭州西湖书院藏有书版 20 万片，王国维在《两浙古刊本考》中引用吴朱钧《西湖书院重整书目记》的数据，称"凡经、史、子、集无虑二十余万（片），约合三千七百余卷"。要知道这是元代初年的情况，这个数量即使放在今天，也极其庞大。但是这些书版大多不是西湖书院所刊刻的，而是其接手的宋代的遗产。为什么会有这么多的宋代版片集中于此呢？这件事还要从宋代讲起。

自从赵构把宋朝的国都迁到了杭州，这里就成了当时的政治、经济、文化中心，宋代文化的繁荣在当时的全世界横向比较来看，绝属一流。虽然国都迁到了南方，但是文脉并未断绝，朝廷仍然刊刻了许多书籍。宋代，书籍已经由写本时代过渡到了刻本时代，大量刻书也就会产生大量的书版。最初这些书版分藏在不同的地方，后来逐渐汇集到了当时朝廷的最高学府——太学里面，而太学就建在杭州岳飞的府第里。这是宋绍兴十三年，也就是公元 1143 年的事情，当时皇帝从临安守臣王晚所请，"诏以钱塘县西岳飞宅改为国子监太学"。

清阮元的《两浙金石志》中录有元代后至元二年（1336）西湖书院山长陈泌所撰《西湖书院重修大成殿记》，此记讲述了西湖书院的来由：

西湖书院，本故宋太学，其初岳武穆王飞之第也。岁丙子，学与社俱废。至元二十八年，以其左为浙西宪司治所，其右先圣庙在焉。三十一年，东平徐公琰为肃政廉访使，乃即殿宇之旧，改建书院，置山长员主之。

南宋的太学当时跟国子监相邻而建，蒙古人把南宋灭掉之后，太学这个机构也就荒废了，太学旧址变为了元朝肃政廉访司衙署。当时徐琰任浙西肃政廉访使，他把西侧的国子监旧址改建为了书院，同时把原本在西湖锁澜桥的三贤堂也迁到了这个书院内。三贤堂纪念的是三位跟杭州有关的名人，即白居易、林逋和苏轼。三贤堂的后面是讲堂，讲堂的两侧则改为了宅舍，后面还有尊经阁。尊经阁的北面建有专门的书库，此书库里收藏的就是宋太学原藏的书籍。徐琰还专门安排了一个人来管理这些书籍，这个职位叫"司书"。即此可证，当时留下来的书籍数量十分庞大。因为书院距离西湖较近，故将其命名为"西湖书院"。

到了元延祐三年（1316），周德元对书院进行了扩建，又过了二十年，到后至元元年（1335），特默格、胡祖广再次对西湖书院进行了扩建。这时的西湖书院已经成为中国南方规模最大的书院，当时的著名文人贡师泰写了一篇《重修西湖书院记》，此记中也谈到了西湖书院的来由："西湖书院在杭州西湖之上，故宋岳武穆王飞之第，后更为太学。至元丙子，天兵临城，学废，礼殿独存。其地与宪治实皆为岳王第，故来长风纪者，莫不以作兴为先务。三十一年，容斋徐公琰始即旧殿改建书院，且迁锁澜桥三贤堂附祀焉。三贤者，唐刺史白居易、宋处士林逋、知杭州苏轼也。置山长一员主之，遂易今名。"这段文字将西湖书院的来由讲得十分清晰，为了不没徐琰的创院之功，书院里还专门设有尚功祠来纪念他。

但是有些事情一旦换作他人，就会变成另一种局面，由徐琰建起来的西湖书院没过多少年，就再次荒废了。贡师泰接着写道："越二十年，

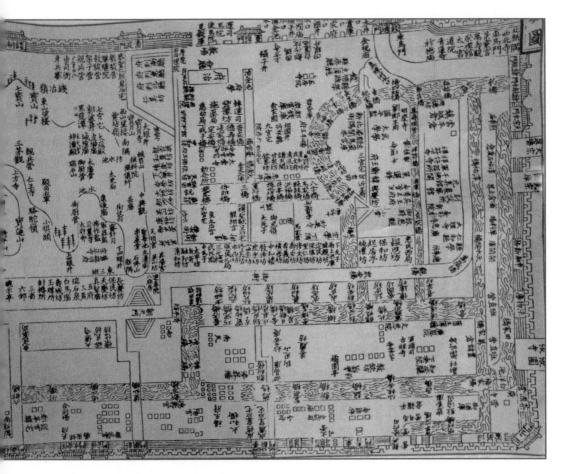

图一 《咸淳临安志》一书所附杭州市区图

城燹于兵，书院亦废，象设陊剥，庭庑污秽，居人马迹交集其中，书籍俎豆狼籍弗禁。明年，三贤堂毁。又明年，尊经阁坏，学官廪稍久绝，彷徨莫知所措。"可见文明在兵燹面前，往往无还手之力。直到至元十八年（1281），众人出资重新将书院修建起来，由贡师泰写出《重修西湖书院记》，并将其刻碑，此碑幸运地保留到了今天。

《重修西湖书院记》石碑原存在西湖书院内，清嘉庆年间移到了杭州府学，此府学就是今天的杭州碑林。我在杭州寻访时，特意到碑林内找到了这块碑，该碑在碑林内的编号为"D-02（199）"，处在碑廊的单独一个区域。即此可见，碑林的管理者也知道该碑极具价值。有意思的是，这块碑的背面刻着《太上感应篇》，不知为什么会将《重修西湖书院记》与《太上感应篇》刻在同一块碑上。

到了元至正年间，书院又受到了损坏，而后再次被整修起来。当时的著名文人杨维桢也写了篇《重修西湖书院记》，此记中提到西湖书院修建完毕后竟然被士兵占用，由此而遭到破坏，这些士兵被赶走后，他们又对书院进行了重新整修，文中还提到了对书版的修补。

对西湖书院的宋代版片的整理，在已知的文献记载中，始于江浙廉访使周德元，时在元延祐六年（1319）。最早记录此事的是汤炳龙所撰《西湖书院增置田记》，记中有这样一句话："次年（延祐六年），周廉使特为劝率有高訾乐助者，并取补刊书板。"根据而后的文献记载，这些书版有过几次整理，规模最大的一次是在至治三年（1323）到泰定元年（1324），西湖书院将所存宋代书版彻底地清理一过，而后编出了《西湖书院重整书目》。这个书目留存至今。此目仅列书名，没有卷数，看上去很简单，但却有着标志性的意义，邓洪波评价此书目道："这是书院历史上第一个刻书书目，也是中国印刷出版史上最早的刻书书目之一。"马晓春在其专著《杭州书院史》中说："泰定元年（1324）九月，书院整理图书形成了《西湖书院重整书目》，这不仅是书院历史上第一个刻书书目，也是中国印刷出版史上最早的刻书书目之一。元代西湖书院藏书刻书不仅规模较大，而且具有极高的专业水平，成为国家重要的出版中心。"

这个书目有当时的大文人陈基所撰序言。陈基是临海人，幼年时与其兄陈裘同受业于义乌黄溍，而后与黄溍前往京师，得授经筵检讨。元末，张士诚在苏州招陈基为江浙右司员外郎，张士诚称王后，授陈基以内史之职，后迁学士院学士。朱元璋消灭张士诚后，爱陈基之才，招其参与纂修《元史》，书成后赐金而还。陈基很看重西湖书院在传承儒家经典方面的重要作用，在其文集《夷白斋稿》中收录了《西湖书院书目序》。

陈基在此序中先是简述了西湖书院所藏书版的来由，"杭西湖书院，宋季太学故址也。宋渡江时，典章文物悉袭汴京之旧，既已裒集经史百氏为库，聚之于学，又设官掌之，今书库板帙是也。德祐内附，学废，今为肃政廉访司治所"，而后他讲到了西湖书院具体的藏版地以及书院的经费问题，"又后为尊经阁，阁之北为书库，实始收拾宋学旧板，设司书掌之。宋御书石经、孔门七十二子画像石刻咸在焉。书院有田，岁收其入，以供二丁廪膳及书库之用。事达中书，畀以今额，且署山长、司存，与他学官埒。于是，西湖之有书院，书院之有书库，实昉自徐公，此其大较也"。

在陈基看来，西湖书院所藏的书版是文化不绝的一个重要标志，因为"国初，收拾散亡，仅存十一于千百，斯文之绪，不绝如线，西湖书院板库其一也"。西湖书院所藏的这些版片虽然价值很大，但后来又被损坏了，面对这种惨状，有志之士仍然捐钱出力，重新将其修补。陈基序中写道：

至正二十一年，公复厘补之。俾左右司员外郎陈基、钱用壬率其事，庀工于是年十月一日。所重刊经史子集欠缺，以板计者七千八百九十有三，以字计者三百四十三万六千三百五十有二。所缮补各书损裂漫灭，以板计者一千六百七十有一，以字计者二十万一千一百六十有二，用粟以石计者一千三百有奇，木以株计者九百三十。书手刊工以人计者九十有二。

这么详细的统计数据，足见当年补刊工作之浩大，因为所补的版片就有将近8000片。为了补这些书版，竟然用了930棵树的木材，写手和刻工则多达92位，可见这次补刊所用的人力及物力皆极浩大。

西湖书院虽然是官办，但是这些补刊费用并不是由官方补贴和划拨的，那么这些费用是哪里来的呢？根据资料记载，西湖书院的经费一部分是靠学田收入。官府曾经划拨给书院一些田地，在书院创建的初期，就"有田，岁收其入，以供二丁廪膳及书库之用"，后来书院的义田面积越来越大，最多时有1923多亩。书院经费的另一个来源，则是有关部门的拨款和一些官员的私人捐助。比如元元统元年（1333），大成殿损坏，需要一笔巨资进行修补，于是"稗儒司以浙右郡、县学、书院羡财助之"。

对于私人捐款，最为详实的记载出自黄溍所撰《西湖书院田记》，记中提到了本郡一位叫朱庆宗的人给西湖书院捐田275亩。朱庆宗的两个儿子都曾在西湖书院肄业，为了表示感谢，朱庆宗捐出了这些田产，并特地告知官府。黄溍的文中没有提到这两个儿子是否最终有了功名，以理推之，应当是有了好的结果，朱庆宗才捐田作为酬谢。有意思的是，朱庆宗还提出了附加条件，明确指定捐田的收入必须专款专用，"凡书板之刓缺者补治之，舛误者刊正之，有所未备者增益之"，他要求这一部分收入只能用于书库的维修以及补刊书版，管理者不能挪作他用。捐田专为保护书及书版，这样的历史故事我仅知道这一例，所以我觉得这位朱庆宗很值得尊敬，应当给他戴朵大红花，授予他"出版积极分子"的荣誉称号。

中国传统文人很看重文献传承的延续性，黄溍也是如此，他在《西湖书院田记》中谈到了书版的传承："顾所以赡之者田，皆薄瘠且远在他州县。富岁所输犹多，不登营缮廪给之须，或匮乏而弗继，未有余力及其书也。"同时，记中特意讲到了苏轼为李常所作的藏书记，以此说明书籍能够广泛传播，才是最重要的理念。

昔苏文忠公记李氏山房藏书，以为物之悦于耳目，适于用而不敝不竭，随人之才分求无不获者，惟书耳。李氏于其书既取而用之，而书固自如未尝少损也。夫书诚可悦而适用，不敝不竭矣，使传刻者岁滋久而常无弊，则摹造者日益广，而岂有竭哉？向之书院若白鹿洞，若岳麓，非朝廷所赐，无以得书。今也以布衣之士而垂意于学校之事，不患其居之不崇、食之不丰，而患其书之不完。此仁者之心、无穷之惠也。学者宜无求而不获，能玩味其英华而究极其根柢者，几何人哉？苏公所以叹古人得书之难，而其学非后世所及，后世之书多且易致，而学者益以苟简也。苏公，书院之先贤，显诵其说而推明之，以为记。庶几来者主张是而勿废，且以劝夫束书不观、游谈无根者焉。

西湖书院不止收藏和整理旧版，这里也刊刻新的书籍版片，比如岳飞后人岳珂的《金陀粹编》就刊刻于此院。余外这里还刊刻过不少的书，例如元代藏书家苏天爵所编的《国朝文类》。这部书编成之后，由翰林院国史院待制谢瑞等进呈给国史院，提出应将此书刊版印行。该书乃是一部元代诗文总集，内容颇为重要，谢瑞等人提出应将其刊刻发行，这个请求转呈到了礼部，礼部又转呈到了中书省，中书省同意之后给浙西肃政廉访司下文，而后由廉访司交西湖书院刊刻印行。这套程序走下来，也颇费周折。

为什么这部书要放到西湖书院去刊刻呢？因为自宋代开始，杭州刻本的质量已然是天下第一，宋叶梦得在《石林燕语》中说："天下印书，以杭州为上，蜀本次之，福建最下。"

西湖书院接下了这个任务，用了一年半的时间将这七十卷本的《国朝文类》刊刻了出来，而后经过相关部门审定，又对印样进行了补正，直到至正二年（1342）才正式刷版发行。西湖书院刊刻的另一部大部头书是马端临的《文献通考》。此书有三百四十八卷之多，其付梓过程仍然是几经申报，到泰定元年（1324）由西湖书院刊版发行。十余年后，到了后至元元年（1335），又再次进行校补，重新刊版发行。

即此可见，西湖书院既有教学任务，同时还收藏书版、刊刻书籍，这样的书院颇为少见，故而邓洪波称："为了适应书院教学、刻书、藏书三事并举，尤其是以修补宋学书板、刊印图书为主的工作需要，西湖书院的组织结构也有别于元代一般书院。首先，置山长一员，主持教学工作之外，'异时书库官之所掌悉隶焉'。也就是说，西湖山长除其他山长应负的职责之外，还要多出一份宋代太学书库官掌管'所刻经史群书'的工作任务。"正是因为这种安排，才使得西湖书院所刻之书受到了后世的赞誉，顾炎武在《日知录》中称赞元代书院刻书之精，认为这样的结果有三个原因："山长主之，通儒订之，学者则互相易而传布之。故书院之刻有三善焉：山长无事而勤于校雠，一也；不惜费而工精，二也；板不贮官而易印行，三也。"

顾炎武说元代书院刻书精善的原因，是因为山长无事，所以整日校对，这种说法如果让西湖书院的历任山长们听到了，当然不乐意，但是他们不惜工本地刊刻书籍，却是实情。而西湖书院刻书在社会上影响如此之大，顾炎武认为是因为这些书版没有存在官府之内，所以民间请印比较方便。

然而毕竟年代久远，流传至今的西湖书院本其实并不多，如今大多进入了公共图书馆，比如西湖书院刊刻的《国朝文类》在国家图书馆里就藏有整部，《文献通考》在国图和北京市文物局也有收藏。西湖书院所刻之书受到了后世研究者的高度称赞，隗静秋在《浙江出版史话》中称："西湖书院的藏书除了内容丰富、数量庞大外，其所藏图书、版籍还以质量好闻名于世，其中不乏善本、珍本。西湖书院藏书，源自南宋太学，故其质量更为上乘，无论是字体、用墨、纸张、刻工、印刷都是第一流的，校勘也是精益求精。这不但是元代其他书院所不具备的，也是其他藏书机构与个人藏书家所无法比拟的。"邓洪波也认为："从传世书目和传世图书实物来看，西湖书院'书刻'数量之大，质量之高，既称闻于当时，更有名于后世，将其称作元代国家出版中心实在当之无愧。"

进入明代，杭州西湖书院仍然保留着这些宋代的版片。再后来，这些书版以及藏书全部搬到了南京，西湖书院在印刷出版史上的辉煌到此基本结束。赵连稳、朱耀廷在《中国古代的学校、书院及其刻书研究》一书中称："杭州的西湖书院是宋元官刻书版的集中地，明朝把这些书版运到南京国子监加以保存，如万历以前刻印的监本《廿一史》中，《宋书》书版 2716 片，《梁书》970 片，《南齐书》1061 片，《陈书》556 片，《魏书》3385 片，《北齐书》716 片，《后周书》877 片，就是采用宋刻'眉山七史'刊本。"

明朝初年，杭州西湖书院改为了仁和县学，由此结束了它在书版传承史上的重要使命。幸运的是，西湖书院的遗址还有迹可寻，而今杭州市庆春路与延安路交叉路口处的红楼，就是当年岳飞府第遗址，也同样是元代西湖书院所在地。

2016 年 1 月 19 日，在浙江图书馆吴志坚主任的带领下，我前往此地探看。而今的庆春路是杭州的街区主干道。在前往的路上，李师傅说原来这一带的道路极其狭窄，是前些年将其拓宽成了现今这等宽敞的大马路。吴主任告诉我这里原本是古代杭州有钱人的聚集区，曾经有大量的精美古建筑，但都在拓宽这条道路时被彻底拆除了。这种事情听来只能让人感慨，同时也加深了自己的无力感，唯一庆幸的是这著名的西湖书院还有迹可寻。

在这两条主干道交叉口的位置上有一座天桥，天桥的下方就是红楼前的广场，广场的花坛里一字排开立着五块金属介绍牌，第一块上面题有"红楼（浙江省高等法院和杭县地方法院旧址）"，后面的文字则讲述了成立于民国十九年（1930）的浙江高等法院的历史，并讲述了而后的

图二　红楼前的介绍牌

图三　碑林所藏光尧石经原石

拆迁过程。在这篇简介的最后一段，终于提到了此前的历史：

> 此地南宋时曾为岳飞府第。后改太学，贮有宋高宗及吴皇后所书《左氏春秋传》等石经，称"光尧石经"（现尚存八十余石，藏杭州碑林）。南宋时有国子监书库，贮宋刻书版二十余万片。

读到这段文字，真是感谢这位书写简介的人，他使得我的寻访总算有了依据。这里提到的光尧石经，当天上午我在碑林内刚刚欣赏完，它们能够保留下来，已然就是奇迹。

而今所见的红楼，确实是用红砖砌成的。其实从侧边看，有一段用的是灰色砖，吴主任认为这样红灰相间其实更漂亮。红楼外立面雕造的西式花饰，竟然保留得极其完整，然细看砖面，已经有了一定程度的风化。今天的红楼已成为杭州市建设陈列馆，从门廊上挂着的横幅得知，里面正在举办"守望美丽乡愁"展览。

这个展览可免费参观。从正门进入，迎面影壁上刻着的前言里介绍了这里的历史。一楼的正厅面积不大，里面所展均是杭州城历史的变迁。墙上的展板则是系列"红楼周边历史"，其中第一块展板就是西湖书院，然而所配图像却是白居易。另一块展板上列有国子监和太学位置图，即此能够得知，当年此地，太学在中间，国子监在左侧，右侧则为武学。

沿着参观路线继续向内走，顶头的大房间里展览着"古代杭州城市变迁"，其中有一些历史实物。沿着木扶梯登上二楼，这里展览的是一些摄影作品，其主题正是"美丽乡愁"，内容均是杭州的老建筑。就摄影技巧而言，我觉得哪张照片都比自己拍的高明许多倍，也可能自己太过愚

图四　今天的红楼已成为杭州市建设陈列馆

图五　红楼上的西式花饰

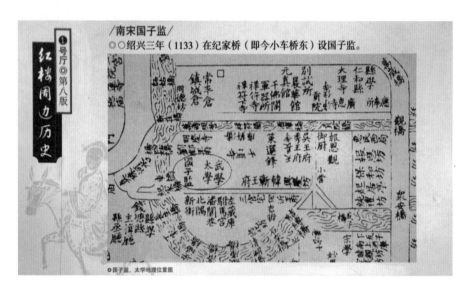

图六　国子监、太学地理位置图

图七　"美丽乡愁"展览

钝，我从这些照片上看不出乡愁的美丽。细细浏览一过，也没有发现我未曾找到过的古代藏书楼。想一想，也许是自己的心态也太过功利，毕竟对今人来说，或者说对大多数人来说，费尽心力到处寻找藏书楼，是让人难以理解的一种行为。

我觉得自己不应当以挑剔的眼光看待这"美丽乡愁"展，于是推开二楼的阳台门，站在宽大的露台上，想在这里吹吹风。北京这时已是数九寒天，但今天的杭州却阳光明媚，微风拂面。十字路口车来车往，构成了一个流动的世界。我望着天桥下的广场，想象着当年西湖书院书楼里堆满书版的情形，仅凭想象就能引起我心里的震撼，而今"物是人非事事休"，不，应当是"物非人是"。虽然难以再造辉煌，但毕竟还有这文字里的历史，已足够支撑我追念前贤为了藏书事业所做出的努力。

华燧会通馆

铜耶？锡耶？公心可鉴

中国是活字印刷术的发明国，然而流传于世的古籍，却大多是雕版印刷，以活字印刷出版的并不多。在存留下来的活字印刷的书籍中，以金属活字印刷的更为稀少。关于铜活字的起源，1994年第2期的《晋图学刊》中刊有曹之先生所撰《华燧铜活字考辩》一文，该文首先讲述了铜活字的起源问题："归纳起来有五代、宋、元、明四种说法。元岳浚《九经三传沿革例》称为了刻好'九经三传'，以二十三种版本相比勘，其中之一为五代后晋'天福铜版'，是为'五代说'所本；宋孙奭《圆梦秘策》叙中有'镌金刷楮，敬公四海'之语，清孙从添《藏书纪要·鉴别》中亦有宋'铜字刻本'之说，是为'宋代说'所本；元黄溍《金华黄先生文集·北溪延公塔铭》中有'镂铜为板以传'之语，是为'元代说'所本。以上三说含糊其辞，是铜版还是铜活字，未敢臆定，待详考。而关于明代铜活字的文献、实物俱在，为学人所共认。"

可见关于铜活字的起源，历史上有着多种说法，然而这些说法究竟指的是铜板还是铜活字，因为文献的语焉不详，加上没有实物佐证，使得早期铜活字的发明问题，始终停留在对文献的解读上。而今所见，中国古籍中最早的铜活字印本，乃是无锡华燧在明弘治三年（1490）所印的《会通馆校正宋诸臣奏议》。

关于华燧的生平，美国富路特、房兆楹原主编，李小林、冯金鹏主编的《哥伦比亚大学·明代名人传》中收有钱存训所撰《华燧》一文。钱先生在该文中称："华燧是鹅湖华氏宗族一支的第十四代后裔，这一宗族于北宋（960—1126）末年首次迁入该地区。华燧继承了上千亩良田，但由于经营不善，家族财产在他那一代大大减少。华燧年轻时致力于研究儒家经典和历史，但不久便投身于商业经营，直到五十岁才有机会做学问。"

由上述这段话可知，华燧是位没落地主，中年以前努力经商，五十岁之后开始研究儒家典籍。关于他生活中的一些细节，钱存训在文中写道："他通常早晨很早就起床，随后立即开始读书练字，一直持续到每天深夜。华燧把藏书楼中的书全部沿着墙排列，由一些书童负责打理，每人负责其中一部分，这样无论何时都能够立刻找到需要的文献。华燧经常将书本上学到的知识应用到生活方面。据说，华燧常常在市镇的大路上大声读书，完全不留意周围其他人。华燧尝试将儒家经典中提到的井田制用于管理他自己的田地，但没有获得成功。"

华燧为什么要制作一整套铜活字呢？对于这件事的起因，相应的历史文献记载大约有四处。一是邵宝在《容春堂集·后集》卷七《会通君传》中所言：

> 会通君，姓华氏，讳燧，字文辉，无锡人。少于经史多涉猎，中岁好校阅同异，辄为辨证，手录成帙，遇老儒先生，即持以质焉。或广坐通衢，高诵不辍。既而为铜字板以继之，曰："吾能会而通之矣！"乃名其所曰"会通馆"，人遂以"会通"称。或丈之，或君之，或伯仲之，皆曰"会通"云。

二是乔宇在《会通华处士墓表》中的记述：

> 悉意编纂，于群书旨要，必会而通之，人遂有"会通子"之称。复虑稿帙汗漫，乃范铜为版，镂锡为字，凡奇书艰得者，皆翻印以行。所著《九经韵览》，包括经史殆尽。

三是华充诚在《会通府君宗谱传》中的记载：

> 府君讳燧，字文辉，号会通……经史多涉猎，好校阅同异，著《九经韵览》。又虑稿帙汗漫，为铜版、锡字翻印以行，曰："吾能会而通之矣！"人遂以会通称之。

四是明末清初人华渚在其纂修的《勾吴华氏本书》卷三十一之一《三承事南湖公、会通公、东郊公传》中的记载：

会通公，少于经史多涉猎，中岁好较阅异同，辄为辨证，手录成帙，遇老儒先生，即持以质焉。或广坐通衢，高诵琅琅，旁若无人。既乃范铜板、锡字，凡奇书艰得者，悉订征以行，曰："吾能会而通之矣！"名其读书堂曰"会通馆"，人遂以"会通"称。或丈之，或君之，或伯仲之，皆曰"会通"云。所著有《九经韵览》《十七史节要》。

华燧在弘治三年（1490）首先用铜活字排印了《会通馆校正宋诸臣奏议》一书。关于印此书的起因，李致忠《历代刻书考述》说："弘治三年（1490），有人打算重刻《宋诸臣奏议》，而惮雕板费用浩大，便请会通馆活字铜板印正，以广其传。"看来华燧用铜活字印这部大书，是因为别人听说他有一套铜活字，而考虑到用木刻板的方式来刊刻《宋诸臣奏议》费用很大，刊刻时间也会旷日持久，于是就找到华燧，请其用那套铜活字来印刷这部大书，于是华燧就印出了五十套。而今华燧所印的这五十套《宋诸臣奏议》已成为当今中国能够见到的最早的汉籍活字本，张秀民著、韩琦增订的《中国印刷史》则称"我国真正的铜活字印刷，仍不得不以明代华燧会通馆所制的为最早"。

活字本的发明权当然非毕昇莫属，沈括的《梦溪笔谈》中对此有明确记载。然而毕昇所做的活字乃是泥活字，华燧制作的则是铜活字。为什么华燧不效仿毕昇也做泥活字呢？相应文献未见记载。张秀民在《中国印刷史》中则有如下猜测：

宋代周必大用活字印书，就以"胶泥铜板，移换摹印"。这里为什么

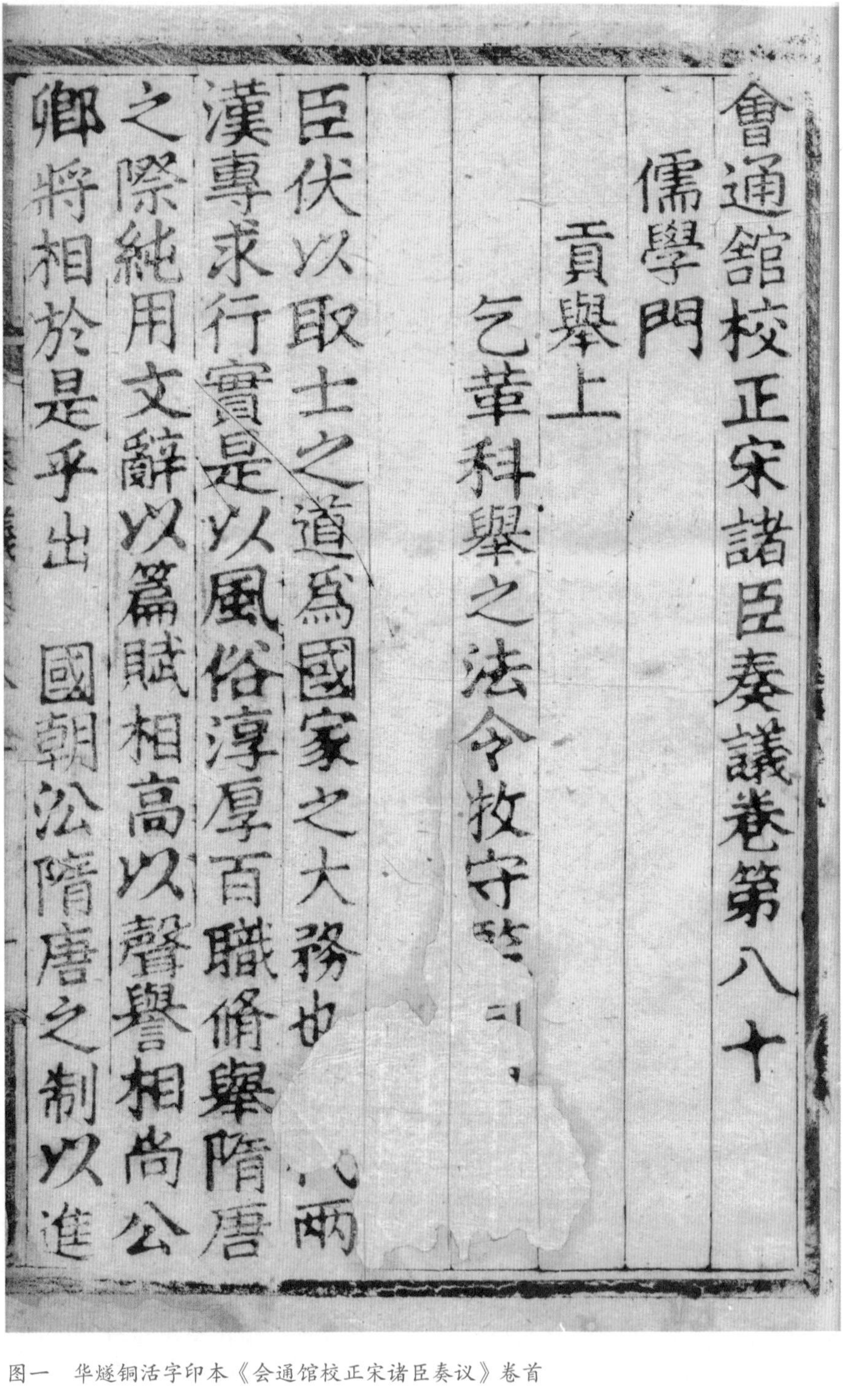
會通舘校正宋諸臣奏議卷第八十
儒學門
貢舉上
乞革科舉之法令牧守監司
臣伏以取士之道爲國家之大務也兩
漢專求行實是以風俗淳厚百職脩舉隋唐
之際純用文辭以篇賦相高以聲譽相尚公
卿將相於是乎出　國朝沿隋唐之制以進

图一　华燧铜活字印本《会通馆校正宋诸臣奏议》卷首

用铜版，大概是为了避免雕版刷印因涂墨出现涨缩，版心大小不一，使装订成册后栏线不齐。明代华家、安家"范铜板"，目的可能相同。

显然就印刷技术而言，华燧在初期制作的铜活字有很多不完善的地方，《中国印刷史》中称："当时有人打算把《宋诸臣奏议》重新刻版，而怕费用浩大，就请会通馆活字铜版印正，以广其传，于弘治三年印成五十册。当时因为只有一副活字，正文和小注不分大小，每行内双排，参差不齐，有的字只印出一半，墨色模糊邋遢，沾手便黑。又校勘不精，脱文误字，每卷都有，有脱一两页者，字句不贯，文义隔绝，印得实在不高明，远不及朝鲜铜字之精美与纸墨之佳良，而它却是我国现在所知最早的金属活字印本。"

即便如此，会通馆还是在短期内印出了很大数量的印本，可惜这些印本大多失传了，这也更加突显出该书的珍贵。张秀民、韩琦在《中国印刷史》中给出了如下评语："会通馆铜版印书可考者约十九种，在明人铜字印本中数量方面首屈一指，而时间又最早。其中弘治十三年（1500）以前印的《宋诸臣奏议》《锦绣万花谷》《容斋五笔》《百川学海》《九经韵览》《文苑英华纂要》《音释春秋》《古今合璧事类前集》等八种，相当于欧洲的摇篮本，特别珍贵。"

关于会通馆用铜活字印书的数量，不同的书中有不同的说法，相比较而言，以《中国印刷史》所说的 19 种为最多。李致忠先生在《金属活字印书考述》中认为是 15 种，曹之先生在《中国印刷术起源》一书中则认为是 16 种，章良先生在《华燧铜活字印书述略》中也认为是 16 种，虽然这些数量看上去不大，然而在卷数方面却是个不小的数字。章良在

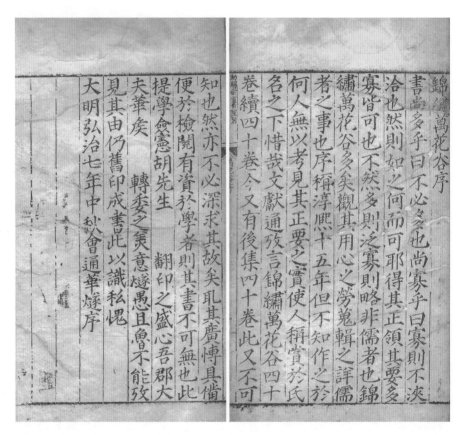

图二　华燧为《锦绣万花谷》所写序言

《述略》一文中说："从弘治三年（公元 1490 年）始排印第一种图书至正
德八年（公元 1513 年）去世，在短短 23 年间，华燧所排印的图书多达
16 种之多，这不可不叹活字铜版成书之快。"

　　华燧在弘治八年（1495）一年的时间内，排印了 524 卷书，这个数量的确惊人，为此章良在《述略》一文中做出了如下的对比：

　　而在此时为出版业主流印刷方式的雕板印刷在印书方面速度就慢了很多。明洪武十年（公元1377年）间浦江郑济、郑洧兄弟刻其师宋濂的著作《宋学士文粹》，此书卷十末有洪武丁巳（洪武十年）七月十日郑济题记。题记云："右翰林学士潜溪宋先生《文粹》十一卷，青田刘公伯温丈选定者也。济及同门等相与缮写成书，以字计之，约计十二万二千有奇，于是命工十人镂梓以传。自今夏五月十七日起至七月九日毕工，凡历五十二日。"十一卷书即刻了近2个月。又有与华燧同时且同处一地（无锡）的顾起经、顾起纶弟兄的奇字斋，在嘉靖三十四年（公元1556年）刻《类笺王右丞诗集》时，在此书后的当时该局刻书之刻工姓名表中写道："自嘉靖三十四年十二月望授镂，至三十五年六月朔完局。"《类笺王右丞诗集》此书仅十卷，五六百叶，但却刻了长达6个月之久。

　　可见在明代同期，以雕版形式刊刻十卷书，用时大约半年之久，这样比较起来，就充分体现出了活字印书的速度。更为难得的是，在当时无锡一地有多家都以铜活字来印书。而其中，以华燧制作的铜活字时代最早。因此，钱存训在《华燧》一文中明确地说："一些学者推测华坚可能是从同为无锡人的安国处学习的铜活字印刷技术。不过，从现存的各种铜活字版本书籍的日期来看，华燧为最早使用该技术的人；华燧所印书籍出现于1490年至1506年间，华珵所印书籍出现于1502年，华坚所印书籍出现于1513年至1516年间，安国所印书籍出现于1520年至1530年左右。活字也许出自同样的字模，在华家从一人传至另一人，后来传到安家。"

无锡华氏不止是华燧用活字印书，他的叔伯华珵也有一套活字，康熙《无锡县志》卷二二《行义》中称华珵"又多聚书，所制活板甚精密，每得秘书，不数日而印本出矣"。祝允明在《渭南文集·跋》中也说："初光禄悬车乡社，年逾七十而好学过于弁髦，购畜典帙，富若山蠹。又制活字板，择其切于学者，亟翻印以利众，此集之所以易成也。自沈括《梦溪笔谈》述活板法，近时三吴好事者盛为之。然印有当否，则其益有浅深。"

除了华珵，华燧的侄子华坚也用铜活字印书。张、韩二先生在《中国印刷史》中说："华燧的亲侄华坚，也在正德年间印书。华坚字允刚，事迹不详。过去或以为华坚的活板，模仿同县安国，其实安国出生较晚，只有安国模仿华家，不会华家仿效安家。华坚印书多有'锡山兰雪堂华坚允刚活字铜板印行'牌子或刊语，又有'锡山'两字圆印，及'兰雪堂华坚活字铜板印'篆文小印。兰雪堂印有汉蔡邕、唐白居易、元稹等著名文学家的诗文集，马总《意林》，及唐人类书《艺文类聚》。后者有华坚的儿子华镜正德乙亥（1515）写的后序。兰雪堂本一行内排印两行，被称为兰雪堂双行本，传世稀少，颇得藏书家的好评，但《蔡中郎集》亦'亥豕鲁鱼，无页不有'。所有印本多注明活字铜版，而清龚显曾误以兰雪堂双行本为木活字。兰雪堂活字有'刊字芦宽'，它的活字似乎是镌刊的。"

张秀民先生的观点跟钱存训相同，他认定安国制作铜活字是模仿华家，绝不是人们所认定的华家模仿安国。产生这种误解，是因为安国制作的铜活字要比华家制作的精致，然就一般规律而言，大多数事物都是前疏后密，这也正说明了安国铜活字的精细是借鉴了华家铜活字的优点而规避其缺点。

由以上的这些信息可知，华燧对于中国活字印刷史，尤其是铜活字印刷史，做出了很大的贡献。可是，从 20 世纪 80 年代开始，有人认为华燧所制作的活字乃是锡活字而非铜活字。最早提出这种说法的人是潘天祯先生。1980 年创刊的《江苏图书馆工作》第 1 期刊载了潘先生所撰《明代无锡会通馆印书是锡活字本》一文，该文在业界引起了较大的反响。1992 年 8 月张秀民先生在《中国印刷》第 37 期上发表了《明华氏会通馆活字铜板是锡活字吗？》一文，对潘天祯的结论予以了反驳。而后潘天祯又三次撰文坚持自己的观点，2002 年第 2 期的《江苏图书馆学报》发表了潘天祯所撰《四谈明代无锡会通馆印书是锡活字——华燧锡活字印书的探索始末》一文。

潘天祯先生在文中回溯了 20 年来对于华燧所做的是铜活字还是锡活字的争论过程，他说自己撰写《四谈》时已经年逾八旬，但他依然再次阐明了自己的三个观点："1. 华氏宗谱所传华燧四篇传记中说的'铜板、锡字'印书是可靠史料，是会通馆锡活字印本立论的基础，无由否定；传世的《容春堂后集》卷七《会通君传》所云'既而为铜字板以继之'，是剜改拼凑的版本，非邵宝撰的《会通华君传》原文，不可据。2. 活字印书的板和字的制造材料往往不同，是'锡字说'立论的支柱，有上千年的众多史实可证，也是无可否认的。3. 会通馆原书上印的'活字铜板'四字，必须联系四篇华燧传文去研究，否则就不能正确理解它的含意。"

《中国古籍善本书目》中收录了多种会通馆用活字所印之书，均标明为"铜活字印本"，潘天祯则是该书目的副主编。既然潘先生这么强调会通馆印书用的是锡活字，那为什么这部书目全著录为铜活字呢？显然潘先生也听到了这样的质疑之声，所以他在私谈中予以了这样的解释："如果有人据此说明笔者已经放弃'锡活字'说，改从铜活字本，就误会了。《书目》为集体编辑，理当统一著录，参加工作者有不同意见可以保留，但不能各行其是，这和学术讨论是两回事。作为学术研究，笔者认为'锡活字'说更符合会通馆印书的实际。"

由这段解释可知，潘先生仍然认定会通馆是锡活字，但《书目》中著录成了铜活字，可见当时大多数专家都认定这是铜活字而非锡活字。曹之先生也认为华燧制作的是铜活字，他在《华燧铜活字考辩》中首先引用了潘天祯所强调的四处历史记载，潘正是根据这四处记载认定会通馆为锡活字，曹之在引用之后称："以上四传中均有'铜版锡字'（或作'范铜为版，镂锡为字'）的记载。潘氏因以华燧所用为锡活字。潘氏不因袭旧说，自成一家之言，精神可嘉，然有以下数端似可商榷。"

曹之在文中讲出了三点个人的意见，其中第一点就是怀疑历史上对华燧制作活字的记载不准确。

就四篇传记的写作时间而言，邵传在前，乔传次之，其余两传在后。根据内容分析，可以毫不夸大地说，乔宇以下三传皆相承抄袭邵传成篇，华渚传文的抄袭之迹最为明显。既为抄袭，就不免有抄错之处，例如乔传至少有两处错误：首先乔传因不明"会通"二字的含义，误将邵传原文前后颠倒。按照邵传，"会通"二字似有"会而校之"和"版而流通之"两层意思，此"会通"之名所由来。而乔传不明此意，以为"范铜为版，镂锡为字"与"会通"无关，遂将两层意思拆开，内容前后颠倒。其次，

乔传最后一句说："所著《九经韵览》，包括经史殆尽。"《九经韵览》是
经学之作，把"经"包括"殆尽"，差属勉强，怎么可能把"史"包括
"殆尽"呢？

　　曹之的第二条理由则是，现存会通馆活字印本版心都注明了"活字
铜板字样"，怎样理解"活字铜板"四字？潘天祯说："上引四篇华燧传
文的记载都是'锡字'，自以理解为锡活字为是。如不联系传文研究，很
容易把'活字铜版'理解为'铜活字版'。一字不加，稍微变易字的顺序，
制造活字的原料也就变了。这可能是把华燧锡活字印刷误为铜活字的重
要原因。其实，铜版是指摆活字所用之版，字和版在我国古代印刷工艺
上从来是两个不同的组成部分，制造的材料也往往不同。例如沈括《梦
溪笔谈》记载：毕昇'用胶泥刻字'，'以一铁范置铁板上，乃密布字印，
满铁范为一版'。概括为'活字铁版'也未尝不可。又如清代金简的《钦
定武英殿聚珍版程式》有'枣木子'和'摆字楠木槽板'之别，活字用
枣木刻成，排字槽板则用楠木，也可以说是'活字楠木板'。可见把华燧
印书的'活字铜板'理解为'铜活字版'，既不符合文献记载，也不符合
我国古代活字印书法的实际。"
　　关于"活字铜板"中的"字"和"板"，曹之先生的解释如下：

　　就我国古代活字印书法的实际来说，"字"和"版"确实是我国古代
印刷工艺上"两个不同的组成部分，制造的材料也往往不同"。但是，人
们谈到"版"字，一般多理解为"版面"，而不理解为摆置活字的"版
底"。"活字铜版"就是铜活字摆置的版面，也即铜活字印版之意，正如

现在所谓"石印""铅印""纸型""锌版"等，其中石、铅、纸、锌等均指组成版面的材料，而不是指其他东西。至于"活字铁版""活字楠木板"等说法，人们从来也没有听说过。

曹之先生的第三个证据，则是就明代无锡风行铜活字印书的大环境而言，他引用了一系列文献之后称："在无锡铜活字印书的大气候中，华燧单独用锡活字印书，也是一件不可思议的事情。"

因此，曹之得出的结论是："华燧用铜活字印书是可以相信的，华燧是我国最早的铜活字出版家之一。"

虽然如此，但依然有专家对此有着不同看法，比如陈正宏先生的专著《东亚汉籍版本学初探》一书中有《中国早期金属活字印本散考——以三种明弘治间无锡华氏会通馆印本为中心》一文，由文章题目即可看出陈先生的谨严，因为他既没有说是铜活字也没有说是锡活字，而以金属活字代称之。因为无锡华氏所制的铜活字实物未能流传至今，所以今日无法用最简单的化验办法来确认会通馆活字究竟是什么材质，但有一点可以确定，那就是会通馆活字是用金属制作而成的。这种活字究竟包含了哪些金属元素，只能在发现实物后才能下最终的结论，在没有得到明确的证据之前，以金属活字来称呼之，的确是一种科学的态度。

陈正宏先生的这篇专论中也提到了近年辛德勇先生对铜活字一说的质疑："潘氏的上述主张，近年得到北京大学辛德勇教授的支持。辛氏在所撰《论所谓明铜活字印书于史初无征验——附论明代的金属活字印本》一文中，以文献记载为主要证据，用明铜活字本说的由来、视'活字铜板'或'铜板活字'为铜活字印刷于理未安、书籍活字印刷史上的铜板法、'铜字板'与铜活字无涉、其他所谓明铜活字记载辨析、华燧之前中国亦从无铜活字印书的记载、明代之金属活字印书七个部分的超长篇幅，对包括华氏会通馆活字在内的明代金属活字印本的文献记录和技术方法重新作了比较全面的检讨。文章后经修订，并改题'重论明代的铜活字印书与金属活字印本问题'，刊载在《燕京学报》2007 年第 2 期（新 23 期）上。"

当年辛先生撰写的该文，我有幸在某次见面时得到了一份打印稿。辛先生在文中旁征博引，详细地阐述了自己的观点，稍一翻阅即令我叹服。

可能是因为先入为主，我始终相信华燧制作的是铜活字，但也拿不出什么证据。然而历史的叙述中，几乎都认为华燧制作的金属活字材质为铜，比如黄丕烈（号荛圃）说"自宋、元版刻外，其最可信者，莫如铜板活字"。荛圃先生的这句话，虽然是就底本的价值而言，但也明确地称这是铜活字。当然荛圃先生也不太可能看到过会通馆所制的金属字钉，他的所言也是根据会通馆所印之书版心上的字样。

既然至今为止还没有发现会通馆金属字钉，那么这样的争论也只能任其继续下去。

然而华燧为什么要用金属来制作一套活字呢？其实这个问题也没有找到答案。相比较而言，朝鲜制作的铜活字要比中国古代活字精细许多，所以有人认为无锡一地流行制作活字是从朝鲜传来的技术。对于这种说法，张秀民先生在其专著《中国印刷术的发明及其影响》中予以了驳斥："铜活字到明代弘治、正德年间（15、16 世纪之交），在江苏的无锡、常州、苏州、南京一带正式流行起来。主要由于这一地方经济条件比较优裕，有不少的大富豪、大商人为附庸风雅，铸成铜字印书。其中最有名的是无锡华家与安家，他们印的书流传甚多，与宋元板一样为人珍重。或以为16世纪后由朝鲜传入铜活字，是没有根据的。"

既然铜活字不是从朝鲜传来的，那么这种技术是华燧的发明吗？可惜同样找不到相应的依据。

关于锡活字问题，张秀民也在《中国印刷术的发明及其影响》一书中称："至于明朝是否沿用锡活字印书，文献未详。不过《华燧传》有'范铜板、锡字'一句。华氏会通馆除铜字外，似乎也铸过锡字。"张先生的这段话似乎是一个折中，他猜测华燧既制作过铜活字也制作过锡活字。事实是否如此呢？在未看到实物之前也只能做出这样的猜测了。

有这么大的争论，正说明了无锡华氏在中国印刷史和出版史上都极有地位。华燧所建会通馆位于无锡市荡口镇，而无锡这个地名本身就与金属冶炼有着直接关系。据说周平王东迁时，在惠山东侧发现了锡矿，锡是冶炼青铜器的主要材料，因为需求旺盛，经不断开采，到战国末年，这里的锡矿资源已近枯竭。唐代陆羽《惠山寺记》记载："（惠山东峰）周秦间大产铅锡，至汉兴，锡方殚。有樵客于山下得铭云：'有锡兵，天下争；无锡宁，天下清。'"于是此地定名为无锡，汉代于此设立无锡县。王莽登基后，锡又出，将无锡改为有锡。东汉建立，锡又竭，又改为无锡。

如前所言，无锡华氏所做的铜活字，有可能材质中部分含锡，这是传统技艺之遗留，当然那些铜、锡、铅原料也有可能是从他处运来的。但华氏熔化金属铸造铅字，可谓渊源有自。

清雍正二年（1724），从无锡县中分出金匮县，二县合称为锡金，无锡华氏所居住的荡口镇属于金匮县。民国初年，二县又合二为一，故今日荡口镇仍归无锡市管辖。

华氏原本居住在北方，宋靖康年间，华原泉随宋室南渡，居住在无锡隆亭梅里乡，故华原泉被该族视为南迁一世祖。四传后，到华诠。宋德祐元年（1275），华诠任无锡县主簿，无锡华氏发达始于此人。许同莘在《无锡华氏谱跋》中说："华氏尚义，至诠家产益拓，岁得租四十八万石有奇，时称华半州，惟养衰老，植幼孤，培守节，殓停尸。延医治药，以济贫病。设塾以教农稚，置义仓以赈全邑饥乏，活者无算。"可见华诠善于经营，当时为无锡首富，故有"华半州"之称。同时他富而好礼，做了大量公益事业，由此而为华氏一族在当地赢得了巨大声望。

华诠之后至洪武三年（1370），华惊铧从外地返回无锡，他没有住在隆亭，而是迁居荡口，故华惊铧成为荡口华氏始祖。经过多年的苦心经营，荡口华氏积攒下巨大的财富，王世贞在《湖西草堂诗集序》中评价说："江表甲族推华氏，华之衣履冠盖遍天下。"

荡口华氏发达后同样富而好礼，家族中出现了多位出版大家，他们用铜活字刷印了许多大部头书籍。因为华氏经济实力雄厚，所印之书大多是以宋本为底本，如今有些宋本书已经失传，致使华氏所印之书成为流传后世最早的版本，这也是无锡华氏印书受后世重视的原因之一。

华燧会通馆处在江苏省无锡市荡口古镇仓河北街 9 号。而今这个古镇跟其他地方一样也被有关部门圈了起来，形成一个大的景区，统一对游客收费。景区之内有多个景点，我在入口处花 80 元买了张通票，而后进入景区。今天（2017 年 6 月 23 日）一早就下起了雨，打着伞走在景区之内，欣赏着这里的小桥流水，倒真有一种遗世独立的宁静感。

　　景区内的标牌比较明确，依我的感觉荡口古镇是以一条溪流为中心，沿河两岸修复起了许多仿古建筑，但标牌中没有标明我要找的会通馆在河的哪一边。因为下雨的缘故，景区里未曾看到工作人员，所以我只能按照大致的方位独自寻找，而后果真在一个十字路口，看到了会通馆的介绍牌。

　　从外观看，而今的会通馆做了彻底的翻新，只有门前的石条透显着几百年前的古味。门侧的会通馆介绍牌因为绿植的遮挡，几乎难以发现。看来对会通馆感兴趣的游客不多，至少我走入大堂，除了那位验票的工作人员之外，未曾看到其他游客。

图三　会通馆正门

图四　小桥流水

　　从大堂的布置，可以感觉到管理者在展览方面颇用心思：正面的影壁墙就是用仿活字排印出的反字，两廊的展览则是完整的一部中国文字史，虽然说展品中的甲骨以及青铜器铭文均为仿制品，但制作得还算精细。把印刷的源头追溯到汉字的起源，这是一个不错的思路。展品中还确实有几块古代印板实物，其中之一从字体上看应当是明代的印板，这样的印板于今而言颇为稀见，遗憾的是在这里没有看到明代的铜板。

图五　展览的古代木雕版

　　沿着展线进入第一进院落，这里的正厅以模型的形式展现出了活字的排版过程。我在他处也见过表现活字印刷的雕塑，雕塑中的托盘大多只是示意性地制作成一个圆形，然而这里托盘上却密密排满了仿制的活字字钉，这份认真让人敬佩。相应的玻璃柜内则以迷你泥塑的方式展现了制作活字的过程，其中一个展柜内还摆放着几十个大小不同的泥活字字钉。十余年前，中国印刷博物馆的尹铁虎先生曾经送给我几枚他仿制出的泥活字字钉。去年，慈溪的励双杰先生则送给我几枚清代翟金生制作的泥活字，由此认定用胶泥制作活字不是传说。翟金生泥活字的发现，一下子就推翻了有人认定胶泥不能制作泥活字的说法，此刻我真盼望着会通馆的活字字钉能够横空出世，这样对于会通馆活字的材质争论问题也就瞬间尘埃落定了。

　　在第三进正堂内，我看到了新近制作出的华燧胸像，侧旁的展柜内

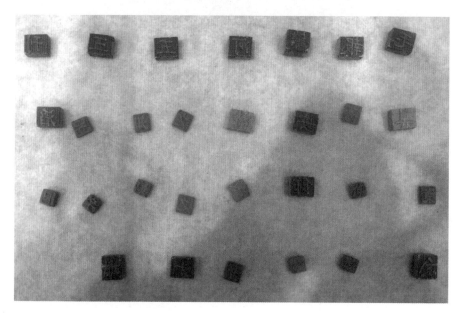

图六　仿制的泥活字

则复制出了多部会通馆活字印本，这些印本除了纸色上的区别，其他方面基本符合原书的面貌。

　　复建的会通馆整体布局像是回字形，展线则沿此排布，每个厅内的展览都有着各自的主题。来到最后一厅，竟然看到了现代化的印刷设备，这样的印刷设备我在中国印刷博物馆看到过上百台，可惜我对它们的型号颇为外行，故无法断定会通馆展览的这一台是否为稀见型号。

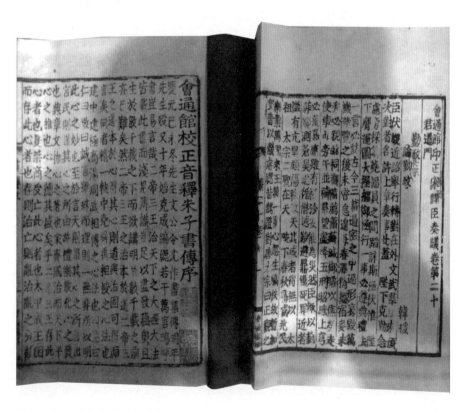

图七　仿制的会通馆铜活字印本

图八 已经淘汰的印刷设备

　　会通馆的每个院落都有回廊相连，回廊的侧墙上则悬挂着一些介绍展板。在回廊的末端，我无意间看到墙上嵌着的两块碑石被用玻璃保护了起来，细看之下，原来是华燧为明处士范从道所撰的墓志铭。一般而言，古人的墓志铭都是请文化名人来撰写，可见彼时的华燧也是当地的名士。

　　其实，华燧也给一些出版物写过序言，台湾出版的《"中央图书馆"善本序跋集录》中收有《文苑英华》一千卷，明隆庆元年（1567）胡维新等福建刊本，该本中收录有华燧所写序言，看来这是一篇旧序，因为华燧此序的落款是正德元年（1506）。华燧在此序中讲述了该书的价值，他在序言中写道："时吾从侄孙子宣为郡庠生"，"近得印本于陈湖陆氏，宝藏未久，执事苟从事于舛错有害瀚漫之集，曷若从事于节序便观有资之集为愈？所谓用力少而成功多者也。然则是集之行，岂但效之于一时，为某一人之私荣私利，诚天下后世士子之公荣公利也。其远辱且害也，不亦多乎！""且请序其事以为士子倡，因书以遗之。岁在柔兆摄提格，时正德改元冬十有二月丙辰日也，六十八岁翁，古吴华燧序"。

由这段序言可以看出，华燧的从侄孙华子宣有着天下公器天下人当共有之的心态，他得到了一部稀见书，首先的反应就是将其更新再版，以便让更多的人能够读到它。由这一点也可以理解，有着同等公心的华燧，为何不惜荒废产业来制作金属活字了。

闵刻凌刻

让黑白变成五彩

　　套印始于元代，目前仅有一部元本传世，这种印刷方式广为人知，则是到了明代的万历、天启年间。在这期间，经营套印本版刻的有两大家族——闵氏和凌氏，两家都处在浙江湖州吴兴区织里镇的晟舍村，这么小小的一个地方，竟然在出版史上留下了如此光辉的一笔，当然值得大书特书。

　　明万历四十八年（1620），陈继儒在闵振业等人辑刻的九十一卷本《史记钞》的序文中称："自冯道、毋昭裔为宰相，一变而为雕版；布衣毕昇，再变而为活版；闵氏三变而为硃评，书日富，亦日精。宝藏者异锦名书，裹置高阁，其他或以供耳目之玩，供筐箧之交，非特太史公负屈，即鹿门诸名公丹铅此书之初意，俱付之烟云过眼矣。"陈继儒说五代时冯道发明了雕版，使得书籍从写本时代迈入刻本时代；北宋时毕昇发明了活字印刷，使得书籍能够快速广泛传播；而印刷史上的第三大发明就是闵氏的套印本。陈继儒竟然将套印这种印刷方式与前两者相并提，足见在他看来，这种印刷方式在书籍印刷史上是何等之重要。

目前已知的明代第一部以套印方式印刷的书籍，乃是闵齐伋于万历四十四年（1616）以朱墨两色印刷的《春秋左传》十五卷，同里凌启康在其三色本《苏长公合作》的《凡例》中说："朱评之镌，创之闵遇五。"

古人刊刻文字套印本，主要是为了将名家批语刻入书中时，与正文不混淆，同时也是为了让不同名家的评语不混淆。一般说来，正文用墨色，评点用艳色，如果多人评点，则用不同颜色以示区分。就目前所见，颜色最多的套印本为六色，而这种印刷方式的发明人就是闵齐伋。徐珂在《清稗类钞·工艺类·套版印书》中写道："朱墨本，俗称套板，以印墨一套，印朱又一套也。广东人仿印最夥，亦最精，有五色者。武英殿本《古文渊鉴》亦五色。考其原起，则实明万历时乌程闵齐伋所创也。"

闵家的发达始于闵珪，此人累官至刑部尚书、太子太保，被誉为明弘治朝"九老"之一。四传而到闵一范，闵一范有六子，闵齐伋排行第五，故其号寓五或遇五。关于他为什么要发明文字套印本，万历四十二年（1614），闵齐伋在其所刻的第一部朱墨套印本《春秋左传》凡例中称："旧刻凡有批评圈点者，俱就原版墨印，艺林厌之。今另刻一版，经传用墨，批评以朱，校雠不啻三五，而钱刀之靡，非所计矣。置之帐中，当无不心赏。其初学课业，无取批评，则有墨本在。"闵齐伋说此前带有批点的书籍，刊刻者都是把名家批点与正文都用墨色刷印，致使读者很难区分出评语和原文，令人望之生厌，而今他将批语与正文分为两色来刷

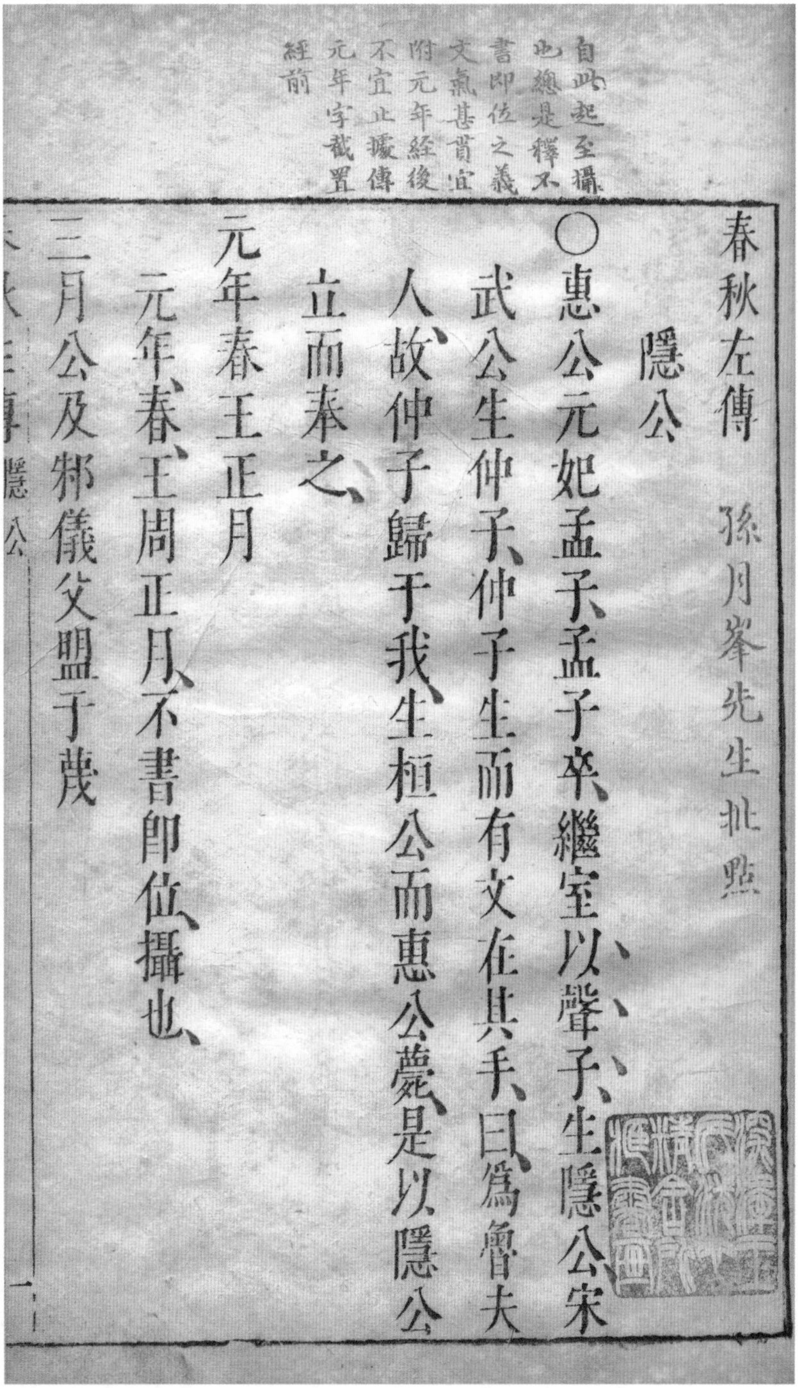
自此起至攝
也總是釋不
書即位之義
文氣甚貫宜
附元年經後
不宜止攝傳
元年字截置
經前
春秋左傳　孫月峯先生批點
隱公
○惠公元妃孟子孟子卒繼室以聲子生隱公宋
武公生仲子仲子生而有文在其手曰爲魯夫
人故仲子歸于我生桓公而惠公薨是以隱公
立而奉之
元年春王正月
元年春王周正月不書即位攝也
三月公及邾儀父盟于蔑
春秋左傳　隱公　一

图一　闵齐伋所刻第一部朱墨套印本《春秋左传》

印，读上去会很醒目。

万历四十四年（1616），朱墨套印本《春秋左传》面世后大受读者欢迎，于是闵齐伋再接再厉，又刻出了两色本的《檀弓》、三色本的《孟子》和《杜子美七言律》。在闵齐伋的带动下，其他家也开始制作套印本，起初都是两色本，而第一次刊刻出三色套印本的人依然是闵齐伋。他一生究竟刻了多少种书，杜信孚在《明代版刻综录》中列出 37 种，但赵红娟在其专著《晚明望族编刊活动研究——以湖州闵、凌、茅、臧四大望族为中心》中对此 37 种闵刻木一一做了梳理，认为闵刻实际数量为 24 种。

对于闵齐伋发明文字套印本的贡献，后世多有褒奖，《四库全书总目》卷四十三《小学类存目一·字书》在著录闵齐伋《六书通》时称："世所传朱墨字版、五色字版，谓之'闵本'者，多其所刻。"因为闵齐伋所刻套印本流传广，对后世影响大，以至于人们一看到套印本，就会说这是"闵本"或者"闵版"，尽管明代刊刻套印本的并非只有闵齐伋一家，但这两个词已然成为套印本的别称。

闵刻套印本之所以有这样大的市场影响力，与其刊刻精美有重要关系。据闵宝梁撰《晟舍镇志》卷五《人物》记载："锓木后，士人能雠一字之讹者，即赠书全部。辗转传校，悉成善本。"

当年吕不韦招门客纂修《吕氏春秋》，书成之后，命手下人公布于市，为了证明此书之精审，吕不韦宣布只要谁能为这部书改动一个字，就奖励千金，这就是成语"一字千金"的来源。显然闵齐伋熟知这段掌故，觉得这是不错的营销手段，于是也效仿这种做法。他的书出版之后任人检校，只要在书中发现一个错字，他就赠书一部。为了能够达到这样的质量，他会将书稿校对三到五遍，还为此刻了一枚"寓五三订"的印章，以此说明该书校勘精良。

但赵红娟在其专著中却指出，闵齐伋所说的校勘精良"主要指文字方面，而不是指内容遵循原本"，文中举出了闵齐伋翻刻的周梦旸《考工记》，"即任意删改序跋与正文内容"。郑振铎在《劫中得书续记》之"闵刻批点考工记"中写道：

> 然闵刻读本，虽纸墨精良，实非上品。每每任意删节旧注，未可称为善本。余既得周梦旸批点《考工记》，复于某肆架上，取得闵刻本批点《考工记》一册，以其索价不昂，收之。顷灯下校读二本，于闵刻本之不尽不实处竟大为惊诧，闵本首亦为郭正域序，但删去序末"吾楚周启明氏为郎水部，品藻《记》文而受之梓，夫所谓在官而言官者乎？郎以文章名，所品藻语，引绳墨，成方圆，进乎披矣。有所著《水部考》行于世。则冬官之政举矣。请校《周礼》，吾从周"等四十五字。复易"卷"为"篇"，并不标出吴澄及周梦旸之名，于"考注""批评"及"音义"均任意删改变动。若余不先收得周氏刊本，直不知"批点"出于周氏手而"考注"之为吴澄著也。闵刻书之不可靠，往往如是。世人何当以耳代目乎？

《考工记》原本是吴澄考注，周梦旸批点，郭正域作序。闵齐伋在翻刻此书时删掉了郭序中有关批点者的信息，正文中也不标出吴澄和周梦旸之名，使读者误以为这本书是郭正域批点本。同时，闵齐伋还任意删改原书中的考注、批点及音义，这种做法与闵齐伋所号称的错一字就赠一书颇为矛盾。然赵红娟认为，这正体现了闵氏刻书的商业特征——"明

图二　凌濛初像（载《拍案惊奇》，上
海古籍出版社 1982 年版）

打品牌意识，暗中使用权变手段，目的均指向商业利润"。

　　虽然闵刻有这样的瑕疵，但丝毫不影响藏书家对明代套印本的喜爱。一百余年来，这类套印本一直被藏书家视为主要的专题收藏之一，对于这些套印本，藏书家有个习惯的称呼方式是"闵凌刻"，可见关于明代套印本，最著名者除了闵氏外还有凌氏，而在明代刻书史上，凌氏最有名的代表人物则为凌濛初。

　　凌濛初的家族在历史上很是显赫，凌濛初的父亲凌迪知喜欢著书，最有名的作品就是《万姓统谱》。这部书的初刻本今天还能见到，十几年前我就得到了一部。凌濛初的叔叔凌稚隆也是个刻书专家，著有《五车韵瑞》，这部书我也有藏。这些都说明他们的著书流传之广，尤其是这部

《五车韵瑞》，对后世影响较大。康熙年间，官府刊刻的《佩文韵府》就是在这部《五车韵瑞》的基础上扩展而成。

凌濛初曾经多次参加科举考试，但运气比较差，没能取得功名，于是他就把精力用在了刊刻书版上。今时在网络上搜索凌濛初的事迹，通常会看到两个头衔：著名的文学家和雕版印书家。雕版印书也能成为一"家"，在以前我还真没注意到，不知道这是谁的发明，但我要向这位发明者表示敬意。

在刊刻套印本之前，凌氏一家已经刻了很多单色刷印本，其中名气最大的两部书就是凌稚隆刊刻的《史记评林》和《汉书评林》。这两部书从出版角度上讲，大获成功。凌家的原刻本虽然刊刻于万历年间，但今天也并不易得，因为这两部书翻刻本太多了，我所见过者，仅明代就有十几个不同的版本。那个时代版权意识淡薄，一部书出了名，翻刻本很快就会在各地出现。虽然这是一种侵权行为，但换一个角度来说，也是对原版的最高礼敬，因为一部不受人关注的烂书绝不可能产生大量的翻刻本。而这《史记评林》和《汉书评林》自从风行天下后，逐渐形成了一种专门的文体，被人称为"评林体"。当时的文学大家王世贞评价此事说："《评林》行，而自馆署以至郡邑学官，无不治太史公者矣。"这里说的"太史公者"就是指《史记》，因《史记评林》而掀起了那个时代广泛学习《史记》的热潮，足见凌氏刻书影响之大。

晟舍有两大家族，就是上面说的闵氏和凌氏。这两家很有意思，相互交往，并且相互通婚，但暗里却一直较着劲，尤其在出版方面更是如此。按照冯梦祯的话来说："凌、闵二姓所居。世为姻戚，而不免仇妒。"这里所说的"仇妒"，应该就是指在出版业上的竞争。在他们那个时代，

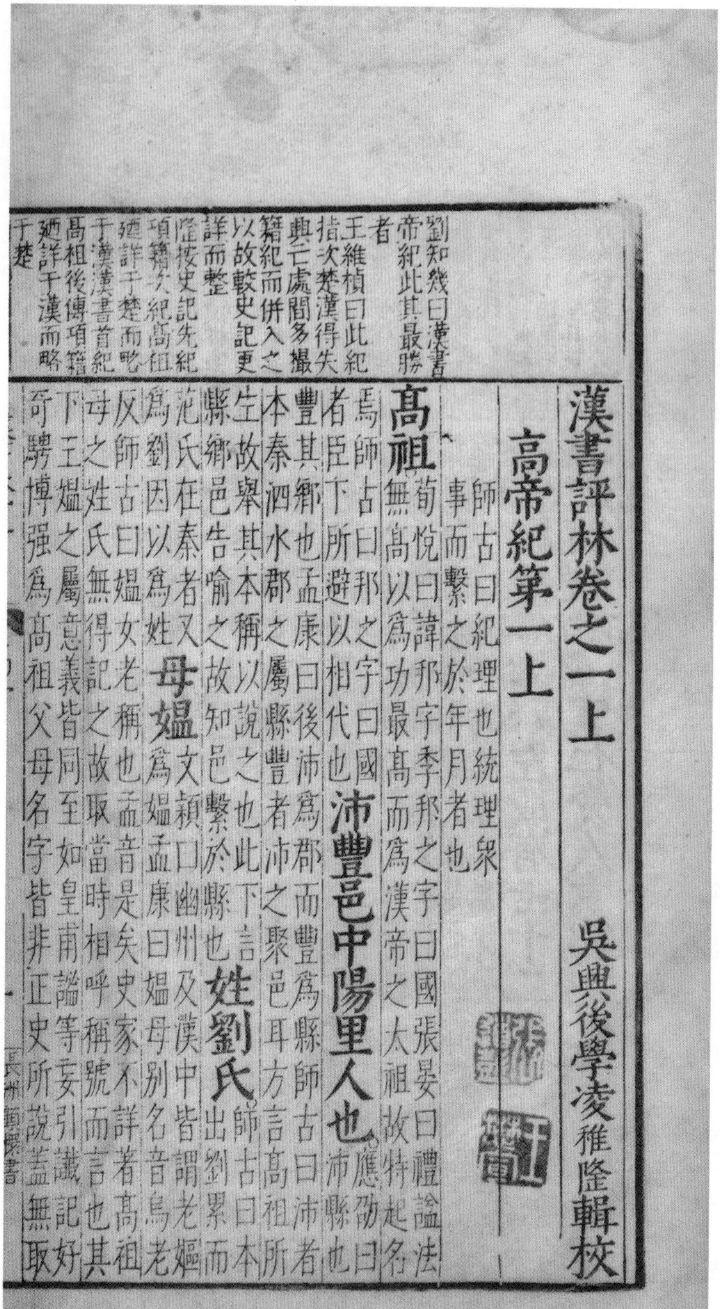

漢書評林卷之一上　　　　吳興後學凌稚隆輯校

高帝紀第一上

師古曰紀理也統理衆事而繫之於年月者也

荀悦曰諱邦字季邦之字曰國師古曰高祖之字耳方言邦之字曰國而為漢帝之太祖故特起名張晏曰禮諡法高祖者本起於高帝所

高祖
臣瓚曰案茂陵書高祖之相國也下所避以宇代也師古曰後沛為郡而豐為縣之聚邑也此下言縣鄉邑者繫於縣也本紀者繫於本也故舉其本以說之也

沛豐邑中陽里人也
應劭曰沛縣也豐其鄉也師古曰沛本秦泗水郡之屬縣豐者沛之聚邑耳方言縣者當時有所生故舉其本縣也

姓劉氏
師古曰出劉累而本在秦者范氏在秦故知姓劉也

母媼
文穎曰幽州及漢中皆謂老嫗為媼言母老嫗也師古曰媼母老稱也又云媼女老稱也孟康曰長老尊者稱也不知其名故號母曰媼母別名也音烏老反其姓氏不詳者高祖母蓋無得記之故取當時相呼稱號而言也高祖父母名字皆非正史所說蓋無取

劉知幾曰漢紀帝紀此其最勝者
王維楨曰此紀指次楚漢得失興亡虛實閒多撮籍而併入之以故較史記更詳而整
隆按史記先紀項籍大紀高祖而史記高祖因以劉氏為姓范氏在秦者又故知之姓氏無得記之故取當時相呼稱號而言也其高祖後傳籍而略于漢而詳于楚頃籍前于漢高祖奇騁博強為高祖父母名字皆非正史所說蓋無取

图三　明凌稚隆刻本《汉书评林》

晟舍是全国重要的出版中心，当时的福建藏书家谢肇淛在《五杂俎》中说："金陵、新安、吴兴三地，剞劂之精，不下宋版。"谢氏的这句评价很高，认为当时金陵、新安和吴兴三地刻的书，都达到了宋版的水平。这种说法虽然有些偏私，但至少可以看出来，在同时代藏书家的眼中，晟舍镇的刻书水准，也就是这里说的吴兴，已经跟名气最大的金陵刻本和徽刻本相提并论了。而在晟舍，虽然刻版产业很庞大，但能起到行业带头作用的就是闵家和凌家。这么小小的地方，同生二虎，其竞争的激烈性就可想而知了。

晟舍凌氏的壮大，是依靠闵氏发展起来的。早在宋室南渡时，闵氏就迁居于晟舍，凌氏则是明中叶从练溪迁来。《晟舍镇志》卷六《杂记》载："凌怡云（敷），练市人，金都御史晏如子，幼极贫。闵庄懿公相识于京师，甚器之，归而白于梅隐伯，赘为婿，为凌氏迁晟舍始祖。"

凌敷在幼年时家中贫困，后来入赘闵家，故凌敷被视为晟舍始迁祖。他成了闵家的女婿后，得到了闵家的大力帮助。此后凌敷的曾孙凌迪知成为进士，凌氏家族迅速发达起来，到明万历年间，凌氏已经成为晟舍仅次于闵氏的第二大望族。闵、凌两氏子孙互相联姻，形成了错综复杂的关系，《晟舍镇志》卷六《杂记》载：

> 我里闵与凌世为婚姻，元旦两姓互相至宗祠团拜。阳年，凌先谒闵祠，四拜，曰："恭贺。"闵陪拜，答曰："岂敢。"拜毕，闵先出，肃立两旁，以伺凌出大门。即随至凌氏祠，亦四拜，曰："奉答。"凌亦陪拜，曰："返劳。"拜毕，亦先出，肃立两旁，以伺候闵氏出大门而散。阴年，闵先至凌祠，余仪同。

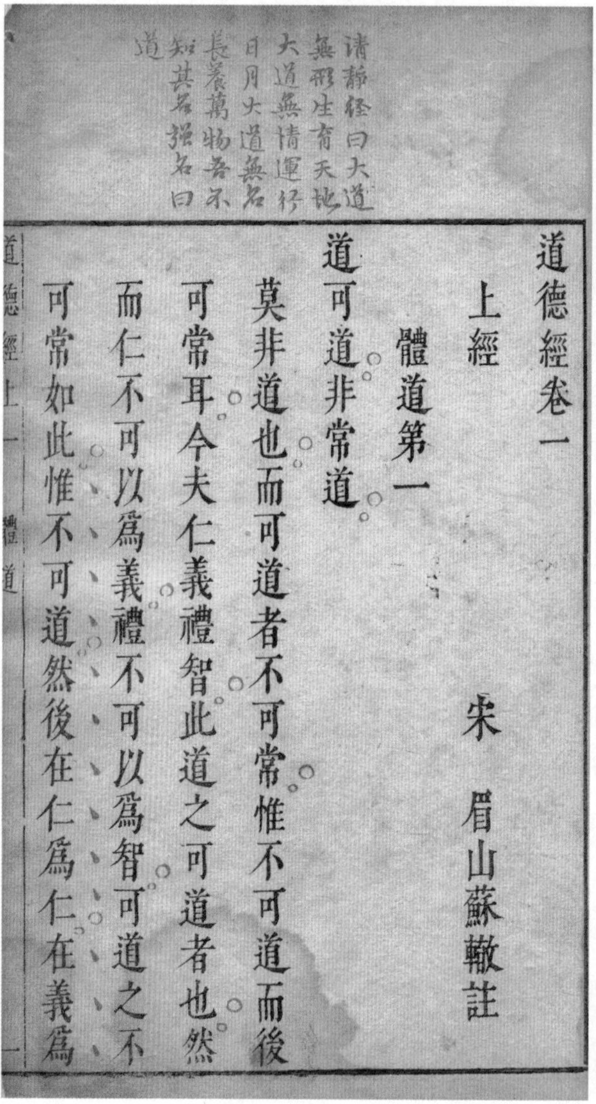
清靜經曰大道
無形生育天地
大道無情運行
日月大道無名
長養萬物吾不
知其名強名曰
道
道德經卷一
上經
體道第一
宋 眉山蘇轍註
道可道非常道
莫非道也而可道者不可常惟不可道而後
可常耳今夫仁義禮智此道之可道者也然
而仁不可以爲義禮不可以爲智可道之不
可常如此惟不可道然後在仁爲仁在義爲
道德經上 一 體道
一
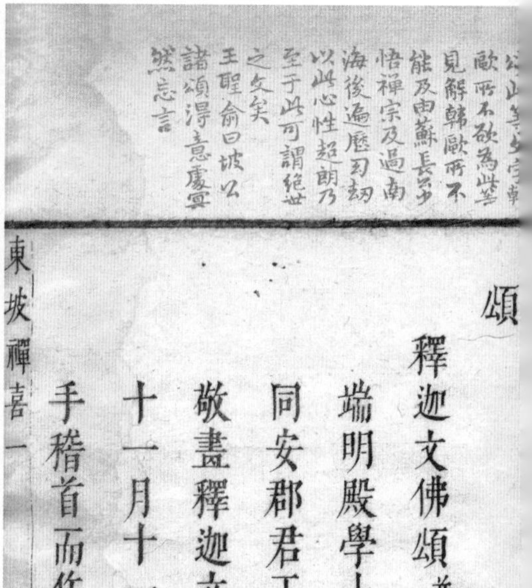
歐所不敢爲此
見解韓歐所不
能及由蘇長公
悟禪宗及過南
海後遍歷刃劫
以此心性超朗乃
至于此可謂絶世
之文矣
王聖俞曰坡公
諸頌得意處冥
然忘言
頌
釋迦文佛頌并引
端明殿學士兼翰林侍讀蘇軾。爲亡妻
同安郡君王氏閏之。請奉議郎李公麟
敬畫釋迦文佛。及十大弟子。元祐八年
十一月十一日。設水陸道場供養。軾拜
手稽首而作頌曰。
東坡禪喜一
一

图四　明凌濛初刻朱墨套印本《道德经》　图五　明凌濛初刻朱墨套印本《东坡禅喜集》

因为有着密切的姻亲关系，每年元旦闵氏和凌氏都要互相到对方宗祠去团拜。《晟舍镇志》卷六《杂记》记载有凌氏后人凌介禧的一首诗，诗中写道："两家仪物礼相齐，不让朱陈是晟溪。婚媾云礽十数世，凌南北与闵东西。"

因为刻书可以谋利，尤其是闵刻套印本大受市场欢迎，于是凌家也开始刊刻套印本。按照陶湘在《明吴兴闵板书目》中的统计，在明朝灭亡前的二十多年中，闵、凌两家所刻套印本达117部、145种之多。陶湘所说的"闵板"乃是明代套印本的代名词，并非单指闵氏所刻。蒋文仙在其论文《明代套色印本研究》中统计出闵、凌两家刻本为92种，可见明代所刻套印本闵、凌两家占三分之二以上。

闵、凌两家所刻之书能够风行天下，与当时一些文人的推举有必然关系，比如当时的文坛盟主是王世贞，闵、凌两家皆与其有交往。《晟舍镇志》卷五《流寓》载："（王世贞）解组后，与闵一鹤为至友，放棹来湖，勾留数月，杯酒论文，无虚日，有忘归之乐云。"

王世贞为闵刻之书写过多篇序言，他同样也支持凌氏，朱国祯在为凌迪知所作的《缮部绎泉公行状》中称凌濛初罢归后，"长子湛初、次子润初颖甚，先生益发舒，与元美、子与两家，时议论校刻秦汉诸书，义例纲领，一经裁定，井井可观。于是凌氏书布天下，干麾所指多及其庐"。

元美是王世贞，子与是徐中行，他们两人给凌家出主意应当怎样编书，在这些大家的推举下，形成带货效应，由此闵、凌两家所刻之书广泛为市场接受。但是商业竞争使得两家在刻书时均出现了求快求新的景象，甚至有时将一些书改头换面，为此受到后世诟病。王重民在《中国善本书提要·世说新语》中说：

　　八卷较六卷本多两卷，凡增出之卷，必须空出书题一行，类目标题一行。如八卷本卷一凡三十四页，即用六卷本前三十四版，而问题在八卷本如何增出书题"世说新语卷二"一行，类目"言语下"一行，因六卷本之第三十五页无此空地也。其方法为改刻第三十六页全版，增入书题及题目，而删减注文，俾空出两行（"晋武帝始登祚"条，删去注内"咸熙二年"四字及条末全注。"诸葛靓在吴"条，删去注文十余字，将原版四行改为三行），则适成为一新本矣。但不对校，不知其技不过如此而已。

　　凌刻《世说新语》有六卷本和八卷本两种，王重民经过比对，发现所谓的八卷本其实就是用六卷本的版片改刻而成，对于其何以多出两卷，王重民在文中将其一一列出。对于凌家的这种做法，谢肇淛在《五杂俎》卷十三《事部一》中批评说："吴兴凌氏诸刻，急于成书射利，又悭于倩人编摩，其间亥豕相望，何怪其然！"

　　在两家的竞争之下，吴兴地区所刻的套印之书逐渐风行天下。为了能够在竞争中取胜，套印的颜色越来越多。因为凌家也刻出了套印本，闵家于是就把自己的套印本多用三色来印刷，接着，凌家又印出了四色套印本的《世说新语》、五色套印本的《文心雕龙》。复旦大学图书馆藏凌氏五色套印本《刘子文心雕龙》的《凡例》中称："五色，今红、绿、青依旧，独黄者太多，易以紫；白者乏采，易以古黄。改之，特便观览耳。"

　　其实他们在出版之时，也会有很多的考量。如前所言，套印书籍重点在于名人的评注和圈点，所以他们在出版时尽量地保持评点者的原貌。但是为了使出版物看上去整齐或者少刻重复之语，他们也会做一些调整，比如闵振业在三色套印本《古诗归》的《凡例》中说："钟、谭原评，旧本不拘前后，俱用钟云、谭云，觉繁碎。今钟悉置前，用砾色，谭悉置后，用黛色，以便观览，非敢有低昂也。"

闵振业得到的《古诗归》底本上面会不断地重复"钟惺说""谭元春说"，两家评语来回交叉，就会不断地重复这几个字。为此，闵振业把钟的批语都放在前面用红色刷印，谭的批语放在后面，用青黑色刷印。他还特意解释，如此安排只是为了便于阅读，并不是对于钟、谭二人的点评有高下之判。

为了让读者清晰地区别出批语和原文，除了颜色上的差异外，他们在字体方面也做了区别，比如凌启康在《苏长公小品》的《凡例》中说："书评异色，采溢陆离。字法同行，体涓区别。精求善本，特倩名书。一则正楷篇牍，一则行草简端。是为宋字宋文，恍睹汴京法物；今评今写，用存昭代典章。"凌启康认为字体相同仍然容易混淆，于是他将书的正文刊刻成宋体字，把批语和评语刊刻成行书或者楷书。从这些做法均能看出他们出版时的认真。

闵、凌两家能够刊刻这么多的书，与其雄厚资金有密切关系。晟舍得名于唐代名将李晟驻兵于此，当时这一带是大片的水荡，少有人居住。宋室南渡时，闵氏从山东来到这里，发现此处水陆交通发达，土地和气候适合蚕桑，于是定居于此。后来这里逐渐形成了一个新的贸易中心。

乾隆五十九年（1794），闵鹗元在《甲寅重修宗谱序》中称："吾闵氏苕霅流长，自将仕公至中和公，以孝友、家法、世德相承。梅隐公、竹深公，埙篪一堂，耆年硕德，培植益深。庄懿公、午塘公、昭余公、曾泉公宫保四尚书，遂相继而起。事业勋名、文物衣冠之盛，代有传人，为浙西望族，迄今四百余载。"经过多年积累，闵氏传到闵珪时，已成为晟舍第一望族，拥有宅第三十余处。凌敷入赘闵家后迅速发达，到凌迪知时，其家更为饶富，他所住的适园在明万历年间名气极响。

正因为有这么强的经济实力，才使得闵、凌两家能够广泛刻书，并且将出版业发展成家族产业之一。晟舍属于湖州，当时湖州地区还有茅氏和臧氏两个刻书家族，在四大家族的带动下，湖州地区俨然成为当时全国出版业的又一中心。同治版《湖州府志》卷三十三《舆地略·物产下》载：

> （《湖录》）书船出乌程织里及郑港、谈港诸村落。吾湖藏书之富，起于宋南渡后，直斋陈氏著《书录解题》，所蓄书至五万二千余卷，弁阳周氏书种、志雅二堂藏书，亦称极富。明中叶，如花林茅氏，晟舍凌氏、闵氏，汇沮潘氏，雉城臧氏，皆广储签帙。旧家子弟好事者，往往以秘册镂刻流传。于是织里诸村民以此网利，购书于船，南至钱塘，东抵松江，北达京口，走士大夫之门，出书目袖中，低昂其价。所至每以礼接之，客之末座，号为书客。二十年来，间有奇僻之书，收藏家往往资其搜访。

因为晟舍出版的书数量很大，致使很多人到这里来进货，当时有整船的书运出晟舍，以致有了"书船"一词。可惜好景不长，明末时有个叫郑九的强盗时常劫掠晟舍，《晟舍镇志》记载："明季织里农人郑九为寇，聚众至焚掠。"据嘉庆版《凌氏族谱·著述叙录》记载，凌家所藏的书版也被郑九一把火烧掉了："闻明晟之村北多书肆，凌氏藏板皆在焉。鼎革时，为织里郑匪一炬，由是寥寥。"

关于闵家的书版，闵我备在《闵遇五传》中谈到《六书通》一书时称："今刻板毁于兵燹，其书亦仅有存者。"自此之后，晟舍出版业迅速地衰落了下来。

到民国年间，闵氏、凌氏的套印本突然大受藏书家关注，并且出现了系统收藏套印本的藏书家。这种藏法，让当时的藏书大家傅增湘先生颇不以为然："近世侈谈版刻，二氏所刻之书，或以为近于批尾之习，为大雅所不屑顾。"傅先生是以藏宋元本为标榜的一流大藏书家，明末的这种套印本当然不可能入他的法眼，但像他那样有眼光、有实力的大藏书家，天下没有几位，而宋元之本并非人人都藏得起，所以他的这几句评语并不能挡住普通人爱好闵、凌刻的热情。当时还有一位藏书家名叫陶湘，其人眼光独具，致力于收藏闵、凌刻套印之书，对于这种藏法，他在《明吴兴闵板书目序》中曾有这样一段解释：

夫闵版诸书，今之藏家尚未以善本视之。然自明末上溯至宋末约四百年，至元末约三百年。彼时购求宋元版书价，以汲古阁毛氏卖书议值证之，犹不为昂，固由银贵，亦传本尚多耳。自今日上溯至明万历之末，如闵版书相距亦三百年，而其值比之当时购宋元版书高至数十倍，且不能得其全。……乌能以其非宋元板，又非嘉靖前刻，而遂不重视之耶？

陶湘用类比法来讲述闵、凌套印本的价值，他说民国时期距闵、凌刻书的时间，跟闵、凌刻书的那个时代距宋元的时间相仿，如此来说，它也应当受到世人的重视了。陶湘的这个观点也更加适用于今日，因此不能固守古人对某部古书所下的评语，因为他所说的多与少、优与劣，是站在他那个时代做出的评判，而今已经换了人间，必须要务实地、因地制宜地按照今天的现实情况来重新评估古书的价值。

其实，不止现在，同样在民国年间，就已经有藏书家开始关注到套印本在印刷史中的重要价值，郑振铎在《西谛书话》"拍案惊奇"条中就说过：

自万历中叶，迄崇祯之末，五十年间，此种套印的刊书风气，绵延不绝。楮墨精良，彩色烂然，既为读本，亦足怡娱。而濛初所刻更往往附以插图，精绝一世，为中国雕版术史上黄金时代的最高作品之一。

遗憾的是，无论是闵家还是凌家，他们所刻的套印本今天虽然留下来不少，但是书版，如今却一块也见不到。我访过国内多处藏版之地，却没在任何一处见到这两家所刻的套版。我觉得这两家在印刷史上所做的贡献确实够称得上伟大，总要寻找一些遗迹，来表达我对他们的敬意。然而，无论我怎样搜寻，都难以查到闵齐伋、凌濛初的遗迹所在，唯一知道的就是今天的织里镇曾经就是吴兴的雕版中心——晟舍村。

我在一份资料上查到，织里镇的利济禅寺里建有凌濛初纪念馆，可是再深入地查下去，又有人说这个消息并不确切，但无论怎样，织里是他的故里，既然利济禅寺有这么一种说法，我还是忍不住想前往该地探

图六　残缺的石翁仲和五块拼合在一起的旧碑刻

寻一番，也许那里有跟凌濛初有关的遗迹呢！

　　2012 年 12 月 28 日晚，我赶到了湖州，次日一早包了辆出租车一路寻找下来。我是从双林镇转而驶向织里镇，然遇上这两镇之间的连接路在翻新，完全无法通行，司机建议我绕到旧馆镇。来到这个镇，果真看到了"旧馆"之名，不知这个镇名是否源自"仙人之旧馆"，也没查证王勃是否到过这里。这一天从早晨就开始下雨，且越下越大。到了中午的时候，可能是来了寒流，空中的雨瞬间就变成了雪雨，打在车的挡风玻璃上，响动声挺大。如此说来，这已经不是雪雨，应当叫作雪霰。出门在外，最怕遇到这种天气，我很担心路面结冰让车无法行驶，司机告诉我，这是江南，不会出现路面结冰的情况。

　　进入织里镇不久，就看到了街边广场上利济禅寺的石牌坊，石牌坊立在广场的中央。展眼望去，却看不到寺庙的山门所在。穿过石牌坊前行一百余米就是利济寺的侧墙，而正门则要右拐过去。围着墙转半圈，在这侧墙之外的草地上，立着一排残缺的石翁仲，从制式看，我觉得是明代的式样，感觉上这跟凌濛初应该有关系。下车细看，旁边一段石墙上嵌着五块旧碑刻，仔细分辨上面模糊的字迹，仅看清楚是明代几位逝者的墓志铭，其中没有凌姓，这让我有些失望，于是上车开到了利济寺的正门。

也许是下雨的原因，偌大的停车场上仅见到一辆面包车，一位司机正从车上搬下一些物品，禅寺的庙门上挂着红色横幅，上面写着"为了创建和谐寺院，贯彻信仰自由，维护寺院清静、庄严，即日起禁止香油客自带香烛进入寺院"，这种警示语在门口戳个牌子就可以了，不知为何要弄成喜庆的大红标语。可我注意到司机卸下的物品好像就是香烛。进入天王殿兼庙门，大殿内的一个侧面是售卖香烛的柜台，一位师父因为没有游客所以趴在柜台上打瞌睡，我不好打扰他，径直走入寺内。然而转了一圈找不到可以打听的人，只好回来将这位师父唤醒，向他请教凌濛初纪念馆在哪里。师父很有涵养，被我无故搅扰清梦，脸上却没有一丝不快的表情。他告诉我此地没有凌濛初纪念馆，但有三块碑跟凌濛初有关系，两块嵌在墙上，还有一块在后院。

我谢过师父，进院内找那三块碑，果然在钟楼旁边的侧墙上看到嵌着的两块碑，碑用玻璃和木框罩了起来，但仍然能看清上面的字迹，两块碑均与凌濛初无关联。继续向寺庙深处走去，穿过大殿，在寺院的最后有一个小院落，我觉得这应当是资料上所说的纪念馆。院门开着，进里面转一圈，没有遇到僧人，但从挂着的衣物看，应当是僧舍。找不到任何跟凌濛初相关的遗迹，这让我感到了失望，虽然自己打着伞，但江南的湿冷还是让我很难适应，再加上寻找未果，一瞬间心态低落了下来。

但我多少还是有些不死心，难以接受挨饿受冻跑到这里，却完全

图七　传说中的凌濛初纪念馆其实是僧舍

没有结果。猛然间，我想起门口的师父告诉我，还有一块碑在后院，于是围着后院转了一圈。在这里，我未能找到任何的碑刻，但无意中看到垃圾堆上躺着一块石条。走近细看，竟然是一块古碑，上面刻着"凌氏十八世墅闲公／闵夫人之墓"。我看到"凌氏"二字，很是欢喜，终于找到了跟凌濛初有关的物件。我不知道这个墅闲公是不是就是凌濛初，待我回去后才能细查资料。能够找到这块碑已是此行的最大收获，但为什么这块碑被扔在废料堆中，而不竖起或嵌在墙上，这让我不太明白。就价值而言，我觉得这块碑远比嵌在墙上的那两块要珍贵得多。

　　回来之后，我开始查找这位墅闲公的信息，却搜不到任何的资料，猛然想到，这种刻碑方式也许是族谱上的称呼。凌氏为江南望族，一定有详细的谱牒在，而所熟识的书友中，以励双杰兄藏谱最为专长，于是给他发短信，向他请教藏品中有没有《凌氏族谱》。很快我就收到了他的

回信："这部谱我没有，但上海图书馆有，是嘉庆十年刻本，十六卷首一卷，十六册。"

励兄告诉我的这个信息当然很重要，我本想马上托上图友人查之，但我知道翻族谱需要一页一页耐心地看，不好让朋友如此费心，只能待下次再到上海时自己去查证吧。但无论这位墅闲公是不是凌濛初，我都认为这块碑很有价值，因为此碑上同时刻着凌氏以及他的夫人闵氏，它印证了文献中的说法，那就是闵家与凌家同处一地，从事着同样的行业，相互之间既结姻又竞争，这块碑就是一个极好的物证。

图八　垃圾堆中发现的凌氏墓碑

海幢寺

诗僧成就的刻书事业

经广东省中山图书馆倪俊明馆长介绍，我认识了该馆善本部副主任张淑琼老师。甫一见面，她就递给了我一篇文章，说倪馆长特意嘱咐她将此文拿给我看，此文是张主任所撰《清代广州海幢寺经坊刻书及藏版述略》。幸运如我，刚到广州就认识了研究海幢寺刻版印书的专家，于是立即向她请教了许多相关细节。张主任是历史学博士，她的谈话方式简明扼要，这让我很快对海幢寺的刻书史有了概念性了解。

其实我最奇怪的事情是海幢寺并非历史名寺，没有悠久的历史，在佛教史上也没有特殊的地位，但它却名扬海外。欧洲一些汉学家都会讲述到海幢寺，同时在欧洲还流传许多描绘海幢寺形象的铜版画，国外的许多图书馆都收藏有这里的刻书，尤其是英国伦敦大学亚非学院图书馆内竟然藏着几十个品种。

　　寺庙刻书在古代虽然并不鲜见，但所刻之书能够流传下来的却不多，即便有所留存，也基本上都属佛经。然而海幢寺所刻之书，除了佛经，还有不少僧人的诗文集，且这些诗文集的内容并不是咏叹佛教事物的。这种奇异的现象引起了后世学者的广泛关注，也勾起了我的好奇心，故来到广州之后，当然想到这里一看究竟。

　　如果溯源，海幢寺的历史不算短，据说这里在五代南汉时期曾经是皇家园林，园林中建有千秋寺。黄任恒在《番禺河南小志》卷七《金石》中所收《创建海幢寺碑记》中说：

　　当郡城都会，大河之南，昔曰卢城，今曰"河南"。考古迹，盖万松岭福场园地也。旧有千秋寺，址地颇旷，相传为南汉所建。久废为居民产。前有僧光牟、池月募于长者郭龙岳，稍加葺治，成佛堂、准提堂各一。颜曰"海幢"，盖取效法于"海幢比丘"之义。以比丘在昔，能修习般若波罗蜜，入百万阿僧，祇劫了无障碍故也。

后来这一带渐渐荒芜，久而变成了民居。一直到了明代末年，当地一位叫郭龙岳的土豪把这片废园买了下来，经过整修，重新建成了花园。此后不久，两位法名分别叫光牟和池月的僧人来到了这个花园，经过一番交谈，郭龙岳被两位僧人感动，同意将这个花园捐出来，让他们在此基础上建造一座寺院。寺院建成之后起名为海幢寺，这个名称出自佛经《华严经》，借"海幢比丘潜心修习《般若波罗密多心经》成佛"之意。

　　如此说来，海幢寺的实际建造时间是在明末，并且是建在一个花园之上。该寺规模最初并不大，之后迅速发展起来则跟清初三藩王之一的平南王尚可喜有较大关系。清顺治七年（1650），尚可喜跟靖南王耿继茂奉命率军南下，包围广州城达九个月之久，最终攻破广州城。进城之后屠城十日，很多人为了躲避清兵追杀藏在了六脉渠内，没想到的是此渠突发大水，淹死之人不可计数。

尚可喜在广州期间，某天来到了海幢寺，当时海幢寺的住持是阿字和尚，在阿字的劝导之下，尚可喜对自己当年的大屠杀有所悔悟，于是捐款扩建海幢寺。在他的带领之下，当地许多人都给海幢寺捐款捐物，尤其是尚可喜的王妃舒氏，捐出一大笔钱单独建造大雄宝殿，尚可喜本人则捐建天王殿，使得海幢寺渐渐成为广州的一座名寺。

阿字和尚又称今无禅师，出生于广东番禺，俗姓万，少年时十分贫穷，曾在海幢寺一带卖饼贴补家用，16 岁时在海幢寺出家，拜天然和尚为师，19 岁因梦仙人施药顿悟。清康熙年间，他任海幢寺住持达二十年之久，在他的努力下，海幢寺成为广州五大名寺之一。阿字和尚同时也是一位著名的诗僧，撰有《光宣台集》，内容达二十五卷之多。

尤为特别的是，海幢寺里不止阿字和尚这一位诗僧，海幢寺的声名鹊起正是因为寺内有多位诗僧。对于这个特殊现象的产生原因，林剑纶、李仲伟合撰的《海幢寺》一书中有这样的判断："明清朝代的更替，使很多对新统治者不满的知识分子和明朝的前官员遁入空门，把愤世未熄的诗文之风带进了与世无争的庙宇，形成了海幢寺特有的诗僧群体，在社会上广为唱和，历时几代，诗风不减。"

但是，在明清易代之际，遁入空门的前明官员和知识分子并不在少数，为什么别的寺庙就没有形成著名的诗僧团体呢？这是因为这个诗僧群体有近百人之多，而他们的主要活动场所就是海幢寺。当时海幢寺的住持今无和尚也是一位著名的诗僧，并且是诗僧群体中的重要人物，《海幢寺》一书中称他为众多诗僧间的"主要联络人"。这些诗僧间唱和的雅事渐渐流传于社会并被社会所关注，于是有好事者将他们的诗作总结为"海幢派"。

最早使用"海幢派"一词的似乎是何桂林，他在给诗僧宝筏《莲西诗存》所作序言中提到了这个诗派："吾粤方外士以诗鸣者，俱本正声，所以古今传诵不绝。大率明季甲申、丙戌之遗老而逃于禅者多，如憨山之有《梦游集》……悉以海云为宗，海幢为派，由源溯流焉。"

那个时期，"海幢派"诗僧中名气最大的应属天然和尚函昰，他本是曹洞宗第三十四祖，任过多个寺庙的住持，有多篇诗文传世，然而他的著作在当时基本上都是禁书。康熙七年（1668）元旦，函昰把法嗣传给了澹归。澹归就是今释和尚，曾经驻锡海幢寺十年，而后到仁化县的丹霞山创建寺院，然其晚年跟尚可喜关系密切，曾写过《元功垂范》一书，为尚可喜歌功颂德，为后世所忌。

海幢寺诗僧群体中还有一位著名人物名叫函可。崇祯九年（1636），函可父亲病逝，于是他有了出家之心。后来在广州创建了黄华寺。创寺后的第二年，他带弟子到南京欲请回一部《大藏经》，遭遇清兵屠城。面对众生惨状，函可写出了一些悲愤的诗句，由此被人举报，而被清廷流放到了沈阳。即便到了冰天雪地的蛮荒之地，函可仍不改其诗僧本色，在这里又组织了"冰天社"，跟当地的僧俗唱和。函可这一时期所写的诗歌后来辑为《千山诗集》，也被清廷列入了禁书。顺治十六年（1659），函可圆寂于海城金塔寺。我曾专程到沈阳去寻找他的舍利塔，然运气不佳，未曾找到。

这么多诗僧都与海幢寺有着关联，足见海幢寺之风雅。乾隆时期的恽敬曾经写过一篇《同游海幢寺记》，文中有这样一段："海幢寺者，长庆空隐和尚经行道场也。在珠江南墈，西引花田北，东环万松岭，为粤东诸君子吟赏之地。"足见在那个时代，海幢寺已经成为当地文人雅士作诗的胜地。

海幢寺的特殊诗风断断续续一直流传到了清末，直到咸丰二年（1852）再次兴盛。这一年，海幢寺的住持聘请了南海著名文人颜薰来寺中教授僧众们如何写诗。颜薰在寺里住了数年，使得海幢寺自清中期渐渐式微的诗风又兴盛了起来，同时吸引了当地的许多文人来此共同唱和，其中有黄培芳、张维屏、杨永衍、谭莹等。他们当年的唱和方式是在墙上贴出自己的诗作，而后互相点评，相互砥砺，这种热闹的场面被人称为"诗窝"。海幢寺的诗词盛会也更加流传于社会中。

当时的文人孙宝章在给诗僧鉴传《藏拙堂诗存》的序言中，也讲到了这一盛况："方外友鉴传削发空门，栖身释氏。其为诗如孤鹤骞骞，直举云际。缟羽霜翎，皎洁映日。以是为诗僧之诗，良亦不诬。……海幢实多诗僧，而公之主华峰实承海幢之派。"即此可知，当时的僧人写诗都以出自海幢派为傲。

如此众多的诗人于海幢寺作诗唱和，这些诗都是怎样流传下来的呢？这就跟海幢寺里有着刻书经坊有较大关系。林剑纶、李仲伟的《海幢寺》中对这种现象这样评价："久经酬唱，逐渐产生了相互传阅、整理成册、印刷出版以扩大范围的需求。于是，各寺院除了出版佛经著作外，也逐步把相互来往的诗文整理编撰成集，印刷出版。这些诗僧雅士们常聚在广州法性寺、海幢寺、长寿寺、黄华寺及番禺雷峰寺，其中又以广州海幢寺成为最经常的集中场所，宛然成了一个'编辑部'和'制作坊'。"

看来将诗集就地出版只是僧人们因地制宜的一个办法。既然写出了这么多的著作，与其拿到外面的书坊去刊刻，还不如在寺内自行出版，何况寺中本来就有刻印佛经的场所与技艺。于是海幢寺内就形成了独特的刻版和刷印群体。由于出版数量众多，海幢寺的出版物还有了专用的名词，即"海幢寺经坊本"。这个出版传统竟然从清初一直延续到了清末，因此海幢寺所刊刻的经坊本跟这里的诗僧一样，也是业界的一种奇特现象。然而，这个现象的最早关注者，却是一些从西方来到中国的传教士。

谈到来华的传教士，这里首先要简述一下当时清初的对外政策。中国从明末开始实行海禁，到清康熙二十三年（1684），朝廷废除了这个政策，转年先后设立闽、粤、江、浙四海关，分别管理对外贸易事务。而后出于各种原因，到了乾隆二十二年（1757），撤销宁波、松江、泉州的通商功能，使得对外的通商口岸仅剩广州一地，故后世将广州称为一口通商口岸。

当时外国商人与中国做贸易，只能把船停靠在广州，按照梁廷枏《粤海关志·市舶》中的记载，从乾隆十四年（1749）至道光十八年（1838），到达广州的商船多达5390艘。那时的商船主要是依靠风力，因而受到季风限制，每年的四、五月至十、十一月间，外国商船需要在广州停留半年之久。

朝廷为了防止外商与华人接触，于乾隆二十四年（1759）颁发了《防范外夷规条》，其中规定："夷船至粤销货后，令其依限回国。即有行欠未清，亦应在澳门居住，将货物交行代售，下年顺搭回国。"规条中要求外国商船在广州卸货后立即返航，如果货款未结清则需要转到澳门去居住等候。但是在广州卸货，很难在一天之内完成，于是规条又列明"查夷商到粤，寓歇行商馆内，稽查管束，原不许任意出入"。

当时的广州只有十三家商行可以与外国人做贸易，它们被称为"十三行"。朝廷要求外商可以住在十三行内，但禁止外出。但十三行地方并不宽敞，外商及水手长时间居住在十三行馆内，使得他们很烦躁。英商波朗于是给两广总督写信，指出长期如此会让水手生病，应当指定一个区域允许外商及水手游览和散步。

乾隆五十九年至六十年间（1794—1795），两广总督长麟批准了波朗的请求，允许他们在每月初三、十八两日，可以到海幢寺和陈家花园游玩，但必须当日返回，不得过夜。嘉庆二十一年（1816），两广总督蒋攸铦再做批示，将每月出外的次数增加了一天，同时规定每次只限 10 人。

为什么把海幢寺作为外国人游览的地方呢？原因大致有两个：一是该寺处在十三行江对面，外国人从居住地前往海幢寺游览不会穿过广州城区；二是该寺未在当时的城区内，前往此地游览便于防范。于是海幢寺就渐渐成为处理外事之所，蔡鸿生在《广州海事录：从市舶时代到洋舶时代》中写道："清代广州的佛寺，介入'夷务'时间最久、程度最深的，当属珠江南岸的海幢寺。"

乾隆五十七年（1792），英王乔治三世派遣马戛尔尼率领使团来华，转年到达北京谒见皇帝，停留 47 天后，经广州返回英国。当时两广总督长麟在海幢寺为使团举行了谢恩仪式，使团中的约翰·巴罗记载了当时的情形："我们从这里前往河对岸，那里有一座为此用杆和席搭盖的临时建筑；其中有一幅黄丝屏风，上面用金字绣上皇帝的名字。总督和官员们在这屏风前例行跪拜，表示感谢皇恩，因为他恩赐我们旅行顺利。"

在当时，海幢寺被外国人视为中国最著名的寺院，同时也成为中外交流的窗口。格雷夫人曾在《在广州的十四个月》中写道："收到一封来自河南海幢寺当选方丈的红色请帖。"可见海幢寺住持并不排斥外国人，他们主动邀请洋人入寺观礼。在这些交往过程中，有些天主教徒、基督教徒难免会将佛教与他们所信仰的宗教进行比较，格雷夫人在写给母亲的信中就谈到她在海幢寺时的感悟："僧人们剃光的头和祷告时虔诚的仪态，更令他们看上去很像天主教的僧侣。"

这些洋人回国后，也常常会在自己的文章中描绘海幢寺的壮美。比如美国人威廉·亨特13岁就来到了广州，在中国陆续生活了40年之久，是当时少有的几个懂中文的外商之一。他在1885年出版了《旧中国杂记》，此书中专有《海幢寺》一篇，文中写道："到商馆对岸河南的大庙一游，总是很有意思的。这座庙宇是华南各省中最漂亮的寺庙之一。每到晚上，和尚们约有二百到五百人，聚集在三间一排的大殿上诵经。诵完经后全体绕场行走，一边唱着经谶、点着香、打着钟；最后在表示过去、现在、未来的三尊巨大描金佛像的中间那一尊前面行跪拜礼。"

亨特提到的"河南的大庙"就是海幢寺，他还用很长的段落描写海幢寺里的景色，以及他跟海幢寺住持的交往。有趣的是，他称住持为"首席僧人"，并且大赞住持请他所吃的斋饭，他跟住持的交谈让他觉得"很高兴有机会和他交谈，炫耀我的中国官话"。他在文中也提到了海幢寺曾经受过的劫难："在各座建筑物的宽阔的花岗石通道旁，以前有许多高大美丽的树木，在洪秀全那场无情的叛乱中，全被毁掉了。"

需要注意的是，亨特在此文中谈到了海幢寺"拥有一个内容充实的图书馆和一个印刷作坊"，他所说的图书馆应当就是海幢寺的藏经楼，印刷作坊则应当是印经处。亨特说："在那里，教义被刻在木版上，木版不断地印出书来，用来赠阅或出售。"如果仅从字面来理解，用来赠阅的应该是佛经或劝善文字；用于出售的，则很有可能就是那些诗僧们的作品集或唱和集。

对海幢寺所刻之书进行收集，应当是从英国传教士马礼逊开始。马礼逊是第一位来中国的新教传教士，他在广州期间搜集了许多中国的文献。1924年，他把这些文献都带回了英国。马礼逊在《致特选委员会主席咸臣先生和其他委员的信》中称："为了丰富英国的中文文献，我想把我收藏的中文图书带回英国，并留在那儿；我的收藏总共约有几千册，我请求委员会批准我携书乘船。"

得到允许后，马礼逊将这些中国刻本带回了英国。他的这些藏书后来大多归了伦敦大学亚非学院图书馆。因为马礼逊在广州传教多年，多次到海幢寺买书，故其带回英国的中文书中有不少都是海幢寺所刷印之书。

继马礼逊之后，第二位来华的新教传教士是米怜，他当时先到了澳门，然而当时的澳门主要流行天主教，故对他不甚欢迎。米怜在澳门停留16天之后就来到了广州，当然来此的第一件事就是学习汉语，但是这个学习过程对他来说十分困难，米怜曾说过这样的话："想学好中文的人，必须拥有黄铜的身体、钢的肺、橡树的头、弹簧的手、老鹰的眼、使徒的心、天使的记忆与玛土撒拉的寿数！"这就是米怜秘密学习中文四个月后的体会。因为学习中文是马礼逊给他的任务，以便日后让他翻译《圣经》，米怜想仅用四个月就学会中文，可见是低估了中文的难度。

　　米怜著有《新教在华传教前十年回顾》一书，书中有很长的篇幅描绘中国的雕版印刷。他对中国的刻字方式有一种极其独特的认定，他说中国的刻字方法有两种，一种是阳文，即"雄性文字"，另一种是阴文，他将其称为"雌性文字"。米怜对这两种文字的特点做了外国式的描述，然后得出的结论是："将印刷文字分成雄性和雌性的区别，进一步证明了前文提过的有关中国人深受阴阳合一观念的影响。"

　　把"阴阳合一"的观念跟文字结合在一起，这种视角多少让我耳目一新。米怜把中国的阳刻与阴刻比喻成雄与雌，我不知道这里面是否有翻译方式的因素，但在中国的版刻术语中，确实从未有过这样的称呼方式。尤其是他所说的雌性文字，中国是将这种刻版方式称为"白文"。米怜说这种阴刻方式主要用作标题或者段落释义，其实关于这一点，中国也有一个相对应的版刻术语，业界称之为"墨盖子"。

　　接下来，米怜在这篇谈版刻的文章中做了仔细分析，认为中国人对外国人要价太高。他将各种价格做了详细的比较，在这个比较之后，米怜谈到了海幢寺的经坊刻书价格，这也是一条重要的印刷史文献记载，我将其抄录如下："在广州对岸的海幢寺经坊，有大量的印刷工作，他们按天雇用需要的工人；和尚们告诉我，一般传单、节日的通告和与异教徒有关的劝世文等，一个汉字一个铜钱，大约 800 个铜钱等于 1 西班牙银元。"

　　米怜认为这个开价太贵了，他在将中国的铜钱跟西班牙银元进行对比之后认为，木版这种刻版方式其实一点儿都不便宜。米怜还详细地记录了中文里面那个时代的标点符号，我不知道这是不是第一篇外国人描述中文标点符号的文章，所以我把它摘录如下：

　　除了汉字，还有其他各种各样要收费的符号，例如中文里的逗号是称为"点"的小点，五个点等于一个汉字；中文里的句号是称为"圈"的小圈，三个圈等于一个汉字；通常出现在人名旁边的直线称为"直"，三个直等于一个汉字；圈起地方名称的一个方形为"框"，等于一个汉字；顶部和底部、边框或边线也按照书页的大小规格计算在内。

　　通过米怜的描述可知，海幢寺经坊刻书在外国人眼中也可以作为标本来举例。而最早提到海幢寺经坊刻书的中国学者相关文章，我认为以冼玉清《广东释道著述考》为最早，此书中列举了海幢寺刻书计17种。而林子雄先生在《古代广东佛教文献的印刷出版及其影响》一文中，列出了海幢寺刻书29种，并且林先生认为，海幢寺是清代广东刻书最多的寺庙之一。张淑琼主任在其《清代广州海幢寺经坊刻书及藏版述略》一文中则给出了结论性的判断："从目前所见书目，也可看到海幢寺集刻印、藏版、藏书、赠书、售书于一体的规模之大与影响之广。清代广东刻书之盛，由此亦可略窥一斑。"该文还附有海幢寺刻书目录和藏版目录，其中刻书列出44种，藏版竟达82种之多，相信这还不是当年海幢寺刻印书的全部。即此就可判断出，当年海幢寺经坊有着一定的规模。

　　关于海幢寺刻书在海外的传播，谢辉在《德国巴伐利亚州立图书馆藏清代海幢寺刻经述略》一文中谈到，该馆藏有清代海幢寺经坊刻本28种，每书之后大多有牌记。比如《沩山警策句释记》二卷，卷末题"广州海幢寺经坊梓"。"梓"乃刊刻之义，有的牌记则直接写为"刻"。又如《大方广圆觉修多罗了义经》，其牌记为"弟子比丘尼古松捐资奉刻圆觉了义经全部，在广州海幢寺经坊，永远流通。伏愿人人圆悟真如，各各同登觉海。时康熙十九年岁次庚申孟秋谨识"。

但是巴伐利亚州立图书馆所藏的佛经也有一些并非海幢寺所刻，比如《六祖大师法宝坛经》一卷，卷末题"版藏广州海幢寺"，说明此处仅

图一　海幢寺藏版《罗浮山志会编》牌记　　图二　海幢寺藏版《百丈丛林清规证义记》牌记

是藏版地而非刊刻地。《地藏菩萨本愿经》中的牌记进一步说明了藏版与刻版并非一地："嘉庆五年岁次庚申秋月吉旦比丘庆泉竭诚熏沐敬书，板藏广州海幢寺经坊，学院前聚贤堂刊。"

关于该馆何以有这样一批海幢寺经，谢辉在文中写道："在此批刻经的来源问题上，根据现有材料，其应是由德国汉学家诺依曼（Karl Friedrich Neumann，1793–1870）约于1830年在广州购得，运回欧洲后，于1833年被巴伐利亚图书馆收购。诺依曼曾跟随著名汉学家雷慕沙（Jean-Pierre Abel Rémusat，1788–1832）学习汉语，并曾任巴伐利亚图书馆中文藏书保管员，慕尼黑大学汉语、亚美尼亚语及国情学和民族学教授。1830年，其获得普鲁士文化部的资助，搭乘东印度公司商船前往中国，并最终于是年十月抵达广州。在三个多月的时间内，其总共购买了约六千册中文书籍，其中即有'从道观和寺院的流通处直接买到了道家和佛家的文献，还特别从欧洲洋行对面河南岛上的佛教寺庙中购得一些文献'。此处所说的'欧洲洋行'即十三行，河南岛即今海珠区，海幢寺正坐落于此。"

海幢寺以出版著名，与书有着千丝万缕的关系，然而让人意外的是，它的衰落竟然跟一位藏书家有着很大的关联。清末有位著名的藏书家叫姚觐元，他的咫进斋中藏有大量善本，他在目录版本学上的贡献之一是编辑了《清代禁毁书目》，而当年海幢寺所刻清初僧人的诗集基本都列入了焚毁书目之中，由此可见，姚对海幢寺极其了解。清光绪初年，姚觐元任广东布政使，当时海幢寺的香火十分兴旺，然而不知出于什么心理，姚觐元刻了一块碑立在海幢寺内，这块碑的内容竟然是"为严禁妇女入寺烧香以维风化事"。

碑文首先讲述了中国自古以来男女授受不亲之大防。姚说自己某天偶然路过观音山，看到成群的男女集体去烧香，场面让他很震惊，为此他认为："广东习俗，溺于福田利益之说，以佞佛、饭僧、诵经、修庙为功德，一若富寿多男，皆由求佛而获。无知妇女，相率效尤，艳服冶容，题缘赛愿，男女混杂，大会无遮。甚至祝发皈依，舍身供役，伤风败俗，甚莫于斯。"姚觐元认为，海幢寺里的僧人跟妇女之间有太多说不清的事情，为此还曾引起了械斗，因此他做出决定，禁止再有妇女来此烧香，如果不听其令，则予以法办。

姚觐元将禁止妇女入寺烧香的碑石竖在了海幢寺内，为防此碑被寺僧有意损坏，还在碑的侧面刻上了"该碑如有毁损，该寺主持照刻补竖"。这样严格的规定使得当地妇女不敢再入寺烧香，而在那个时代，妇女才是佛教信众中的大多数，姚觐元的禁令使得海幢寺迅速衰落了下来。我从查得的资料上得知，这块碑至今依然立在海幢寺内。

关于海幢寺所刻书版后来的情况，我在达亮所撰《清代外销画中的广州海幢寺》一文中看到说："广州解放初，海幢寺仍有乾慧、素仁二僧居住，并收藏着空隐、天然等祖师的《语录》《诗集》木刻板片甚多。"关于这些经版后来的情况，我未查得史料。

海幢寺处在广州城的老城区，从以往的老地图上看，海幢寺前是一片宽阔的江面。康熙二十四年（1685），王士禛曾来此地，他在《广州游览小志》一文中提到："海幢寺在羊城南，下濒江水。同庭表翁、山元孝蒲衣往游。冒雨发舟，二里抵寺门。木棉方花，望如赤城之霞。"渔洋先生冒雨乘船可以直抵寺门，即此可证，海幢寺原本就在水边。然而我2015年11月30日来到时，见四围全是高楼大厦，已经没有了任何水的

图三　海幢寺山门

痕迹。沧海桑田，又让我无谓地感慨一番。山门前的石牌坊制作得颇为规整，可惜全是新刻之物。牌坊跟山门之间有两棵巨大的榕树，不是渔洋先生所说的木棉花。

海幢寺不收费，径直入院，眼前所见确实没有其他寺庙的那种标准布局。资料记载，今日所能看到的仅是当年海幢寺的几分之一，因此过了山门并未见到一排排的建筑，反而在侧面见到的第一座楼阁为藏经阁。如此的排列方式，很是少见。

对于此处观音殿的来由，曾昭璇、曾新、曾宪珊合撰的《广州海幢寺建设考》中在谈到藏经阁时，写道："于康熙十八年建。康熙五十八年改作观音殿。殿近岗，为寺中最宏伟的大殿。""该殿民国时犹存，为南

图四　观音殿内景

武中学礼堂，楠木柱、础皆精美，殿内木柱挂有呈穹形木板刻的对联，横桁承架着不少题字的牌扁。1926 年开同福路时拆去南面瓦顶，故大殿不完整。此殿后经堪舆师意见改称'后殿'。因供奉观音像，又称观音殿。"

《粤小记》中载有该殿观音形象，称其"赤足微须"，因此《广州海幢寺建设考》一文中解释说："观音原本为男身，海幢故加须立像，亦为特色。"但是钱林森等译《奥古斯特·博尔热的广州散记》中却写道："这里是备受女性喜爱的女神的住所。无论我怎么请求，人们都不让我进去，对此我非常恼火，因为我觉得女人们可能把她们的温情性格都献给寺庙，她们到这里来为她们的孩子向诸神祈求。"

　　道光十八年（1838），法国画家博尔热游历世界，曾有几个月在广州停留。某天他前往海幢寺参观，但是那时的观音殿不让西方游客入内，所以他才在《散记》中写下了那段话，似乎那时的观音殿只让信女入内，不清楚这是不是寺方不让他入内参观的借口。

　　我所见的藏经阁是1993年重新建造的，为三层的仿古建筑，一楼则为客堂。我走进客堂，里面有一位工作人员正在回答居士的提问，我问他这里是否可以拍照，他犹豫了一下，然后告诉我不能。我感谢了他的

图五　藏经阁、客堂和六祖殿合为一楼

告予，然后掉头走出。此时我注意到客堂正前方有个匾额写着"伽蓝阁"，匾额下方有关公的画像。关于这里所供奉的关公，亨特在《钦差大臣耆英》一文中有着这样的描述："在河南佛寺内通向后庙堂的走廊左边，有一座大殿，供奉着一个在全中国受到膜拜的偶像，中国的战神。这个偶像就是神化了的武将'关夫子'。"亨特将关羽称为中国的战神，并且管他叫"关夫子"，这种称谓倒是从未听过。其侧旁是六祖殿，六祖殿的门口挂着介绍牌，牌上用中、英、日三种文字简略地记述着慧能的生平。

当时海幢寺正中的位置正在建造新的殿宇，建筑工地四围用围挡包裹了起来，前行的道路只能从工地两旁穿过。我沿着右路前行，在侧边

图六 斋堂、地藏殿和钟楼合为一楼

图七　大雄宝殿

看到了三圣殿和观音殿，此殿的侧墙上却制作出了人造瀑布水景。穿过此处，登上了另一块平整的高地，高地的侧边则是斋堂、地藏殿和钟楼，这三殿合并在了一起，而其正前方即是大雄宝殿。

殿前的几棵大榕树根基部位全部用刻着莲花瓣纹饰的青石围起。这种设计方式颇为巧妙，既能让游人歇息，又是一种有着寓意的装饰。大雄宝殿的侧旁则有许多老人围在一起下棋、打牌，颇似休闲公园的景致。"文革"时期，海幢寺的大雄宝殿被砸烂，而后此寺成为专供游人休憩的公园，这里曾经有着露天剧场、茶座，同时还建有儿童游乐设施。1993年海幢寺重修，剧场不见了，但是休闲的气质却保留了下来。

穿过大雄宝殿，来到了后一进院落。这个院落的正中立着一座铁塔，铁塔旁的墙根儿有一只猫在那里安然入睡，铁塔旁的绿地上同样长着一丛绿植，旁边的铭牌上写着此树叫"斜叶榕"，这也是我第一次看到这个

图八　已被列入文保范围的铁塔

树种。基本转完海幢寺后，我原道返回，最后还是忍不住自己的好奇心，扒开围挡向施工的区域张望，里面已经立起了一排排巨大的建筑物，看来，待我下次再来此寺时将会看到一个大殿立在海幢寺的中央。

在院中的一番游览，未曾找到姚觐元所刻的禁碑。而我此行还有着另外一个目的，就是想找到那块名叫"猛虎回头"的太湖石。我寻找这块石头倒并不是为了去看它那奇特的样子，而是因为此石原本是广州藏书家伍崇曜园中之物。伍崇曜当年是广州首富，他的宅院就在海幢寺旁边，而今这一带已经看不到任何的痕迹。据说那块太湖石是伍崇曜花了几百两白银从太湖边购来的，当年放在他的别墅万松园中。抗战时期，此石先是被日军运到了江南宪兵司令部，而后准备将此石运回日本。不久日本投降，此石就留在了广州，后来几经转折，又放在了海幢寺内。不知道什么原因，我在寺内兜了一大圈儿，也未能看到这块名石，看来是我跟这位伍首富无缘。

一座佛寺，能够跟刻书、藏版、藏书以及藏书家有着这么多的渊源，但我的造访却未能找到与它们相关的任何痕迹，这应该是我此行的一大遗憾。

洞庭席氏

席丰履厚爱刊书

洞庭席氏乃江南望族，李雅《江南席氏的藏书与刻书》一文中参考马学强《江南望族：洞庭席氏家族人物传》等书的考证结果，总结说："席氏家族是江南一带的一个望族。唐朝后期，为避北方战乱，唐僖宗时期的武卫上将军席温，携三子从北方迁居江南，定居于太湖之滨，开始了席氏家族在江南一带的繁衍，迄今已传 40 多代，绵延 1100 余年。"

对于席氏一姓的来由，杨丽莹在其专著《扫叶山房史研究》中，根据康熙元年（1662）席启纮纂修《席氏家谱》、雍正年间席整纂修《常熟席氏族谱》、乾隆间席苌纂修《吴县席氏支谱》，以及道光年间席存震纂修《洞庭席氏族谱》中的所载，将该族的情况综述如下："其先祖本姓籍，楚汉之争时避项羽的名而改姓席。洞庭席氏一族，始祖为唐朝武卫将军席温。自席温始，席氏世居洞庭东山达五百多年之久，至明中期后逐渐有人外迁，但仍以祖籍称洞庭席氏。"

唐天宝年间，席豫官至礼部尚书，传五代而至席温，累官至武卫上将军。唐代后期，北方燃起战火，黄巢攻破潼关逼近长安之时，席温携三子到南方避乱，隐居于太湖之滨。洞庭有两座山，东洞庭曰东山，西洞庭曰西山，席温隐居于东山。此地环境优美、物产丰富，乃是极佳的隐居地。席温在此安度晚年，临终时告诫子孙不要出山，也不要出外为官，故从唐末到明初的五六百年间，席家子弟基本隐居于东山以耕读为生。

宋代以后，洞庭东山、西山一带人口骤增，因地狭人多，故洞庭两山之人大量到外地去谋生，这些人渐渐成为经商高手。马学强在《洞庭席氏》一文中转引了冯梦龙《醒世恒言》中的一段话："话说两山之人，善于货殖，八方四路，去为商为贾。所以江湖上有个口号，叫做'钻天洞庭'。"

冯梦龙所说的"两山"当然是指洞庭东山和西山，马学强指出当时的洞庭商人以东山的翁、许、席、严、叶、金和西山的沈、秦、邓、郑、徐、孙诸家为大。其中席氏一家发达于席洙，他有四个儿子，其三子席端樊和四子席端攀继承父业，使得席氏家族产业达到鼎盛。席端樊号左源，生于明嘉靖四十五年（1566），世称左源公；席端攀号右源，生于明隆庆四年（1570），世称右源公。他们是洞庭席氏始祖席温的第二十八世孙。根据江用世《右源公传》所载，席端樊因父亲席洙年事渐高、家中兄弟多、经济压力渐大，乃弃儒业，与大哥在青浦一带学做生意，后在其大哥席端懋去世后在青浦开当铺，此后又以青浦为基地，沿着运河长江贩运布匹和粮食。

　　左源和右源把江南所产的棉布、丝缎运到湖南去销售，他们在巴陵、长沙、益阳、湘潭等地都设有经销点。当时的运输方式是利用长江水道船运，为了不使船空返，他们回来时会将湖南所产的蓝靛运回来，而当时苏州、松江一带纺织业发达，需要大量蓝靛染布，湖广所产蓝靛在江南很受欢迎，席家兄弟由此赚到了大钱。

　　崇祯十一年（1638），席端攀去世，其独子席本桢接替父业，使席家的财富得到进一步的积累。崇祯十四年（1641），江南闹灾荒，席本桢捐八千金赈灾，为此崇祯十六年（1643）被巡抚黄希宪奏闻朝廷，朝廷授席本桢文华殿中书兼太仆寺少卿，并在东山建坊旌表。席本桢的所为使洞庭席氏家族在当地有了义名。顺治十六年（1659），席本桢名列吴郡乡贤祠，而他在经商之余，也读书撰述，辑有《古今格言类编》十六卷、《明诗脉》一卷等。

　　席本桢有四个儿子：席启兆、席启图、席启疆、席启寓，其中启图和启寓在藏书和刻书方面颇有成就。启图为岁贡生，候补内阁中书舍人，汪琬为其所撰的《席舍人墓志铭》中称启图"好读书，贮书累万卷"，席启图另编有《畜德录》二十卷。

　　席启寓在康熙年间授文林郎、工部虞衡司主事，故人称席工部。他曾延请著名学者陆陇其做其二子的家庭教师。康熙四年（1665），席启寓认为"东山僻处湖中，读书服贾大半客游。索处无俦，见闻弗广"（席永恂《显考治斋府君行述》），于是举家迁往常熟。而常熟乃著名的藏书之乡，他受当地风气影响，也开始致力于藏书与刻书，所刻最有名的书乃是以琴川书屋名义刊刻的《唐诗百名家全集》。该书有三百二十六卷之多。按照席启寓的自称，他编纂此书费时三十余年，到了康熙四十一年

（1702），该书完成了二百八十六卷，其去世后，由长子席永恂、次子席前席继续编纂、刊刻此书。对于该书的价值，叶燮在为该书所写序言中称：

> 虞山虞部席治斋，壮岁官于朝，即陈情乞归养，高卧家园，以著述为己任。暇日出其箧衍所藏唐人诗，自贞元、元和以后，时俗所称为中晚唐人，得百余家，皆系宋人原本，一一校雠而付之梓。意以谓是诗也，时值古今诗运之中，与文运实相表里，为前后一大关键，灼然不易。奈何耳食之徒如高棅、严羽辈，创为初盛中晚之目，自夸其鉴别，此乡里学究所为，徒见其陋而已矣。今观百家之诗，无不一一自开生面，独出机杼，皆能前无古人，后开来学。诸公何尝不自以为初，自以为盛，而肯居有唐之中之地乎？先生于此，不列开、宝以前，而独表元和以后，不加之以中晚之称，而命之曰《唐人百家诗》，以发明诗运之中天。后此千百年，无不从是以为断，岂俗儒纷纷之说所得而规模测量者哉！

叶燮的这段话有两个关键点，一是《唐诗百名家全集》主要收集中晚唐刘长卿以下至五代百余人诗集。宋严羽在《沧浪诗话·诗体》中把唐诗分为唐初体、盛唐体、大历体、元和体及晚唐体，主张"当以盛唐为法"，然宋人却多宗法中晚唐。到明弘治间，李梦阳、何景明等"前七子"为了反对台阁体，提出"文必秦汉，诗必盛唐"的复古口号。在这种风气下，席启寓却专选中晚唐人的诗歌，因此受到叶燮的激赏，所以叶燮夸赞席启寓所选之书"皆能前无古人，后开来学"。

叶燮在序中还注意到了席启寓选本的底本问题，称这些底本"皆系宋人原本"，可见席启寓所选之书的底本均为他搜集到的宋刻本。席启寓在刊刻时保留了宋本原序，同时还为一些诗人写了小传，这正是该书为后世所重的原因之一。

康熙三十八年（1699），玄烨南巡途经太湖时，席启寓进呈《唐诗百名家全集》中已刊刻完成的四册，朱彝尊在《工部主事席君墓志铭》中谈到此书时称："天子幸第时，曾进乙览。一时言诗者返之正音焉。"因

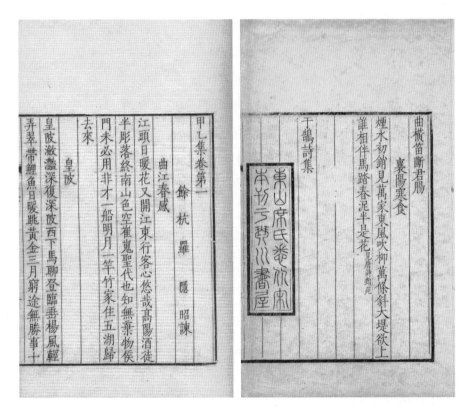

图一 《甲乙集》卷首，清康熙四十一年洞庭席氏琴川书屋刻《唐诗百名家全集》本

图二 《于鹄诗集》牌记，清康熙四十一年洞庭席氏琴川书屋刻《唐诗百名家全集》本

为这件事，该书名扬天下。该书的初刻本乃是用一种特殊的"红筋罗纹纸"刷印，且这种纸仅见于《唐诗百名家全集》，而今偶有零本出现在市面上，每次都能售得善价。因为文献乏征，不知道当年进呈给康熙帝的那一部，是否就是用这种纸张刷印的。

由以上这些可知，洞庭席氏在藏书刻书史上的成就始于席启寓。席启寓的两个儿子，长子席永恂一支后来居住到了常熟，次子席前席一支迁往了青浦。席永恂有七个儿子，席前席有三个儿子，这十个儿子中只有席永恂的第七子席鉴在书史上颇具名气。叶昌炽的《藏书纪事诗》中载有席鉴事迹，书中谈道："玉照藏书极富，所刻古今书籍，板心均有'扫叶山房'字。余曾见所藏《宝晋山林集》，有'莃山珍本'印。"玉照是席鉴之字，《常昭全志稿》载："席鉴字玉照，藏书极富，于说部小集尤留心搜访。所刊书籍板心均有'扫叶山房'字。别号莃莃山人，所藏书有姓名及'莃山珍藏''学然后知不足'诸朱记。"

洞庭席氏在书史上有两件事尤为后世所称道，一是购买到毛晋所刻《十七史》版片，二则开办了在书店业极具名气的扫叶山房。关于扫叶山房开办的时间，杨丽莹在其专著中首先进行了系统梳理，其中引用了不少前人的说法，比如民国年间叶九如所撰《上海书业公会的历史沿革》一文，该文称："远在明万历年间，松江席氏买下有名的毛氏汲古阁《二十二史》等书版，与苏人洪、谢、陆三人合资在松江开办扫叶山房，不久移设苏州阊门内。"此文发表于民国三十二年（1943），称松江席氏一支在明万历年间买下了汲古阁《二十二史》的版片，松江席氏后人于是以此为基础与其他人合办了扫叶山房。

然而毛氏汲古阁所刊乃是《十七史》，并非《二十二史》，同时《十七史》的刊刻时间始于明崇祯年间，书版刊刻完成已是清顺治年间的事，所以这种说法难以取信。

朱联保注意到了这个矛盾，他在《解放前上海书店、出版社印象记》中虽然也说："扫叶山房，是旧中国历史最长的一家书店，有四百多年历史，创于明朝万历年间。"但是在谈到席氏汲古阁的书版时间时，则称："店主席氏，先世居苏州洞庭东山，于明末清初，得常熟毛氏汲古阁各书版本而设此扫叶山房。"

然而杨丽莹在专著中说现在没有看到过扫叶山房刊于明万历或者明代的印刷实物，现知扫叶山房所刻最早之书乃是《旧唐书》和《旧五代史》，而后者是四库馆臣从《永乐大典》中辑佚出来的，武英殿刊刻于乾隆四十九年（1784），扫叶山房乃是覆刻武英殿本，故其刊刻时间只会晚于是年。

扫叶山房何时得到了汲古阁的《十七史》版片？以上所引均为他人的说法，而扫叶山房北号在宣统元年（1909）于《图画日报》中刊登的广告中自称：

> 国初汲古阁毛氏所刊书籍，如《十三经》《廿一史》等不下数百余种。后板张全归吴中席氏。席氏既得此书板，即开设书肆于江苏省垣，牌号曰扫叶山房。

关于这种说法，缪荃孙在《云自在龛随笔》中亦称：

> 淄川唐济武《日记》云：毛子晋《十七史》板。以逋负赋，质之故

粮道卢澹岩，得四千金。已而卢负官库将还，以子晋无以偿也，乃再质之洞庭席氏。席，洞庭巨室也，以史板故，分一子往常熟，然则席氏史本毛子晋原刻也。翻本图记云：平江赵氏，非席氏。

　　按照缪荃孙的所言，《十七史》版片是毛晋抵押出去的，但杨丽莹在小注中说："毛晋卒于顺治十六年（1659）。时卢绒尚未任职苏州，故毛晋不可能把《十七史》质与他；且毛氏一生致力于刻书，不可能在生前典卖自己的书版；因此，文中所称'子晋'，可能系笔误，当为毛氏后人。"

　　缪荃孙所说的唐济武乃是山东淄川人唐梦赉，其所著《志壑堂全集》卷七和卷八为《吴越同游日记》，记载了唐梦赉在康熙十六年（1677）九月至康熙十七年（1678）二月在吴越游历时的见闻。杨丽莹在《扫叶山房史研究》中转引了缪荃孙所说唐氏日记之原文，如下：

　　（康熙十七年正月）十一日，买书讫，即解舟。书估顾生云："毛子晋《十七史》板以逋赋故，质之故粮道卢澹岩，得四千金。已而卢公负官库将还之，子晋无以偿也，乃再质之席氏。席氏，洞庭巨室也，以史板故，分一子往常熟，又出多金购此史之已售者。"余所买一部百六十本，乃故相王文恪家物。其主人不肯售之席氏，故存也。

唐梦赉买了一批书，正准备开船离去时，一位顾姓书商告诉他，毛晋因为缺钱，将所刻的《十七史》书版抵押给了前苏松督粮道卢绒（澹岩），得钱四千金，不久卢绒要归还所借公款，要把书版还给毛晋，但毛晋无力偿还那四千金，故而又将书版抵押给了席氏。

　　然如杨丽莹所言，卢絃是在康熙元年（1662）任苏松督粮道，毛晋去世于顺治十六年（1659），所以他不可能亲自把《十七史》书版抵押给卢絃。当然，也有可能是顾姓书商把时间搞错了。但康熙年间汲古阁所刻毛晋《隐湖倡和诗》一书前有卢絃所撰序言，此序落款为康熙二年（1663），说明卢絃在毛晋去世后与毛晋后人仍有往来；也有可能是他从后人那里得到了抵押的书版，之后又因毛晋后人无力偿还抵押款，卢絃只好将书版转而抵押给洞庭席氏。

　　顾姓书商没有说这套书版究竟抵押给了洞庭席氏中的哪一位，杨丽莹认为卢絃再典给席氏的时间当在康熙元年（1662）以后，康熙十七年（1678）以前。此时洞庭席氏家族中的席鉴、席襄、席绍容、席世臣等人均未出生，他们不可能从卢絃手中买下书版，只有席启寓父子的生活年代与卢絃、唐梦赉二人接近。同时席启寓从康熙四年（1665）由东山迁居常熟，他们家还办有质库——典当行，因此顾姓书商所言的"洞庭席氏"，很有可能就是席启寓。另外，康熙时人张云章所撰《工部虞衡席君传》中称席启寓："于学者有雕本《十三经》《十七史》行于世，又辑唐诗百家付之梓，于是世之人读席氏书者为多。"

　　杨丽莹认为此处所说的《十七史》，很有可能就是指席启寓得到汲古阁《十七史》书版后的重印本。这一点可以谢启昆在嘉庆三年（1798）所撰《宋辽金元别史》的序言为证："近代刻书家，毛氏最盛，以经史有功于艺林甚巨。今毛氏《十七史》板，席君既购藏之，又将广搜别史开雕，为诸正史之附庸。吾知扫叶山房之名与汲古阁并寿于世，甚为席君期之。"

　　席启寓的堂号是琴川书屋。扫叶山房之名似乎始自席绍容，席绍容

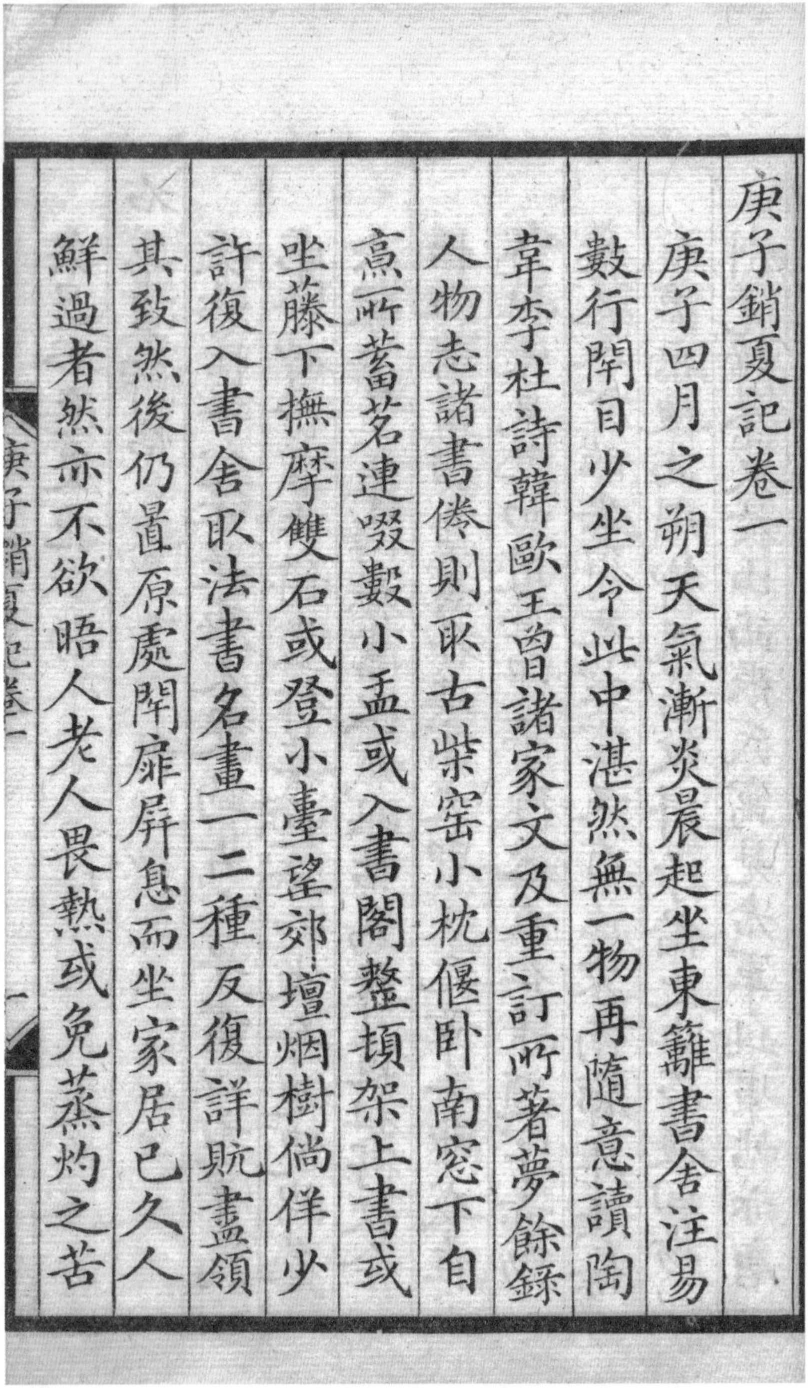

庚子銷夏記卷一

庚子四月之朔天氣漸炎晨起坐東籬書舍注易數行閒目少坐令此中湛然無一物再隨意讀陶韋李杜詩韓歐王曾諸家文及重訂所著夢餘錄人物志諸書倦則取古柴窑小枕偃卧南窗下自烹所蓄茗連啜數小盃或入書閣整頓架上書或坐藤下撫摩雙石或登小臺望郊壇烟樹徜徉少許復入書舍取法書名畫一二種反復詳玩盡領其致然後仍置原處閉扉屏息而坐家居已久人鮮過者然亦不欲晤人老人畏熱或免蒸灼之苦

庚子銷夏記卷一　一

图三 《庚子销夏记》卷首，民国上海扫叶山房石印本

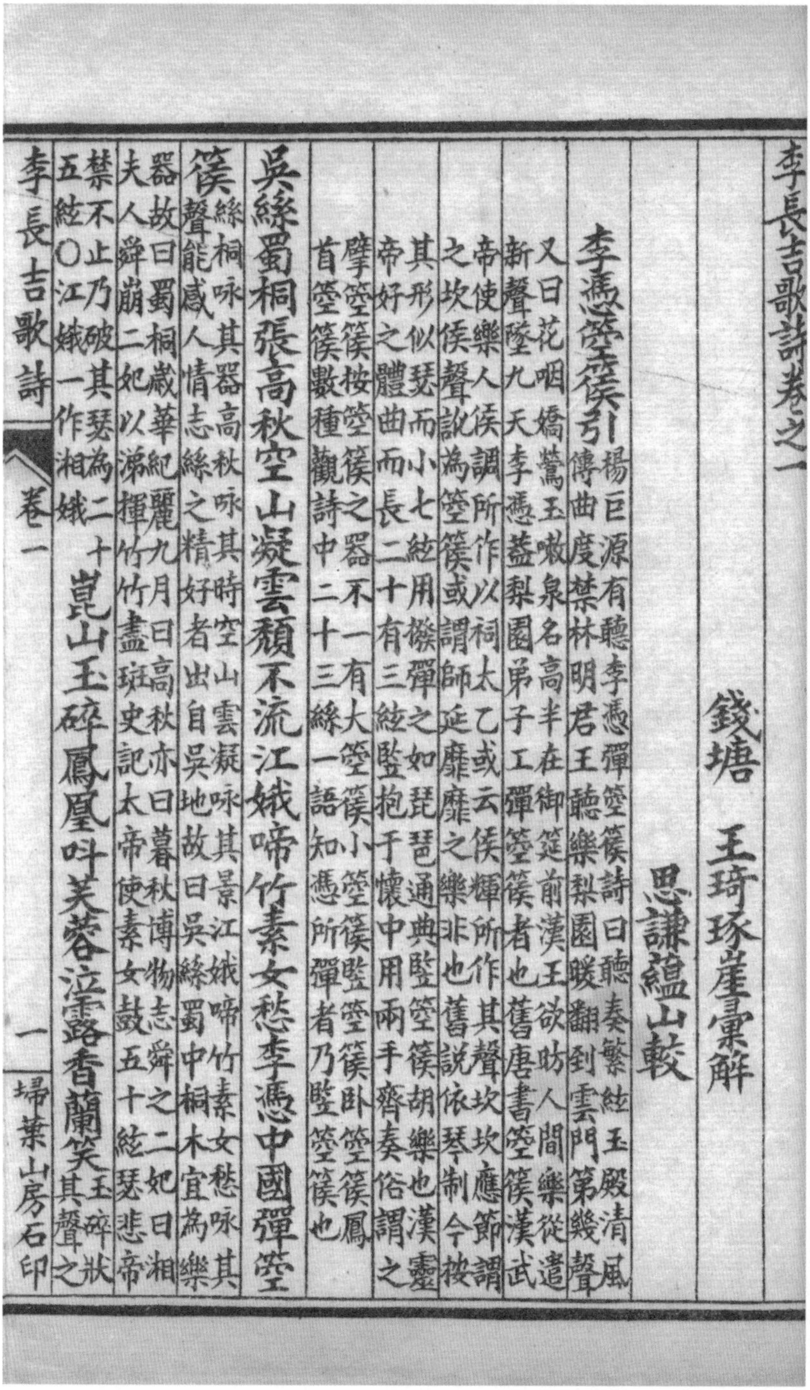

錢塘　王琦琢崖彙解　思謙蘊山較

李憑箜篌引

楊巨源有聽李憑彈箜篌詩曰聽奏繁絲玉殿清風

傅曲度禁林明君王聽樂梨園暖翻到雲門第幾聲

又曰花咽嬌鶯玉嗽泉新聲蓋梨園弟子工彈箜篌者也

帝使樂人說侯調所作以祠師延靡之樂非也舊說坎坎應瑟制今按

其形似琵琶而小七絃二十有三絃一語知憑所彈者乃豎箜篌也

摩挲箜篌按箜篌數種觀詩中二十三絲一有大箜篌小箜篌豎箜篌臥箜篌鳳

首箜篌數種觀詩中二十三絲一語知憑所彈者乃豎箜篌也

吳絲蜀桐張高秋空山凝雲頹不流江娥啼素女愁李憑中國彈箜

篌聲能感人情志絲之精好者出自吳地故曰吳絲蜀中桐木宜為樂其

器故曰蜀桐藏華紀麗揮竹盡斑史記太帝使素女鼓五十絃瑟悲帝

夫人舜崩二妃以淚揮竹竹盡斑史記太帝使素女鼓五十絃瑟悲帝

禁不止乃破其瑟為二十五絃○江娥一作湘娥二妃舜之二妃日湘

五絃○江娥一作湘娥二妃舜之二妃日湘

崑山玉碎鳳凰叫芙蓉泣露香蘭笑王碎狀其聲之

图四　《李长吉歌诗》卷首，清宣统元年扫叶山房石印本

同治戊辰年新鐫

唐孫真人著

千金翼方

姑蘇掃葉山房藏板

图五 《千金翼方》牌记，清同治七年（1868）苏州扫叶山房藏板

有可能是从同宗亲戚那里购得书版，时间大约在乾隆四十九年（1784），但这一年六月他去世了，将《十七史》书版整理重印之人乃是席绍容的长子席世臣。

扫叶山房到了席世臣这里方兴盛起来，而杨丽莹认为席世臣才是扫叶山房的创始人。席世臣字邻哉，一字郢客，为席启寓玄孙。乾隆四十七年（1782），皇帝下令抄写江南三阁《四库全书》，席世臣在京校书三年，于乾隆五十一年（1786）三阁书校完后，被钦赐举人。

席世臣亦有藏书之好，因其家资金充裕，于是以扫叶山房名义刊刻了大量的典籍，比如《大唐六典》三十卷、《贞观政要》十卷、《东观汉记》二十四卷、《旧五代史》一百五十卷、《契丹国志》二十七卷、《大金国志》四十卷、《古史》六十卷、《东都事略》一百三十卷等，达几十种之多。

康熙年间，顾嗣立辑元诗，分为初、二、三集，每集再分甲、乙、丙、丁、戊、己、庚、辛、壬集，癸集则专收断缣零璧，然癸集还未曾刊刻顾嗣立就去世了。席世臣的祖母是顾嗣立的嫡亲孙女，所以席世臣要完成《元诗选癸集》之出版。嘉庆戊午（三年，1798）四月，席世臣在《元诗选癸集》一书的序中称：

先大夫守朴府君，顾出也。尝取是编授世臣，而深以《癸集》独阙为憾。逮先大夫捐馆，世臣每读是编，辄蘦然有动于心。乃访先生之曾孙果庭，得已刻之版，并未刻之稿，亟取以归，如获拱璧。爰与果庭反复校绁，勘其脱落，重加修订。版之坏者补之，稿之完者锓之。盖十易寒暑而始克蒇事，庶几先生搜辑之功自此勿隳，亦先大夫之志也。其十集所未备者，世臣博采群籍，别为《补遗》一编，将续梓以问世焉。

席世臣想办法找到了顾嗣立曾孙顾果庭，将已刻书版拿到，又取来未刻书稿，与顾果庭反复校勘。同时整理旧版，将损坏和所缺版片补齐，用了十年时间终于使《癸集》书版补刊完成。故《元诗选癸集》的书牌标示为"长洲顾侠君诠次／元诗选癸集／秀野草堂原本／扫叶山房藏版"，因为是补版再刷，故该书版心仍然刻着"秀野草堂"字样。

这套书版在太平天国运动期间受到损坏，席世臣之孙席威再次予以补版，于光绪十四年（1888）补版完成后再次刷印。席威在新印本的序中介绍了原委：

> 威五世祖妣系出顾氏，尝以此录命先曾祖邻哉府君补刊之。府君博收广采，阅十余年之久，始克告成；又以顾氏所未及采者，别为《补遗》，附于后。板藏于家，世守勿失。庚申壬戌间，粤匪再陷郡城，家君出亡，书版散佚逾半。及事定，威回里，日望家君之消息不至，亦无心检及此也。继又思先人之业一旦而湮，则威负累滋重。朱君槐庐又以大义相责，力任补葺之役。乃从姚壮之世丈家假得旧印本检对，共少若干翻，令剞劂氏重写刊补。经始于丁亥之春，期年而竣事，精选刻手，倩人校勘。

后来中华书局以光绪修补印本为底本，再以上海图书馆所藏的《癸集》稿本为参校本，之后出版了《元诗选癸集》的整理本。该书收录元代没有专集的诗人两千多人，每人有一小传，这对研究元史有很大的价值，故杨丽莹说："从席世臣到席威，席氏四代珍守此书版，保存先贤文献之功不可没。"

席世臣为人慷慨，再加上喜欢大量购书，致使家道中落。但好在席世臣之后，扫叶山房仍然在继续经营，且规模不断扩大，其当年在上海设有两家分号，加上苏州一家、松江一家、汉口一家，合计五家分号，故而扫叶山房成为清中期到民国年间最著名的出版机构之一。

洞庭席氏后裔为中国出版业所做贡献不止于此，其后裔席子眉、席子佩兄弟曾任申报馆买办。英国人美查在创办《申报》时，又设立了点石斋印局和图书集成局等分支机构，这些分支机构均由席子眉负责，后来席子佩曾任点石斋印书局的经理。

民国年间，洞庭席氏中最具影响力的人物应是席德懋，他曾任中央银行发行局副局长、外汇局局长、业务局局长、中国银行总经理等要职，他在金融方面的重要影响力与宋子文有直接关系。传说宋子文刚从国外留学回来时，曾买过一些股票，因运气不好，炒股赔了不少钱。后来认识席德懋后，席带宋到家里玩，席德懋的父亲席裕光曾任英商宝信银行的买办，在聊天时，席裕光感觉宋子文今后能成大器，于是借给宋一笔钱，帮其渡过难关。

在民国年间，洞庭席氏后人还有一位传奇人物席启荪。关于席启荪发家的经历，潘君明、高福民主编的《苏州民间故事大全》中收录有杨维忠采录整理的《席启荪发迹》一文，该文中写道："席启荪的先祖席启寓是位大官商，家里富得流油，当年曾在东山东园接过康熙皇帝的大驾。可到了他父亲这一代，坐吃山空，家境已经败落。席启荪还没有出娘肚皮，父亲就生痨病入了黄土。母亲靠祖上留下的一点薄产，尿一把屎一把将儿子拉扯成人。后来祖产变卖完了，只得靠做裁缝、帮佣，挣钱供儿子读书。"

后来席母帮佣的那户人家来到了上海，他们也随东家来到了上海，母亲觉得席启荪整天在家里混着不是个办法，于是拿出一些积累给儿子做本钱，让他到上海的外滩做小生意。于是席启荪就在外滩卖香烟，可是因不会经营，烟也被人偷走了一些，结果赔了钱。席母又给他一些钱，让他去做小笼馒头，正是这个生意让席启荪得到了千载难逢的机会，"席启荪租了一辆黄鱼车，推着煤炉、笼架和生馒头，在外滩码头卖了一天生煎馒头，头一天就赚了一点钱，心里很高兴。他准备收摊回家，突然，黄浦江里传来一阵刺耳的汽笛声。席启荪抬头一看，只见一艘大轮船正缓缓朝码头驶来。西下的夕阳有点刺眼，他用右手在额前一遮，谁知，他这样招手似的一遮，竟招来了个千万富翁。原来，船上是个英国大老板，听说中国颜料生意很好做，就装了一大船白颜料来碰碰运气。船到了上海，因他人地生疏，正在发愁，看见岸上有个人在向他招手，就快步跑来同席启荪握手。席启荪会英语，对话过后，就热心地帮英国老板安排妥了客栈"。

英国商船到达上海不到三天，京城传来消息，皇帝驾崩了，《发迹》一文中又写道："诏令全国臣民全穿白衣裳戴孝，染白布用的颜料一时间价格暴涨，英国老板在上海发了大财，因席启荪帮过他的忙，又交了朋友，所以，回国时送了十万银元给席启荪。后来，席启荪用这笔钱在沪开办了一座'荣康'货栈，专门同外国人做颜料生意，几年下来发了大财，成了巨富，并耗资一百多万元，在金家湖头造了这么一座席家花园。"

这个故事太过传奇，似乎难以取信，但席启荪确实成为了一位巨富。《发迹》文中说他耗资一百多万元在太湖边建造了席家花园，这个数额有些夸张，老凡所著《洞庭两山一水间》中说："里人席启荪耗资十万大洋，仿照无锡蠡园的规制，历时三年而初成规模，故又称席家花园。"

十万大洋不知是否是虚数，现在似乎也难以肯定，但席家花园确实是席启荪所建，并且至今依然屹立在太湖边的东山镇。江洪等主编的《苏州词典》中说："启园又名'席家花园'，在吴县东山镇翁巷，占地近3.30公顷。民国二十二年（1933）席启荪所建，时圈地50余亩，开山填湖，筑堤建桥，规模甚巨。后因抗日战争爆发和主人经商失败而未全部竣工。40年代归徐介启。"

席启荪为什么要建造此花园？老凡在文中首先讲到了席氏在太湖一带繁衍生息扩建地盘之事："自唐代席温将军隐居东山以来，这一片湖滨之地就一直是席氏子孙的生息地。随着宗族的繁衍，席氏家族便从位于山坡的上席、中席、下席，往东向着太湖扩延。因而这片山水相映、水天相连的水域，很早就被人称作席家湖。"他同时谈到了另外一个原因："席启荪在这里建启园，还有一个原因。清康熙三十八年（1699）圣祖第三次南巡，曾巡幸东山，席启荪的高祖席启寓，作为乡绅代表接驾，这里就是圣祖上岸的地方，后人称为御码头，故建造启园，就有光宗耀祖的意义了。因为高祖名字中有个'启'字，自己名字中也有'启'字，就将这处园林名为启园。"由此可知，席启荪建造启园是为了纪念高祖席启寓在此接圣驾，所以"1933年，席启荪在席家湖滨购置鱼塘稻田十亩，围湖填土，又经填湖造地，遂成园基四十余亩。后又亲自主持设计、采办、施工、督造等"。

2020年6月12日，借扬州开会之机，我乘朋友的车在江苏境内寻访几处历史遗迹，其中一个行程就是前往太湖边去寻访启园。手机导航

图六　启园入口

上有这个地点，很顺利地就来到了启园门前，到售票处买票，得知因疫情票价减半，但是需要先扫描当地的苏城码，以确认身体健康才能购票。我是从扬州过来的，没有苏城码，门前的工作人员颇有耐心地帮我操作一番，而后确认我身体健康才让我入园。

　　启园紧邻著名的东山宾馆，据说这里是重要的国宾馆，我站在门口等候工作人员调手机的过程中，没有看到此处有人出入，在启园门口购票者也仅有一两位。启园的匾额乃启功先生所题，启功并不姓启，然他那方"功在禹下"的印章却极具名气。端详启功先生所题之匾，其中的

图七　鉴湖堂

"启"字与其签名落款完全相同。步入启园，里面的植被颇为茂盛，我沿
着右路前行，看到一些仿古建筑的门口贴着因疫情不能入室参观的告示，
想来这也是票价减半的原因之一。

　　沿着游览路线一路向下走，路过鉴湖堂，此室亦不开放，隔着玻璃
望进去，中间有康熙帝端坐的雕像。此堂的侧方有一座二层仿古小楼，
未曾看到房屋所悬之匾，但是按照老凡文中所言，启园的前身是东山巨
富翁天浩建的橘庄。康熙二十九年（1690），徐乾学受到弹劾，康熙允许
他携带《大清一统志》原稿回家乡继续编纂，徐乾学南归后就在橘庄设

书局。而今已无法知道启园内的哪座房屋是当年的橘庄旧楼。当年跟随徐乾学在橘庄编纂《大清一统志》的有顾祖禹、阎若璩、姜宸英、胡渭等名家，另外还有编校人员三四十位，可见当年的编辑部人数之多、场面之大。当年书局在橘庄编书有将近两年的时间，想来今日的启园内应该会有介绍，但一路看下去，一直走到御码头，方找到相关介绍文字。

参观完鉴湖堂，接着前往太湖边去看御码头，这座码头的石板桥深入太湖一百余米，岸边的介绍牌中称康熙帝在康熙三十八年（1699）巡幸东山时就是在此登岸，同时说"牌坊上嵌有当年康熙帝为东山设馆编纂《大清一统志》而赐匾额'光焰万丈'四字"。

而今的御码头以石板砌成，一路走下去，尽头是一个碑亭，匾额上书"虫二"，乃是取风月无边之意。亭中之碑仅刻"御码头"三字，落款是刘墉，但那三个字不具刘墉书法特点。站在这里静观浩渺的太湖，顿生一种今夕何夕之感。

参观完御码头，接着去找柳毅井，然此井所处的院落正在施工，前行之路被拦了起来，在工作人员的指挥下，我从相反的方向进入院落，看到了那口著名的古井。古井用石护栏围了起来，看不到井内的情形，介绍牌上说"柳毅井"三字乃是出自明正德九年（1514）王鏊之手。

关于柳毅传书的故事发生地，一般认为是在湖南的洞庭湖，比如宋范成大在《吴郡志》卷九《古迹》中说："柳毅井在洞庭东山道侧。按小说载毅传书事，或以谓是岳之洞庭湖，以其说有橘社，故议者又以为即此洞庭山尔。"究竟在哪里，其实并不重要，重要的是这里有遗迹，可供游客来遐思古老的传说故事。

图八　通向御码头的石板桥

图九　御码头

图十　柳毅井

扬州诗局

曹寅与康版

人们通常习惯于用一个简易的词语来概括一种现象，比如谈到古代文学作品时，最值得标榜的是汉赋、唐诗、宋词、元曲。说到唐诗，人们自然会想到《全唐诗》，这部书的初版本诞生于扬州的天宁寺，因为这里刊刻了《全唐诗》，所以设在这里的出版机构就被称作诗局，又因为诗局处在扬州，因此"扬州诗局"就成了一个专有名词。这个诗局因为刊刻《全唐诗》而设，做完这部书后也就随即散了班子，但有人认为，扬州诗局还刊刻过一些其他的书。这件事情值得探讨，我在下面会讲讲对这个问题的看法。

搜集唐诗是明代文人都喜欢做的一件事，明末的文坛首领钱谦益也曾经编写《全唐诗》，他编出了七百一十七卷。康熙初年，季振宜见到了钱谦益的这部书稿，康熙十二年（1673）十二月，他在《唐诗叙》中说："顾予是集窃有因矣。常熟钱尚书，曾以《唐诗记事》为根据，欲集成唐人一代之诗。盖投老为之，能事未毕，而大江之南，竟不知其有此书。予得其稿子于尚书之族孙遵王，其篇帙残断，亦已过半，遂踵事收拾，而成七百十七卷。"

季振宜从钱谦益的族孙钱曾那里得到此稿，但得到时该稿已残，季振宜经过整理增补，又成一部《全唐诗》。对于季振宜这部书稿后来的情况，根据中山图书馆段晓春先生的考证，季振宜《全唐诗》原稿本（即底本）或整书、或剪贴地汇入了各种唐人别集或总集，并有三种颜色的校雠文字。季振宜在成稿后曾缮录一正本，而将其原稿本赠予顾崧。

季振宜撰写《唐诗叙》后的第二年就去世了，顾崧将《全唐诗》清稿本转售给徐乾学。对于此稿后来的情况，叶德辉《书林清话》卷九"吴门书坊之盛衰"条说："其后季氏之藏。半由徐乾学传是楼转入天府。"徐乾学殁于康熙三十三年（1694），季氏《全唐诗》入宫时间应在此之前。段晓春在《季振宜〈全唐诗〉流传经过新证》一文中写道："或即在康熙二十五年（1686）四月清圣祖玄烨下诏访辑经史子集后不久，徐乾学就将他从顾维岳处购得的这部季氏《全唐诗》进呈御览了。"这部誊清的"正本"（清稿本）进入内府以后，康熙帝于康熙四十四年（1705）三月十九日，即在第五次南巡期间，将其颁发给江宁织造曹寅，并成为康熙《御定全唐诗》的重要底本。

此稿入宫后，康熙皇帝看到后很感兴趣，命令彭定求等人编辑此稿准备出版。此稿整理完成之后，康熙皇帝就下旨让曹寅负责刊刻。

出版《全唐诗》需要对原稿进行增补和校对，曹寅一人难以完成这项任务，于是皇帝命彭定求等人协助编校。曹寅在康熙四十四年五月初一的奏折中写道："臣寅恭蒙谕旨刊刻《全唐诗集》，命词臣彭定求等九员校刊。臣寅已行文期于五月初一日天宁寺开局，至今尚未到扬，俟其到齐校刊，谨当奏闻。又，闰四月二十三日，有翰林院庶吉士臣俞梅，赴臣寅衙门口传上谕：'命臣俞梅就近校刊《全唐诗集》，钦此。'奏请圣旨，钦遵咨行。"

章宏伟在《扬州诗局刊刻〈全唐诗〉研究》中注意到这十位在籍翰林均是江浙两省人，为什么会如此呢？他在文中转述了周勋初的观点，认为当时任务紧迫，故采取了就近原则。但此书从康熙四十二年皇帝御定，到康熙四十四年正式编纂，这期间有着充裕的时间，用不着匆忙凑编辑班子，因此其中原因仍待探讨。

皇帝为什么命曹寅负责刊刻《全唐诗》？周汝昌在《红楼梦新证·史事稽年》中征引了王士禛的《分甘余话》中的所言，而后他说："疑曹氏早聚唐集，至刊《全唐诗》，其意殆亦曹寅启之，康熙特以名义条件为助耳。"

这种说法乃是称《全唐诗》的底稿是曹寅编纂的，所以皇帝才让曹寅刊刻，以帮助其完成意愿。章宏伟认为这种说法没有史料依据，因为康熙帝在《御制全唐诗序》中明确地说："朕兹发内府所有《全唐诗》，命诸词臣合《唐音统签》诸编，参互校勘，搜补缺遗。"

可见皇帝认为季振宜所编的《全唐诗》够不上"全"字，于是下令以季振宜的抄本为底本，再参考明代胡震亨所辑《唐音统签》等书，由此而编出《全唐诗》。曹寅翻阅稿子后，发现中晚唐诗仍然不全，于是再派人四处寻找，最终才将这部书编辑出来。最终定稿的《全唐诗》囊括

2200 多位作者、48900 多首诗。

在此书的刊刻过程中，皇帝颇为关心刊刻进度，曹寅在奏折中多次向皇帝汇报细节，他边刊刻边呈上御览，比如他在康熙四十四年十二月二十三日的奏折中说："校刊全唐诗，现今镂刻已成者，臣先将唐太宗及高、岑、王、孟肆家刷印，装潢一样贰部进呈。其纸张之厚薄、本头之高下，伏候钦定，俾臣知所遵行。尚有现在装潢数十家，容臣赴京恭谢天恩，赍捧进呈御览。"

无论是刊刻字体、刷印质量、装潢式样，还是用纸的薄厚，都需要由皇帝亲自裁定，康熙帝何以如此关注一部书的出版？又为什么要把这样看重的一部书交给曹寅来办理？章宏伟在文中转引了美国史景迁《曹寅与康熙：一个皇室宠臣的生涯揭秘》中的说法："1705 年 4 月 12 日第五次南巡时曹寅接到刊刻《全唐诗》的旨意。如此康熙为清朝著名的大型文集编纂工程开了先河；这是他获得自信感和稳定感的标志：通过军事镇压吴三桂和噶尔丹，他得到了'武'的称号，现在他也要确保'文'的名声——文治的皇帝，尽管他没有汉族血统，也要证明自己对汉族诗歌传统的欣赏。然而，选择曹寅而不是一些真正著名的儒家学者或官员也是很重要的；曹寅以刚好合适的姿态横跨两边——既是被特别指派到地方的满洲包衣，又是有一定名望的诗人和资助人。选择这样一个人主持这项事务，表明即使在执政四十年后，康熙仍然依赖那些真正称得上是他自己人的人。"章宏伟则认为："为了提高曹寅在江南汉族文化人中间的声望，康熙帝将校刊《全唐诗》等重大任务交曹寅主持，这是主子提携奴才的一个重要手段，康熙帝对曹家恩宠异常。对于统治者而言，特旨让某个臣工刊印某部书籍是笼络人心、以示恩宠的一种有效手段，像宋荦、于敏中、刘墉、彭元端等名臣都曾得到过这种荣幸。"

曹寅为这部书下了很大功夫，除了上面说到的要校改错讹和增补内容之外，在刊刻上下的功夫也很大。古时候刻书的第一步是要先做写样，写样就是用一种很薄的纸，把要刊刻的文字一笔一画写出来，再把这张纸反贴在木版上，刻字工人按照这张写样透过来的字迹，直接刻在木版上，这样就形成了雕版的反字。因此说成书后的刻版风格漂亮不漂亮，写样占的因素最大，因为写得好不一定刻得好，但如果写得不好就一定刻不好。

写字这个活儿每个人有每个人的特点。如果是一部小部头的书，找一个人来做写样就行，就能保证一部书的字体风格完整统一；但如果是大部头的书，就需要找很多个写样人员，这样就很难保证一部书内字体完全一致。如果一部书内前后字体不一，这当然是一种瑕疵。皇帝将这部九百卷大部头的《全唐诗》交给曹寅来办理，曹寅当然要做到尽可能的完美。为了能尽快完成任务，曹寅请了很多位写样人员，但招到这些人之后，发现他们写出的字体很不相同，于是又专门把这些人聚在一起搞培训，让他们把字体练习到基本一致。可能是康熙皇帝催问刻书的进展情况，曹寅在给皇帝的一封奏折中提到了快不起来的原因之一就是写样工人的培训："臣细计书写之人，一样笔迹者甚是难得，仅择得相近者，令其习成一家，再为缮写。因此迟误，一年之间恐不能竣工。"

曹寅的认真果然有效，刊刻出来的《全唐诗》极为漂亮，此书的字体即惯常所说的软体字。这部书总计近一万页，古时的雕版一版就是一页，这样算下来至少有近一万块版，也就有近一万页的写样。康熙原版的《全唐诗》我藏有一部半，其中那半部是开化纸所印的极初印本。细细翻看，确实是每一版都能保证字迹几乎完全一样，能把这么多人的字体训练得完全一样，这真是不容易的一件事。因为该书对社会影响极大，这种刊刻风格还产生了一个专用名词——"康版"。

康熙四十五年（1706）七月一日，曹寅向皇帝报告《全唐诗》的刊刻仅剩五百多页了，本月就能刻完，他请求皇帝为此书写御制序，皇帝看到样书后批示说："刻的书甚好，等细细看完序文，完时即打发去。"得到御制序后，曹寅将其刊刻出来冠于《全唐诗》书首。刊刻完成的这部大书最终装订为120册，分装12函。最初印本上没有校阅刊刻官的衔名，再印之时经皇帝批准予以添加。故章宏伟经核对，认为有衔名页的版本不是初印本而是再印本，同时他核对了这两个版本的版框，发现二者有差异，说明书版再次刷印时发生了收缩。

对于这套版片的结局，章宏伟在文中简述说："《全唐诗》雕版的板片因曹寅的关系收藏在江宁织造局里，道光四年编刊的《上元县志》卷末《遮佚》曾记'《全唐诗》板藏织造汉府'，但其后下落不明。而稿本《如我谈·新〈全唐诗〉木板》中却有记述：'汉府存贮康熙间《全唐诗》木板一分，计十二部。每部十本，共十二架。每年刷印若干，即责成案书陈瑞承办。自夏月江溢为灾，未能移避。迨予至时，业已架倾，板漂过半矣。予咎难辞，为一生之憾事也。'由此可知，道光二十五年（1845）陈坦园莅任江宁织造局以后，曾逢长江洪水泛滥。由于交接脱节，事出仓猝，对《全唐诗》板片没有采取'移避'措施，半数以上被大水冲掉了。陈坦园为此惋惜不止，抱憾终生！"

以往大多数人认为，《全唐诗》刊刻完之后，扬州诗局就解散了，但现在的很多研究者不同意这个说法，因为曹寅还在这个诗局刊刻了自己

全唐詩

太宗皇帝

帝姓李氏諱世民神堯次子聰明英武貞觀之治庶幾
成康功德兼隆由漢以來未之有也而銳情經術初建
秦邸即開文學館召名儒十八人爲學士既即位殿左
置弘文館悉引内學士番宿更休聽朝之間則與討論
典籍雜以文詠或日昃夜艾未嘗少怠詩筆草隸卓越
前古至於天文秀發沈麗高朗有唐三百年風雅之盛
帝實有以啓之焉在位二十四年謚曰文集四十卷館
閣書目詩一卷六十九首今編詩一卷

帝京篇十首 幷序

的一些书。按照丛书算一种的方法来计，曹寅在这里刊刻了三种书：《楝亭藏书十二种》《曹楝亭五种》和《隶续》，但这三种书中只有《隶续》后面的牌记有"扬州诗局刊"字样。曹红军在《曹寅与扬州诗局、扬州书局刻书活动考辨》一文中认为曹寅刻那三部书，其实是个人私下刻书的行为，跟扬州诗局没太大关系。他在这篇文章中还分析了后来刻的《佩文韵府》，这部书也是扬州诗局所刻，但刊刻这部书时却改名为"扬州书局"。曹红军认为："校刊《全唐诗》与刊刻《佩文韵府》是曹寅等人在不同的时间接受的两次不同的任务，围绕这两次任务分别成立了机构，一名扬州诗局，一名扬州书局。虽一字之差，实为两家机构，二者之间并没什么直接联系。"因此曹先生认为刊刻完《全唐诗》后，扬州诗局已经解散，再刻《佩文韵府》时又另外成立了扬州书局。

那么扬州诗局还刊刻过哪些书呢？戴建国《〈渊鉴类函〉康熙间刻本考》一文中谈到陶湘在《清代殿版书目》中著录了十种扬州诗局刻本，比如"《圣祖诗集》十卷，《诗二集》十卷，《诗三集》八卷（高士奇、宋荦奉敕编，康熙四十三年诗局刊）……《御定历代赋汇》一百四十卷、《逸句》二卷，《补遗》二十二卷（圣祖有序，陈元龙等奉敕编，康熙四十五年诗局刻本）"，等等。戴建国认为这种说法不是事实，他在文中引用了朱彭寿在《安乐康平室随笔》中的所言：

本朝人所刻之书，以康熙间最为工整。至当时钦定诸籍，其雕本尤极精良，然大都出自臣工输赀承办。如《全唐诗》则为通政使曹寅所刻，《历代赋汇》则为詹事府詹事陈元龙所刻，《佩文斋咏物诗选》则为翰林院编修高舆所刻，《历代题画诗类》则为翰林院编修陈邦彦所刻，《历代

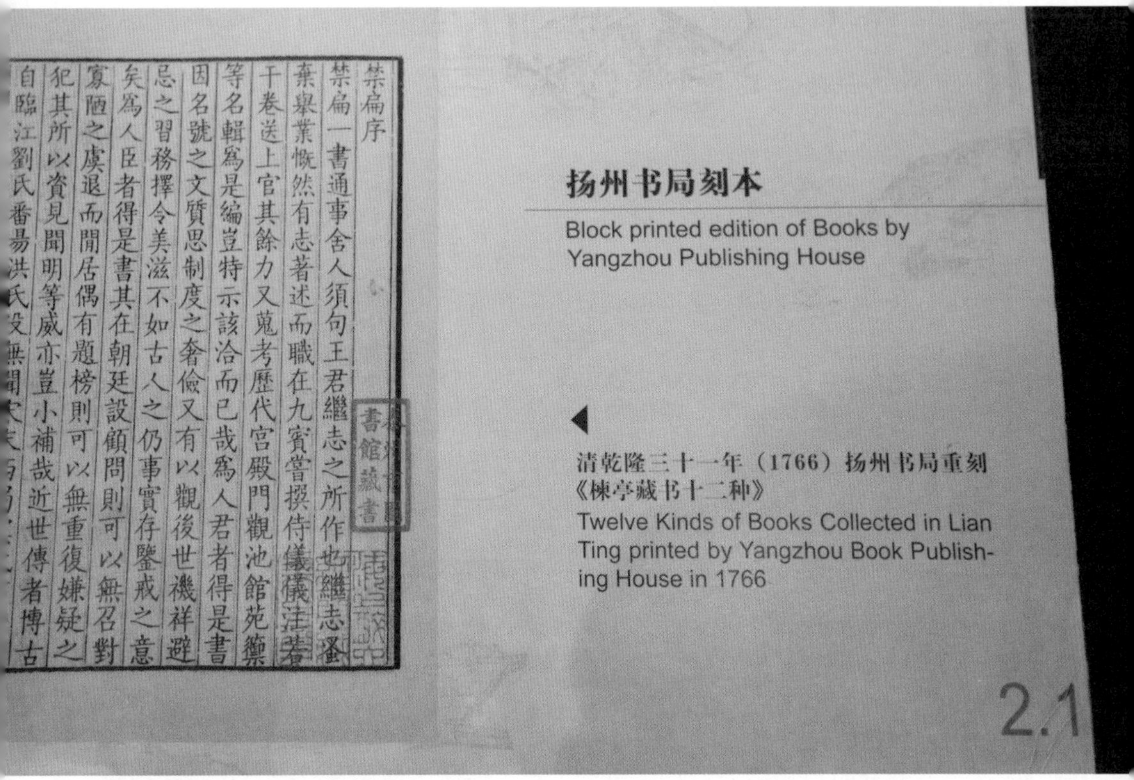

扬州书局刻本

Block printed edition of Books by Yangzhou Publishing House

◀

清乾隆三十一年（1766）扬州书局重刻《楝亭藏书十二种》

Twelve Kinds of Books Collected in Lian Ting printed by Yangzhou Book Publishing House in 1766

2.1

图二 《楝亭藏书十二种》，扬州书局刻本

诗余》则为司经局洗马王奕清所刻，《佩文斋书画谱》则为候补主事王世绳等数人所刻，《御批通鉴纲目》则为吏部尚书宋荦所刻（《四库提要》作吏部侍郎，似误）……盖其时士大夫中，皆以校刻天府秘笈、列名简末为荣，故多有竭诚报效者。（即致仕福建巡抚宫梦仁所撰之《读书纪数略》亦于刻成后将原板缴进）自乾隆以后，凡奉敕编纂书籍，始无不由内府刊行矣。（后惟嘉庆中钦定《全唐文》为两淮盐政阿克当阿于淮商中集赀承刻）

可见有些书版乃是大臣刊刻后，将书或书版进贡于宫中。虽然这些书在后来刷印时也算内府本，但实非内府所刻，而陶湘将这十种书全部归为扬州诗局所刻，应该是误记。但是其中朱彭寿所说的《全唐文》的确刊刻于扬州。

嘉庆皇帝在《御制全唐文序》中说其父乾隆皇帝主持编纂的《四库全书》在社会上影响力很大，而今他得到了唐文，批阅之后感觉编纂不精，故组织文臣系统整理此书。可见《全唐文》的编纂起因与《全唐诗》类似，也是皇帝发现宫中有一部稿抄本，感觉需要增补，于是安排几位翰林来补充整理。对于《全唐文》底本的来由，该书总纂官之一的法式善在《校全唐文记》中说："内府《全唐文》钞本十六函，每函十册，约计其篇，盖万有几千矣。前无序例，亦无编纂者姓氏，首钤'梅谷'二字私印。相传海宁陈氏遗书，或云玲珑山馆所藏，或云传是楼中物。大约抄非一手，藏非一家，辑而未成，仅就人所习见常行采摭为卷，唐人各集亦录从近代坊本。"

法式善所说的"海宁陈氏"应当是指陈邦彦。对于此书稿的递传情况，法式善称"或云玲珑山馆所藏，或云传是楼中物"，玲珑山馆有可能是指扬州大藏书家马曰琯、马曰璐的小玲珑山馆，传是楼则是徐乾学的堂号。如叶德辉所言，徐乾学的藏书后来进了内府，看来《全唐文》与《全唐诗》稿抄本原本都是"传是楼中物"。

关于这部《全唐文》稿何以入宫，法式善说："第一叶有'梅谷'图记，为海宁陈氏衰辑未完之书。苏大司空官两淮盐政时以重价购得，进呈乙览。"

此处所说的苏大司空乃是指苏楞额，其为满族正白旗人，乾隆六十年（1795）出任两淮盐政，嘉庆二十一年（1816）十一月二十五日上谕有载："内府旧存《全唐文》写本系由苏楞额呈进。"可见宫内所藏《全唐文》是由苏楞额从扬州得到后贡入宫中的。对于《全唐文》的编纂，《仁宗睿皇帝实录》卷二〇二载嘉庆十三年（1808）十月己亥皇帝谕旨："着将此书交文颖馆，通行抄录，并详稽载籍有应补入者，一体编辑，校勘完善，进呈乙览后，刊刻颁行。"马俊在《扬州刊刻〈全唐文〉二三事》中说编修处设在西华门内，康熙朝为编修《皇清文颖》设立了文颖馆，时人称之"全唐文馆"，编修官包括总裁官董诰、总阅官阮元、提调兼总纂官徐松、总纂官法式善等八十八人。这些人用时六年，于嘉庆十九年（1814）闰二月修成《全唐文》。

对于《全唐文》的刊刻地，董诰在嘉庆十九年闰二月二十五日的奏折中奏请道："伏念江南为人文渊薮，其间绩学之彦、藏书之家堪任校雠者不少，且扬州文汇阁贮有《四库全书》，秘籍鸿编，勘校尤为至便。恳天恩将全书颁发两淮刻印。"同年六月，《全唐文》稿发往扬州，由两淮盐政阿克当阿监刊。

关于此书在扬州的具体刊刻地，参与校订的梅曾亮有《扬州唐文馆即事二首》，其中《题王梦兰校书图》中称："唐文开馆昔扬州，簪笔西园忆旧游。"可见唐文馆原来也设在天宁寺的西园，与《全唐诗》刊刻地在同一处，查到这条资料时，这种巧合令我兴奋。当年《全唐文》刊刻完毕后，皇帝下令将其中一部藏在文汇阁内，因此天宁寺不仅是《全唐文》的刊刻地，同时还是其藏书地之一。

天宁寺就处在今天西园饭店的旁边，其实跟西园饭店仅一墙之隔。从历史上说，西园饭店本也属于天宁寺的一部分，只是诸多原因才把两者割裂开来。此次来到扬州（时为 2015 年 1 月 9 日），我特意住在了西园饭店，原因之一就是离天宁寺近。走到山门的时候，我看到了侧门旁的一个入口，入口旁边立着一块介绍牌，上面写着"中国大运河遗产点"，底下的小标题则是"天宁寺行宫"。看到这块牌子，我猜测天宁寺行宫可能跟天宁寺是两回事，准备由此门进入，看看行宫的情况。门口站着一位男士戴着胸牌，标准的门卫装束，我向他请教从这里进去是否就是天宁寺行宫，他说这就是天宁寺，并且告诉我不收费。由此进入，才看到我所进的这个门其实是天宁寺的一个侧门。

进入侧门后看到的是一排寺院中常有的侧房，一家家门脸看过去，全都是古玩商店，我很想进去看看这些古玩店中能不能遇到古书，但心里又惦记着拍照，还是觉得完成了任务之后再来巡店比较好。

今日所存的天宁寺跟原有的规模相去甚远，这个寺的由来很早，始建于东晋，传说曾经是谢安的别墅，后来谢安的儿子谢琰把自家的别墅舍给了寺庙，变成了谢司空寺。名称的来由是谢琰曾任过司空之职。到了周武则天证圣元年（695）又改名为证圣寺，北宋真宗大中祥符五年（1012）改名为兴教院。宋徽宗政和二年（1112）皇帝要求全国重要州府都要建天宁寺，于是兴教院就改名为天宁禅寺，这个名称一直用到今天。

我来天宁寺其实有两个目的：第一个目的当然是扬州诗局，因为这毕竟是中国出版史上极为重要的一笔；第二个就是寻访华严阁，因为传说高僧佛驮跋陀罗在此译出了六十卷本的《华严经》。在我的文化寻踪之旅中有个专题是佛教之旅，而六十华严的译著也是佛教史上的一件大事。

谈到六十华严的重要性，就需要在此掉书袋，大概讲讲《华严经》传入中国后的翻译情况。该经的全名是《大方广佛华严经》，根据部头的大小分为六十华严、八十华严和四十华严，其中六十华严是该经传入中

图三　天宁寺入口

国后的第一个译本。《华严经》的梵文本最初是由慧远的弟子从于阗带回来的，晋安帝义熙十四年（418），在扬州的道场寺由佛驮跋陀罗译出。这部经当时残存三万六千偈，翻译出来后分为五十卷，后改为六十卷，分为三十四品，这就是六十华严的来由。

《华严经》的第二个译本是八十卷本（八十华严），它的梵文本有四万五千颂，是武则天派人从于阗寻找回来的，并请实叉难陀翻译，翻译地点是洛阳大遍空寺，用了四年时间，将翻译出的文字编为八十卷本，内分为三十九品。

《华严经》的第三个译本则是四十卷本（四十华严），此本的梵文原本有一万六千七百偈，是在唐德宗贞元十一年（795）由南天竺乌荼国王亲手书写并派人送给了唐王朝。到了第二年，唐德宗命罽宾三藏般若在长安崇福寺翻译此经，用三年时间将此经译完，编为四十卷本。这四十卷本的《华严经》跟前两个译本的主要区别是，它只翻译了《入法界品》一品，但在文字上却增加了许多内容，有很多是前两个译本所没有的。

以上就是《华严经》在中国的翻译情况，六十华严虽然流行程度不如八十华严，但它却是《华严经》的第一个译本，其地位可想而知。然而此本的翻译地点却有些模糊。如上所说，资料记载佛驮跋陀罗是在扬州道场寺翻译的此经，但是道场寺却在南京，而晋朝时，南京也叫扬州，因此这位高僧究竟是在哪个地方翻译六十华严，的确让我很是疑惑。我所查到的资料里，确实有记载说佛驮跋陀罗翻译此经的地点就是扬州今天的这座天宁寺。按照资料记载，扬州天宁寺正门前的河边原有一对华表，华表的前面还有一座牌楼，而牌楼上其中一面写着"晋译华严道场"六个大字，另一面写着"邗江胜地"，由此可知曾经有明确记载及地标，说明此处就是六十华严的翻译之地，可惜这个牌楼我今天已经找不到一点痕迹了。

天宁寺中能说明其历史悠久的证物，是第一进院落大殿前的那两棵至今依然茁壮的银杏树。因为是冬天，这两棵银杏树没有一片叶子，枝繁叶茂这个词用在这儿恐怕不合适，只能留待来春再用，但这两棵树长得笔直，称其伟岸倒是很贴切。按照寺里的传说，这两棵银杏树是东晋时谢安所种，至今已有一千多年历史，经历了这么多年月，又经历了那么多劫难，竟然没被砍伐掉，这才能被称作奇迹。在这座大殿的前方我看见一块包在玻璃罩里的横式碑，在对这块碑进行保护之前，任事者很善解人意：他将这块碑面上敷上纸做成拓片的模样，使得碑上的字迹黑白分明，很容易拍照。这块碑的碑名是"南巡记"，落款则是乾隆四十九年（1784），为弘历的御笔，这也算是我在天宁寺中看到的不多的故物之一。

　　天宁寺内每间大殿基本都对外开放，前两间大殿里面都在举行扬州八怪绘画展，其展览方式是用现代的展板回折在大殿的两侧，跟整个大殿里庄重古朴的气氛多少有些不协调。因为看惯了各个大殿里面宝相庄严，在天宁寺内这几座殿中却看不到任何佛像，这种情形倒是十分罕见。其实我也知道天宁寺经历了多次劫难，但即使这样也没有料到如今已佛去楼空。从里面向上望，大殿建造得高大巍峨，空中悬挂的一排排仿古宫灯倒跟大殿的整体环境有些相配。

图四　落款为乾隆御笔的《南巡记》

　　穿过大殿继续后行，看到了同样规模的另一座佛殿，远远即看到了楼上悬挂的"华严阁"匾额，只是不明白为什么这三个字用的是繁体，但却是左读。华严阁前面的空地上左右两边各摆着一些佛寺内的石雕残件，这些残件雕刻得较为精细，显现着它那悠久的历史及所遭受的劫难。走进大殿门口，看到右山墙上嵌着一块古碑，碑上写着"重建华严阁碑"，看来这是一块古物。然而看到此碑后面的落款竟然是中华民国四年（1915），到今年满打满算也就一百年，连这样历史短浅的碑都保护起来，有些让人意外。

　　华严阁里面布置成了展厅，展览的主题是"佛教与扬州"。入口的转角处彩绘着一张巨大的壁画，以 L 型的方式用现代手法描绘着古代天宁寺旁熙熙攘攘的人民及安定团结景象。余外则是一些展板，讲述着自古以来跟扬州有关的佛教事迹，布展的形式是围着整个华严阁转了一圈。沿着路线图向内走，看到一些用泥塑与绘画相结合的展览手法，比如"慧日道场"，还在一个角落做成一个帆船的模型，上面站着真人大小的一座雕像。

　　沿着展线前行，又看到扬州刻经的展板，这当然是我感兴趣的话题。展板上说隋炀帝当年派人运来近十万轴佛经在此进行整理，雕板事业从此在扬州兴盛起来，后面讲到的扬州藏经院则是到明万历年间的事情了，再之后的刻经处则更是到了晚清民国。这个展板的前面拐角处有着"康熙与天宁寺"和"乾隆与天宁寺"两块介绍牌，牌子的下面做成了天宁寺当年的模型。这块五六平米大小的模型却嵌入地下，上面覆盖着玻璃，我不知道这块玻璃能不能踩上去，于是小心翼翼地贴着墙边蹭了过去。这时恰巧迎面来了几位游客，看到我的举动，也模仿我的样子双手高举，

图五　华严阁

面对着墙沿着三十厘米宽的边缘一点点蹭过。可能是这样慢慢走堵住了后面的人，进来了一位管理人员大声说："玻璃能踩，别这样！"但这几个人还是不敢踩玻璃，过去之后一起回头瞪了我一眼。

关于当年的扬州诗局在天宁寺内的哪个大殿刻书，我也查了一些资料，但都语焉不详。有位工作人员说大概是在最后一进院落中，这进院落的大殿正在展览影印本《四库全书》，这个说法和来源我也没得到印证，但有一点是确凿无疑的，那就是扬州诗局和扬州书局确实都是在天宁寺的院落之内。

曹寅在此处刊刻完《全唐诗》，于康熙四十五年（1706）十月初一

图六　扬州刻经展板

图七　此殿的位置疑为扬州诗局旧址

把这部书装订完毕后送进了宫里，呈献给康熙皇帝。皇帝对此很是满意，在曹寅奏折后朱批"刻的书甚好"。可能是这个原因，皇帝又把另一套大书交给曹寅去刊刻，那就是《佩文韵府》。

《佩文韵府》这部书是以元代阴时夫所撰《韵府群玉》和明凌稚隆所撰《五车韵瑞》两本书为基础增补而成。当时不知道什么原因，康熙皇帝对韵书感了兴趣，他不仅命令大臣张玉书等人去编撰，还亲自参与这项工作，此书的序言中称："爰于康熙四十三年夏六月，朕与内直翰林诸臣亲加考订，证其讹舛，增其脱漏……名曰《佩文韵府》。"玄烨说他与诸位翰林共同商议编纂此书之体例，然在实际操作中，他审核了书中所说的每一字。书名中的"佩文"二字，其实是康熙皇帝的书斋名。康熙皇帝亲自参与编纂此书，编了八年才算完成，编完之后就在武英殿刊刻。玄烨在《御制佩文韵府序》中说："随于十二月开局武英殿，集翰林诸臣合并详勘，逐日进览，旋付梓人。于五十年十月全书告成，共一百零六卷，一万八千余页。"

刊刻之后不知道出于什么原因，康熙皇帝又让曹寅在扬州重新翻刻，于是曹寅重新组织刊刻局，这次组局名叫"扬州书局"。康熙四十四年（1705）八月十五日，曹寅在奏折中说："臣盐任满，即匍匐谢恩，以伸犬马恋主之诚。所有诗局写刻人工，虽经细心挑选甚多，而一二细碎事务，亦所时有，拟暂交臣李煦代为管理。俟臣回南，仍归臣身任其事，庶不致有误。"

此次刊刻《佩文韵府》依然是由曹寅主持，另有两位官员轮流协助，李煦在康熙五十二年（1713）九月初十日的奏折中写道："窃臣与曹寅、孙文成奉旨在扬州刊刻御颁《佩文韵府》一书，今已竣工。谨将连四纸刷订十部，将乐纸刷订十部，共装二十箱，恭进呈样。"

当时曹寅是江宁织造，李煦是苏州织造，孙文成是杭州织造，他们分工合作，共同完成皇帝交办的刻书任务。但是，这部书开刻一段时间后，曹寅生病了，李煦在康熙五十一年（1712）七月十八日的奏折中写道："江宁织造曹寅于六月十六日自江宁来扬州书局料理刻工，于七月初一日感受风寒，卧病数日，转而成疟，虽服药调理，日渐虚弱。"到了七月二十三日，曹寅病逝，刊刻《佩文韵府》的工作由李煦继续主持完成。

曹寅去世后不到半年时间，李煦就把《佩文韵府》的印样呈现给皇帝，皇帝看后很满意，在李煦的奏折中批示道："此书刻得好的极处。南方不必钉本，只刷印一千部，其中将乐纸二百部即足矣。"在当时来讲，这部书刷印的数量真够大，因为大部分殿版书只刷印二三百部而已。《佩文韵府》因为刷印数量大，康熙版的该书至今还能够买到，一部品相尚好的《佩文韵府》价格在二三十万之间。今天来到了这部书的刊刻之地，本能地增加了我对这部书的亲切感。遗憾的是，我在天宁寺中没有找到任何跟扬州书局有关的物证。

两天后，我去参观中国雕版博物馆，没想到竟然在三楼看到了跟扬州诗局有关的场景，博物馆在三楼做出了一个书房的模样，书房正墙上挂着的就是《全唐诗》印样。书房的左侧摆着书桌，用雕塑的方式展现着两个人似乎在就刻书之事进行探讨。而书房的右边，一个穿黄马褂的人坐在罗汉床上正在看《全唐诗》的印本，从装束上看，应该是穿着便装的皇帝。我望着这个皇帝的脸，感觉面熟，当然他不可能是我的熟人，猛然间想起来了，这应当就是著名演员陈道明，他当年演的电视连续剧《康熙王朝》可谓深入人心，难怪制作雕塑者把他的脸塑造在了这里，由此也知，坐在这里的皇帝就是康熙大帝。

在旁边的展板上还列有扬州诗局的一些介绍，这些介绍用中英文的形式讲述着康熙与曹寅的故事，故事的重点就是刊刻《全唐诗》的过程。展柜里还复制了一份曹寅写给康熙的奏折，这份奏折的落款是"康熙四十五年七月初一日"，后面还有康熙皇帝的御批："刻的书甚好，等细细看完序文完时即打发去。"总之，康熙对这部《全唐诗》很满意。这个奏折的前面还摆放着一部仿制的《全唐诗》，可惜跟真品比起来差得很远，后面的展板还有扬州诗局的介绍。这种展览方式我感觉甚好，由此清楚地表明了，扬州诗局与康版在中国的版刻史上曾经起到过多么重要的作用。

金山钱氏
延绵百年的刻书世家

　　关于金山钱氏在中国刻书史上的地位，曹之主编《中国古籍版本学》第三版中给出了如下定位："金山钱氏是刻书世家。钱氏从乾隆三十六年（1771）开始刻书，一直刻到光绪年间。其刻书时间之长、刻书数量之多，在清代家刻中是首屈一指的。"郑伟章《金山钱氏刻书》一文中也有类似评语："在清朝道光、咸丰年间，上海金山县有一个钱氏家族，从事藏书、刻书事业，尤以刻书为盛。所刻《守山阁丛书》《指海》丛书、《小万卷楼丛书》、《珠丛别录》等，有名于世。在近代文化史上，钱氏家族作出了贡献，颇具影响。"

　　金山钱氏既是藏书世家，也是刻书世家，杜诗庭在《金山钱圩守山阁钱氏藏书刻书》一文中也给出过相类似的评价："尝考浦南藏书家，清嘉道间兼以镌书重者，首推金山钱圩守山阁钱氏。"对于金山钱氏刻书的延续，杜诗庭有长篇叙述，其第一个段落为："《松江府志》称钱之先乾隆间有名溥义者，字景方，敦行好义。子树本，字根堂，研精经史，工医，就诊者却馈酬。次树堂，字懋南，刊有《醉经楼经验方》《伤寒谱》《达生编》。次树艺。次树立，字希成，诸生（乾隆四十九年金庠），筑万卷楼，藏书甚富，刊华亭钱金甫《葆素堂集》。次树芝，字瑞庭，号愚庵，喜聚书，刊有陈祖恭《温热病指南集》。树本子熙载，字啸楼，诸生（嘉庆七年金庠），博览群籍，能诗，《志》称其好藏书。南汇张啸山《怀旧杂记》云：钱氏藏书，啸楼为冠，雪枝次之，刊明胡粹中《评纂元诗续编》。熙产字邦士，诸生（嘉庆八年金庠），辑刻《元诗选补》。孙培益，字水西，有兰隐园，富藏金石书画。嗜古泉币，校刻华亭马昂《货布文字考》。"

此为钱氏刻书早期的状况，对于此族的刻书人及所刻之书，曹之在专著中有如下列举："钱氏刻书著名者有钱树本、钱树芝、钱树堂、钱熙祚、钱熙载、钱熙辅、钱培益、钱培名、钱润道、钱润功等。其中钱树本刻有《左传》《公羊传》《穀梁传》《国语》《国策》等；钱树堂、钱树立刻有《经余必读》《醉经楼经验良方》等；钱树芝刻有《温热病指南集》等；钱熙祚刻有《守山阁丛书》《指海》《珠丛别录》等；钱熙彦、钱熙载刻有《元诗选》《元史类编》等；钱熙辅刻有《艺海珠尘》《壬癸集》等；钱培名刻有《小万卷楼丛书》等；钱润道、钱润功刻有《钱氏家刻书目》等。"

一个家族中出现如此众多的刻书名家，这的确罕见，而这些家族成员以钱熙祚最具名气。郑伟章在《金山钱氏刻书》一文中称："钱氏藏书、刻书以钱熙祚为代表。他的祖父钱溥义，字槎亭。他的父亲钱树芝，字端五，号瑞庭，别号愚庵。树芝有五子：熙恩、熙辅、熙祚、熙哲、熙泰。熙祚出为叔父树兰嗣。熙祚五兄弟都与藏书、刻书有关。五兄弟之外，从兄钱熙载、钱熙经，族兄钱熙咸，亦参与藏书、刻书活动。子侄辈有钱培名（熙经之子）、钱培荪（熙辅之子）、钱培益等亦刊书，参加校刊活动的还有父辈钱树芝、钱树棠、钱树立、钱树本等，以及钱国宝、钱润道、钱润功等。钱氏一门有近二十人都从事过藏书、刻书事业，在中国历史上是少见的！"

金山钱氏刻书始于钱熙祚的祖父钱溥义，熙祚的父亲钱树芝延续了这个传统。钱树芝有五个儿子，熙祚为其第三子，但他们兄弟五人都藏书也都刻书，还带动家族中的从兄来参与相关活动。一个家族中的几代人都对刻书事业如此热衷，难怪郑伟章给出这样的评语。

关于钱熙祚的生平履历，支伟成所著《清代朴学大师列传·校勘目录学家列传》中称："钱熙祚字锡之，一字雪枝，江苏金山人。先世夙好施与，多隐德。至君坐席丰裕，益务举慈善事。道光二十三年，南乡大旱，塘河几涸，则力筹耕剔深储，民赖不饥。县故地瘠民贫，生不能育，死无以殓者多，则又独力为公所二，曰与善，曰接婴；置田若干，以赈生送死无憾。他若杠梁途路溪堰亭埭，凡可利济群众者，罔不率先倡导，规画周详。而淫祀土木之神，则又峻拒焉。"

金山钱氏乃是当地巨富，到了钱熙祚这一辈，延续了家族中乐善好施的传统，家乡出现旱灾，他会想办法救济灾民，对于当地贫困人士的生与死，他都能提供相应的帮助。钱熙祚喜好读书、藏书、刻书，刻书之前在选择底本方面也会请名家把关。后来他买到了张海鹏的《墨海金壶》书版，此版已经残缺不全，在内容方面也有错讹。于是他请来名家张文虎、顾观光来帮其校勘及订正，残缺部分若家中藏书未备，他就带领众人前往书阁中抄录《四库全书》本，而后刊刻出一系列质量上乘的丛书。支伟成在其专著中有如下说法：

生而敏慧耐深思，长益厉学，探古籍，艰辞奥旨，靡间洪纤，洞若观火。尝以昭文张氏《墨海金壶》抉择未当，且版毁，计所以重订之者，乃尽出藏书，聚同志张文虎、顾观光辈商榷去取，讨论真赝，准之以文渊阁本，反复雠校，或注案语，或系札语，其取材分类，略仿张例；凡十易寒暑，梓成《守山阁丛书》一百十种，六百五十二卷。复仿鲍氏《知不足斋丛书》例，辑为小集，取《抱朴子》语，名曰"指海"，亦先后刻成十二集。会以海疆捐输，叙选通判，抵京师，铨有日矣，遘微疾卒于寓斋。年四十有四。

不过也有文献称，钱熙祚率众人前往抄录《四库全书》是在文澜阁而非文渊阁，一者文渊阁在北京紫禁城内，入内抄书几乎无可能；二者金山距杭州不远，而文澜阁正处杭州，到那里抄书更为方便。综合各处资料来看，其抄书之地应该是在文澜阁。对于这件事，张文虎的所言和记载亦可为证。

张文虎是著名的校勘家，检缪荃孙《续碑传集》卷七十五，在其给张文虎所撰的《州判衔候选训导张先生墓志铭》中称其"幼颖异，见书籍辄自翻阅。尝读元和惠氏、歙江氏、休宁戴氏、嘉定钱氏诸家书，慨然叹为学自有本，驰骛枝叶无益也。则取汉、唐、宋人注疏，若说经诸书，由形声以通其字，由训诂以会其义，由度数、名物以辨其制作，由言语、事迹以窥古圣贤精义。旁及子、史，是非得失、源流异同，以参古今风会之变。壬辰大比，戚友强之行。试卷墨污，题诗号舍而出，自是不复应试"。

张文虎天生就对书籍有兴趣，后来读到很多名家著作，渐渐懂得了古书沿革，从此探讨出一条校勘之路。他参加科考时因为不小心弄污试卷，后来索性不再应试，将全部精力用在了校勘典籍方面。墓志铭中又写道："金山钱雪枝通守熙祚辑《守山阁丛书》，属先生校订，馆钱氏三十年。所校书若《守山阁丛书》《指海》《珠丛别录》及鼎卿学博熙辅续辑《艺海珠尘》《壬癸集》，子馨少尹培名辑《小万卷楼丛书》，无虑数百种，时称善本。"

张文虎住在钱熙祚家达三十年之久，后来应聘前往南京金陵书局继续校勘书，结束后返回钱家，仍然帮着钱家后人校勘典籍，可见其一生事业都以校书为主。对于他前往文澜阁校书之事，《墓志铭》中写道："尝三诣杭州文澜阁，纵观四库书，手自校录。绩溪胡竹村培翚、元和陈硕甫奂时同寓西湖，过从商榷甚欢。"

这段文字颇为简洁，不若张文虎本人在《怀旧杂记》卷二中所写详实："道光癸巳，予始馆钱圩钱雪枝通守熙祚，方辑《守山阁丛书》，与顾尚之分任校勘，时拘于昭文张若云海鹏《墨海金壶》之例，书首务冠以《四库全书》提要。予谓嘉道以来，书之未登于四库者，先后继出，不必限此。且既限此例，则宜求四库所收之本，是必请钞于文澜阁而后可。其余所议或异或同，不能划一。盖越三年而始决云。甲午冬，雪枝邀予与尚之、李兰垞及其弟鲈香、族弟即山，侨寓西湖，有文澜阁校书之役。"

张文虎到文澜阁校书乃是由钱熙祚组织，上文中的"鲈香"即钱熙泰，"族弟即山"即钱熙咸。杜诗庭在文中写道："雪枝、鲈香承先世之遗，蓄传布古籍之念，而苦民间无善本，偕尚之、啸山辈两诣杭州文澜阁，道光乙未冬，校书八十余种，钞书四百三十二卷。啸山撰《湖楼校书记》，费晓楼绘《孤麓校书图》。己亥春，庚子秋，鲈香又偕旧侣，续湖上校书之役。啸山有十三间楼校书图记，两人好古之笃，搜辑之勤，其志甚宏，天假之年，所就诚奚可涯量！"

这支校书队伍人数不少，郑伟章在文中写道："钱氏大规模钞校文澜阁书，在近代文化掌故中亦是颇有名的。张文虎有《孤麓校书图记》和《湖楼校书记》两文记载了第一次钞校活动，是在道光十五年（1835）十月二十日至十一月十九日，参加校书的五人，绘图一人，计字一人，司收发一人，参加钞书的四十余人。他们住在离孤山两里远的杨柳湾，'日扁舟诣阁领书，命抄毕则易之。同人居楼中校雠，湖光山色，滉漾几席间。又群日夜读书一楼，若未知有西湖者'。这次活动，共校书八十余种，钞书六十三种、四百三十二卷。钱熙祚兴之所至，还写了四首《西湖杂诗》，其一云：'杨柳湾边傲小楼，画中诗思镜中秋。清风入座丹黄罢，四壁湖山作卧游。'第二、三次钞校活动分别是在道光十九（1839）、二十年（1840），由钱熙泰率领，住在弥院十三间楼。张文虎《十三间楼校书图记》及《西泠续记》《莲龛·雪梦记》以记其事。"

查张文虎所撰《孤麓校书图记》，该文首先称："浙江文澜阁在西湖孤山下，功令：愿读中秘书者，许领出传写。道光乙未冬，钱锡之通守辑《守山阁丛书》，苦民间无善本，约同人往，侨寓湖上之杨柳湾，去孤山二里许，面湖环山，上有楼，楼下集群胥。间日扁舟诣阁领书命抄，毕则易之，往返数刻耳。"

　　根据朝廷的规定，文澜阁内的书可以供学人前去传抄。道光十五年（1835），钱熙祚准备编纂《守山阁丛书》，但其所藏之本不足以编成此书，于是带领一行人住在了西湖边，他们所住之处距文澜阁所在的孤山大约

图一 《近事会元》卷首，清钱熙祚《守山阁丛书》本

图二 《近事会元》校勘记，清钱熙祚《守山阁丛书》本

有两里地，此处风景绝佳。对于校书的过程，张文虎在文中又写道："同人居楼中校雠，湖光山色，潋漾几席间。铅椠稍倦，凝睇四望，或行湖滨数十步，意豁如也。朝日夕月，晦冥雨雪，湖之变态不穷，而皆得之伸纸舐笔之际。奇文疑义，互相探索，旁征博引，驳诘辨难，或达昏旦。游西湖，率以春夏秋，无至冬者。至，又群日夜读书一楼，若未始知有西湖者。邻人相笑传说以为痴，而不知湖之奇，吾曹尽之矣。文澜阁书多胜俗本，然篇目卷次与提要时有同异，或绝不类。有有目无书者，亦有名在存目者，不尽《四库全书》原本也。"

他们居住在一个风景绝佳之处，每天却忙着校书和商讨相关细节，无暇游玩，因此往往被人取笑。关于此次的校书时间及参与校书者，张文虎写道："是役也，以十月初至西湖居两月，校书八十余种，抄书四百三十二卷，同游六人：金山钱熙祚、熙泰、顾观光、平湖钱熙咸、嘉兴李长龄、南汇张文虎。越六年，而《守山阁丛书》竣，通守乞吴兴费丹旭补图识昔游，而属文虎记之。"

钱熙祚组织众人分三次前往文澜阁校书，其中一次就达两个月之久，可见他对于刻书之事十分审慎。阮元在《守山阁丛书序》中夸赞"其采择雠校之精，迥出诸家丛书之上"，以及"钱氏荟萃群书，津逮后学，其志深可嘉尚"。

钱熙祚刊刻《守山阁丛书》的起因，乃是他得到了《墨海金壶》的残版。常熟刻书家张海鹏刻有《学津讨源》《墨海金壶》《借月山房汇钞》等丛书，其中以《墨海金壶》最为精审，丛书的名称本自晋人王嘉《拾遗记》中的"周时浮提之国献神通善书者二人，肘间出金壶，中有墨汁如漆，洒之着物，皆成篆隶科斗之字"。王云五在《中国古今治学方法论学》中称："海鹏以此名其书，盖将使金壶中一点墨洒遍华严世界也。传闻是编摹印仅百部，未几其版即毁于火，故流传极少。"可惜的是该套丛书的版片因失火而大部分被烧毁。道光年间，钱熙祚得到了《墨海金壶》烬余残版，原本想补全该版，然而在校勘时发现该书有很多错漏。故钱熙祚与张文虎等人商议，决定以此残版为基础，补配所缺部分，再增加新的内容，另外刻一套丛书，于是有了《守山阁丛书》。

《守山阁丛书》名称源自钱熙祚的藏书楼名，其藏书楼何以起名为"守山阁"，张鉴所撰《冬青馆集·乙集》卷四《守山阁藏书记》中有详细记载："去金山县十八里曰秦山，山石柔脆。道光丁酉，官以筑海塘，议伐石，别驾钱雪枝尊甫持论为无益，开则民庐墓千计，徒被毁掘，命雪枝倍其输，以告当事，得已。由是闾里相与庆于路。乃构宗祠于麓，复为阁以贮藏书，颜曰'守山'，盖自其祖羽章先生来居此，垂二百载，冀与此相守于无穷也。"

《墨海金壶》与《守山阁丛书》前后相续，但无疑后者青出于蓝而胜于蓝，因为后者在校勘方面下了更大的功夫。如前所言，为了完成《守山阁丛书》，钱熙祚组织了多人前往杭州文澜阁抄书，然其抄回之本并没有全部收入《守山阁丛书》中。对于已经抄回而没有纳入《守山阁丛书》的部分，他又汇辑刊刻成了另一套丛书《珠丛别录》。对于此事，郑伟章在文中写道："《守山阁丛书》仅刻一百一十种，钱熙祚到文澜阁校钞之书有一百四十多种。《丛书》刻完之后，他自惟有遗珠之憾，于是又从中选择了二十八种，八十二卷，刊为《珠丛别录》。文史而外，凡农圃、医药、百工技艺，有一得可观者，咸加甄录，罕见之珍，尤过于前书。书前冠以自序一篇，专谈读书有福、读书有益，劝人读书。"

　　钱熙祚还刻过一套名为《指海》的丛书，该丛书的来源也与张海鹏有关。张海鹏去世后，他刊刻的《借月山房汇钞》版片被上海陈璜买去，陈璜经过补缺整理，更名为《泽古丛钞》刷印售卖。道光年间，这套版片又卖给了金山钱氏，在此期间书版又有了残缺。钱熙祚得到后，对书版重加整理，另外刊刻为《指海》十二集。钱熙祚去世后，他的儿子钱培让、钱培杰在此基础上又增补至二十集。对于此套丛书的情况，钱培让和钱培杰在该书跋中写道：

　　先君子辑《守山阁丛书》既成，复仿鲍氏《知不足斋丛书》例，随校随刊，编为小集曰《指海》。凡古今书籍佚而仅存，向无刊本，及虽存而道远，不易购致，或版废不可再得者，又或碎金片玉，别本单行易于散佚者，又道藏流传，未经著录，及近人著述有关学问、政治、风俗、人心者，皆罗而聚之。又若旧本相沿，承讹袭谬，迥失本来面目者，或古书久佚，转赖他书援引，略存梗概者，则广检载籍，校雠掊摭，仍一一注明出处、卷目，使观览者易于复按。

　　钱熙祚的二兄钱熙辅也是刻书名家，钱熙辅是吴省兰的女婿，吴省兰刻有丛书《艺海珠尘》，该书分为甲、乙、丙、丁、戊、己、庚、辛八集，然辛集未刻完，吴去世了，于是钱熙辅续刻壬、癸两集。钱熙辅在该书的序言中称：

　　因复搜采古近人书籍，凡向无刻本，与虽刻而流传绝少者，仍遵原例编次。然其要一以有资学艺为断。公所著撰自《听彝堂文稿》《奏御存稿》《续通志》《谥略》《急就章》《姓氏补注》外，惟《河源纪略》承修稿、《五代宫词》《十国宫词》，曾授梓氏，而板片散失。其《楚南小纪》《楚峒志略》系少年所作，未经刊刻，并辑入续为壬、癸两集。

钱熙祚的从兄钱熙经曾经帮助钱熙祚刊刻《守山阁丛书》和《指海》，对于他的状况，张文虎在《怀旧杂记》卷二中写道："钱漱六熙经，雪枝从兄也，诸生，候选训导，为人深厚和易。雪枝刊《丛书》《指海》，尝代搜辑。君善笑语，有发笑者，必笑而使人再言之，因复大笑，隔屋二三重辄闻其笑声。自雪枝殁，君常悒悒为门户忧，笑声渐稀，既而多病，君亦卒。卒年五十四。"

钱熙经去世后，他的儿子钱培名继承父志，继续刊刻书籍，所刊以《小万卷楼丛书》最具名气。钱培名在该书的《自识》中写道："昔先从父通守公辑《守山阁丛书》及《指海》，先君子尝预参校，谓古今书籍宜校刊者甚多，欲继为之。以家事繁且多病，不如所愿，常用是悒悒。培名少承庭训，方志于科举之学，又不暇更端。自先君捐馆舍，名心灰冷，遂废举业。间循览载籍，觉开卷有益，因与南汇张君啸山文虎时相讲论，拟辑丛书，竟先君子未成之志。不拘门户，不限时代，要以有关于学问文章风俗教化者为断。凡古书残阙者，或采逸文，或系札记，随校随刊，不以次。……予家旧有万卷楼，培名近徙张溪，故名其楼为小万卷，即以为丛书之号云。"

到了钱培名刻书的时代，张文虎仍然在给钱家校书，张在《钱宾之传》中写道："质之同里顾观光、张文虎，乃辑为《小万卷楼丛书》，务归于实用，书尾辄跋其著书条理及得书始末，或札记其失误。太平天国时不得安其居，遂宦寝，仅得十七种。"

经过几代人的努力，金山钱氏刊刻了大量的书籍。不过因为刊刻量巨大，难免会有些错漏，比如何秋涛在《朔方备乘》卷四十四《考订诸书四·异域录下》中称："图理琛自言，由俄罗斯归后又差往俄罗斯国界二次。而书末止记康熙五十三年一次，且其事首尾亦不完具。盖末简残脱，故事多遗漏。考雍正年间图理琛又曾奉使至恰克图，与俄罗斯议定界址，当亦附记于此录之末，今失之也。检钱熙祚、杨复吉二家刊本皆未言及脱落之故，亦考证之疏已。"何秋涛说钱熙祚所刊该书遗漏了图理琛第二次被派往俄罗斯以及出使恰克图之事，又说："金山钱熙祚编《指海》丛书刻《异域录》而失载此图，亦属疏漏，附纠其失如此。"

何秋涛称该书没有将一些重要的图刊刻进去。但这些只是瑕疵，因为钱家所刻之书一向受到后世藏家的喜爱，叶景葵在《卷盦书跋》中就著录有《守山阁丛书》，跋称："此书为先外舅朱蜕庐先生旧藏。外舅没后，其家举所藏书以八千金售于文禄堂王晋卿，王以此书售于广东莫天一，得价一千元。今春莫氏书散出，此书又至北京；晋卿以余与岳家关系，力劝收回。此为兰笑楼之精骑，故不惜以重价得之。"

当然，叶景葵高价买回此书，主要是因为此套丛书中有王筠的批校，但即使是无批校的《守山阁丛书》，近几十年来我在市面上也未见到整部，足见此书流传之稀。而其中之原因，跟当年的太平天国战争有直接关系。杜诗庭在文中写道："故老云，当咸同兵事中，钱圩、张堰两地，钱氏书板四散，满布街衢。钱圩至张堰间官塘两畔，板片之遗于地者，俯拾即是，诚东南文献之浩劫也。"

太平天国期间，钱氏当年所刻之书版被扔得满街都是，书版也被火烧毁了，杜诗庭写道："姚君石子云，《小万卷楼》书板，藏张堰钱氏古训堂，光绪壬寅春毁于火。《指海》书板，藏钱圩钱氏敦素堂，越五年丁未，亦毁于火。并考当时其他书板之藏于钱氏者，阳城张敦仁校刊《仪礼疏》，娄县张得天刻《篆书九经》，新安汪启淑刻《说文系传》，华亭林子卿为锦川蔡毓荣辑《通鉴纪事本末纪要》，明三山郡庠刊《通志二十略》，扬州江氏刊沈大成《学福斋集》，吴省兰辑刻《艺海珠尘》八集，邵阳魏源辑《海国图志》，各为完其残缺，重印广庋存焉。"

正是这些原因使得金山钱氏所刻之书流传稀见。战争结束后，钱熙祚二兄钱熙辅之子钱培荪很想将家族中损失的版片重新刊刻，但已经没有了这样的实力。同治十三年（1874），张文虎已经从金陵书局返回，于是钱培荪找到他，向他讲述了自己的心愿，表明自己虽然没有能力再恢复损失的大量书版，但希望能够让家族为刻书事业所做出的贡献流传下去，能够编出家族刻书目录。张文虎很赞同钱培荪的想法，于是用了三年时间，搜集整理已刻各书目录、序跋、校勘记汇总成书，编出了《金山钱氏家刻书目》。

对于这件事的本末，张文虎在该书目的序言中写道："同治甲戌，予归自金陵，子馨招予至所居复园，曰：'先世遗书已失，板片亦煨烬，乱后竭蹶不能重刊，使前人苦心一朝湮没，不孝之罪也。私心窃计先汇历世所刻诸书目录、序跋及校勘记为一编以行世，它日力稍舒，当次第刊之，何如？'予曰：'此亦不得已之举也。'顾书既散佚，广收之收藏家，仅有存者，辗转三年始得略备，副以近时所刻，凡得十卷，它善书及所选制举文不预焉。后甫成，而猝以病卒。"

对于这部书目，郑伟章在文中予以了如下评价："这是一部别开生面的著录钱氏家族所刻书的目录，部帙达十卷，书前有张文虎序。是书把钱氏所刻之书书目依次列于卷首，然后将各书序跋、校勘记、逸文一一汇聚成帙，这既是对钱氏刻书事业的总结，也为后人研究钱氏刻书提供了系统资料。是一部有用的书目。"

2018 年 11 月 3 日，上海文艺出版社刘晶晶老师和陈诗悦先生带我在上海地区寻访。到达张堰镇后我们先去参观了姚光故居，陈先生经过打听，了解到钱培名故居距此不远。我们打着伞穿行在张堰镇的老街区内，很快就找到了钱培名故居。我从网上查得钱培名故居的门牌号为政安弄

图三　政安弄

3号，然而我们所走入的小巷却名平安巷。介绍牌上称此巷三命坊，后来改名为政安弄，但此弄为何挂着平安巷的介绍牌，我还是没有弄明白。在此弄的中段，看到了"钱培名宅"的金属牌，此牌上明确地称该处为政安弄3号，上面提到了钱培名的刻书事业，同时称这里曾作为张堰镇公安派出所和镇政府驻地。

从外观看上去，钱培名宅刚刚整修完毕，门柱上的油漆似乎还未干透。两扇大门紧闭着，敲击一番，听不到里面的应答声，用力一推，门却开了。于是我们蹑手蹑脚地走入院中，看到院落里还未施工完毕，然主体结构已经做完。

此院面积不大，正房为二层木结构仿古建筑，两侧有耳房及回廊。右侧有个月亮门，走到里面细看，这应当是钱家当年的居所。隔窗内望，里面放着一些杂物，应该是施工人员暂住之地。回到前院正楼，这里应当是按照一般的设计方式建造的，一楼作为接待客人的正厅，二楼为藏书之所。如今一楼的地面上还堆放着施工木料，但总体上看，钱培名宅的维修工程已经完成了八成，只是不知道今后全部完工后会不会摆放一些书版及仿古线装书，以便让观者更直观地看到当年钱家藏书刻书的盛况。

从钱培名宅出来后，继续打问钱氏祠堂，然所问之人皆不得要领，于是我们又回到老街中心。一家商户主动问我们在找什么，这位店主看上去七十多岁年纪，刘晶晶回答他在找钱氏祠堂，此人果真知道具体的走法，详细告诉了我们。于是我们重新返回政安弄，沿着此弄一路向内走，在顶头的位置看到了居委会的匾额，于此再打听，终于问明路径。接着往下走，来到了一条宽阔的河边，沿河前行，在距一座大桥不足

图四　钱家祠堂

图五　祠堂外观

五十米处，看到一座二层楼房，此楼的大门口立着文保牌，上面刻着"钱家祠堂"。

终于找对了地方，该处的门牌号为"东河沿路15号"，门牌号下方同样挂着金属介绍牌，此牌上也写着钱家数代人搜集历代孤本名著，刊刻前贤著作之事，并且说："钱氏一族在中国出版史上占有重要地位。家族中的钱熙祚、钱熙辅因校勘出名，被编入《中国名人大辞典》。"关于该祠堂的情况，介绍牌上则称："钱家祠堂是金山区仅存三处古祠堂之一。"

遗憾的是，祠堂上着锁，隔门向内张望，里面是维修过的仿古建筑，以此可见当地文保部门对历史遗迹的重视。然而祠堂外面的这座二层楼却是几十年前的现代建筑，抬眼上望，上面写着"张埝粮店"的字样。看来祠堂曾经作为粮店使用，但也正因为如此，这个祠堂才得以保留下来。

钱家当年刊刻书版时，需要运来大量的版片，而祠堂的门前就是宽阔的河道，想来这里应有钱家的专用码头，于是在粮店附近探看一番，然而如今河堤已经重新做了改建，我未能找到旧码头的痕迹。

图六　祠堂曾作为粮店

图七　祠堂前的宽阔河道

阮元创立的汉学基地

清代经学大体分为吴派和皖派两大系统，两派的区别在于学术见解和治学方法不同，共同点是都推崇汉儒之学，为此两派经学家们都在关注汉唐旧注，但是由于这些文献散见于不同著作，并且在传写和翻刻过程中有一定错讹，因此学界极需要一部能够准确查找经学旧注之书。戴震于乾隆三十八年（1773）至四十二年（1777）在四库全书馆工作，在此期间他打算把经籍中的训诂和文字学书中的字义汇编为一书，以此与陆德明的《经典释文》相匹配，同时补《康熙字典》之不足。

然而，戴震在四库馆工作期间任务繁忙，主要精力都用在了从《永乐大典》中辑出算学之书，因为操劳过度，在四库馆工作期间因病逝世，年仅55岁，他想汇编汉唐旧注的愿望没能实现。乾隆三十六年（1771），

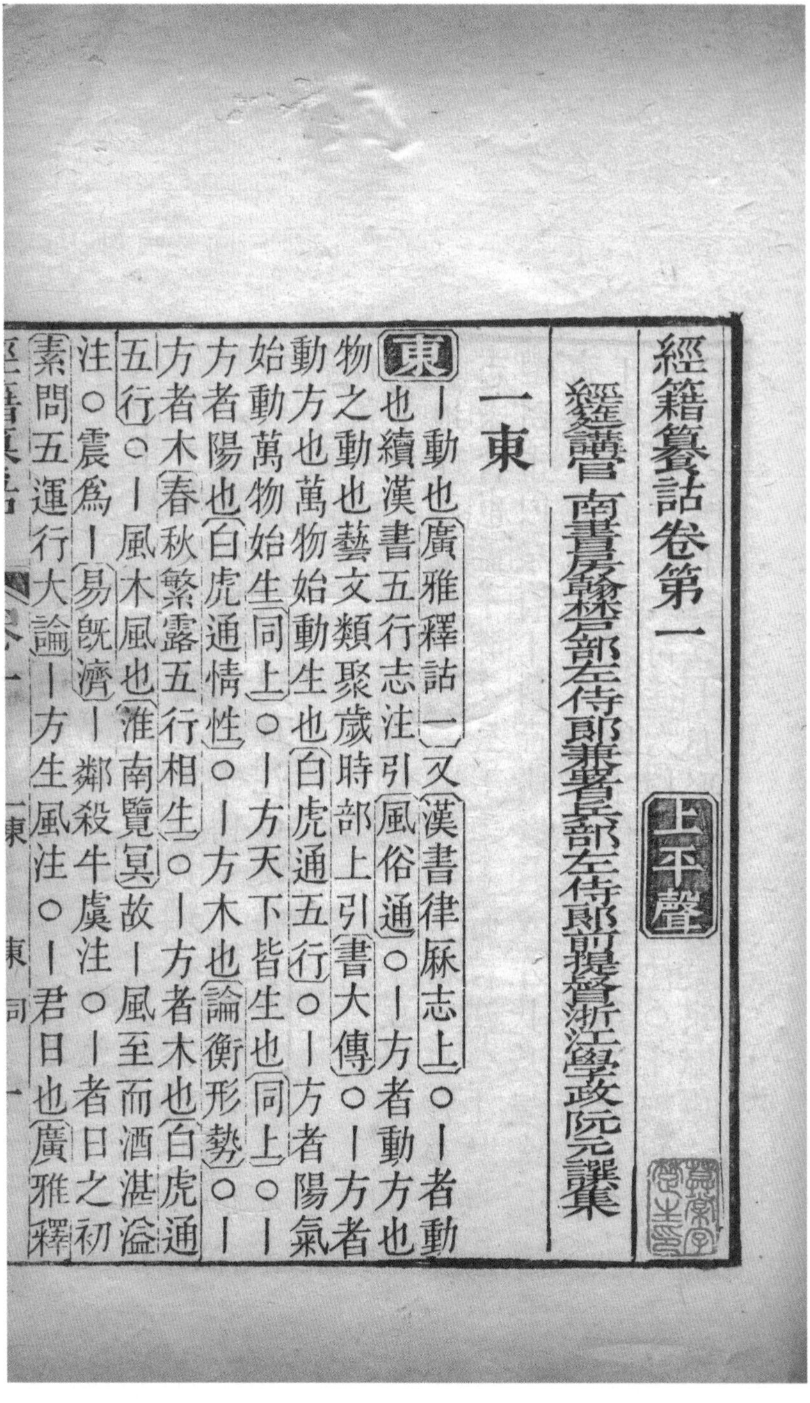
經籍籑詁卷第一　上平聲

經筵講官南書房翰林戶部左侍郎兼署兵部左侍郎提督浙江學政阮元譔集

一東

東　丨動也廣雅釋詁一又漢書律厤志上○丨者動也續漢書五行志注引風俗通○丨方者動方也物之動也藝文類聚歲時部上引書大傳○丨方者動方也萬物始動生也白虎通五行○丨方者陽氣始動萬物始生同上○丨方天下皆生也同上○丨方者陽也白虎通情性○丨方木也論衡形勢○丨方者木春秋繁露五行相生○丨方者木也白虎通五行○丨風木風也淮南覽冥故丨風至而酒湛溢注○震爲丨易既濟丨鄰殺牛虞注○丨者日之初素問五運行大論丨方生風注○丨君日也廣雅釋

图一　清阮元《经籍籑诂》卷首

朱筠任安徽学政，在此期间他也有汇编汉唐旧注的想法，同样因故未能实现。戴震、朱筠的愿望最终由阮元付诸实践，完成了《经籍籑诂》一书。

乾隆六十年（1795），阮元被任命为浙江学政。学政又称学台，负责教育及科举等事务，这个官职听起来不大，但是按照朝廷规定，无论担任学政者是什么品级，任职期间都可与当地的总督、巡抚平级，可见清政府对科考选才是何等看重。学政一任三年，必须由进士出身者担任，因此能够当上学政，在那个时代是极光荣的一件事。

阮元本身也是一位大学问家。在他所处的时代，校勘学极其兴盛，阮元以他那超强的能力，为乾嘉学术，尤其是为古文经学做出了很大的贡献，侯外庐曾经评价他是"扮演了总结十八世纪汉学思潮的角色"。这句话更多的是指阮元出版了大量的经学著作，总计有三千多卷，其中仅《经籍籑诂》就有一百零六卷之多。

《经籍籑诂》是一部总结性的著作。在阮元之前，有许多大学者撰写了关于训诂学的著述，但这些著述散见于各种书中，那个时代又没有百度，因此后人对于前人的著述很难进行通检。阮元觉得应该编出这样一部书出来，他的编纂方式是"以字为经，以韵为纬，取汉至唐说经之书八十六种，条分而缕析之"。

阮元为什么要搜集这些汉唐旧注呢？他在《小沧浪笔谈》中说："后儒说经，每不如前儒说经之确，何者？前儒去古未远，得其真也。"他认为后世学者解经多不如前人，因为古代学者距离经书的成书时间较近，他们看到的版本以及相关知识正确率更高。他在《西湖诂经精舍记》中也强调了这种观念："元少为学，自宋人始，由宋而求唐，求晋，求魏，求汉，乃愈得其实。"

阮元自称年少时读儒学著作，从宋人读起，一路上求，感觉越往上追，古人的注释越准确，而这正是他要把汉唐经学家的注释文字汇编在一起的原因所在。

对于这部大书的编纂，阮元在 27 岁时就已经着手，但显然这部书的体量太大了，想以一己之力完成绝非易事，而后他当上了浙江学政，于是请来一些学者共同编纂《经籍籑诂》。这件事始于嘉庆二年（1797），在阮元原稿的基础之上，这些学者们查检相关的著述，用了一年多的时间编完此书，速度之快超过了阮元的想象。这部书收录汉唐旧注达 16 万条之多，合计 260 余万字，几乎囊括了唐代以前所有经、史、子、集正文中的训诂。

当时阮元请来臧庸做此书的总编，臧庸曾师从卢文弨、段玉裁，学养深厚，他率领 44 人共同参与此书的编纂。该书的编纂理念乃是本自阮元，例如阮元在《答友人书》中说："悉以造此训诂之人时代为先后，如此则凡一字一诂，皆有以考其始自何人，从源至流，某人用某人之说，某人承某人之误，数千载盘结，如指诸掌，不亦快哉！"

对于此书的编纂方式，臧庸在《经籍籑诂后序》中说："少宗伯仪征阮公视学浙江，以经术倡迪士子，思治经必先通诂训，庶免凿空逃虚之病。而倚古以来，未有汇辑成书者。因遴拔经生若干人，分籍纂训，依韵归字，授之凡例，示以指南，期年分纂成。更选其尤者十人，每二人汇编一声。"

对于这部书的价值，后世多有好评，比如胡适在为《辞通》所作的序言中称："向来编纂字典辞书的人，都把这件事看作'为人'的工作。

二一二

真能自己有创见的学者，往往轻视这一类的工作。到了清朝，王念孙、段玉裁、钱绎诸人整理《广雅》《说文》《方言》一类的古辞典，都只是自己做学问，还不是做字典。到阮元计划的《经籍籑诂》，那才是有意为后来学者做一部辞典，才是有意的'为人'的工作。"

在胡适看来，《经籍籑诂》乃是古代第一部严格意义上的"有意为后来学者"做的辞典，梁启超在《中国近三百年学术史》中则称此书"唐

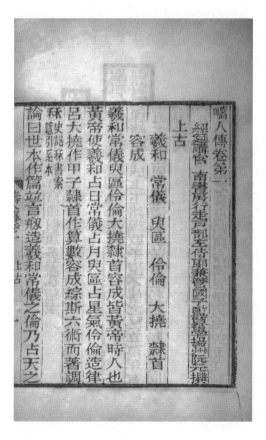

图二　清阮元《畴人传》卷首

以前训诂，差不多网罗具备，真是检查古训最利便的一部类书"。

在编《经籍籑诂》的同时，阮元还在编另外一部书，那就是《畴人传》，这部书在历史上也很重要。中国古代对科技的重视程度不高，针对这种情况，阮元想编一部自然科学家的传记集。这部书收录了中国从上古到清代总共 243 位科学家的传记，另外还收有外国科学家 37 人，比如哥白尼等，可见阮元有着颇为广阔的胸怀。这部书也是阮元率领众多弟子编辑而成。

这两部著作完成之后，阮元浙江学政的三年任期已满，于是回京述职，接着又被任命为浙江巡抚，回到了杭州。巡抚属于地方大员，比学政有更多的实权。再次回到杭州让阮元十分高兴，觉得可以运用手中的权力来实现自己在教育出版方面的理想。这一次，他又回到了当初编辑《经籍籑诂》的地方，这里是西湖边的白沙堤行宫之东，他自己掏钱在此盖了一片房屋，建成了一个书院，并给这个书院起名为"诂经精舍"。

对于此事，阮元在《西湖诂经精舍记》中说："及抚浙，遂以昔日修书之屋五十间，选两浙诸生学古者，读书其中，题曰'诂经精舍'。精舍者，汉学生徒所居之名；诂经者，不忘旧业且勖新知也。"阮元在此解释了"诂经"及"精舍"的来由，由此可知，诂经精舍就建立在前几年他请人编辑《经籍籑诂》的原址上，而当年修书，竟然使用了不下于五十间房。

有人认为诂经精舍其实是一座书院，只是教学内容与其他书院有所区别。当时全国大多数书院都是为科考而设，诂经精舍却是主要研究经学和历代典籍的地方。胡适在《书院制史略》中肯定了书院存在的重要性："一千年以来，书院实在占教育上一个重要位置，国内的最高学府和思想的渊源，惟书院是赖。"所以他感慨于"光绪变政，把一千年来书院制完全推翻，而以形式一律的学堂代替教育。……书院之废，实在是吾中国一大不幸事。一千年来学者自动的研究精神，将不复现于今日了"。

按照阮元在《西湖诂经精舍记》中的所言，精舍乃是指汉代经生所居之处，那么精舍相当于后世教育中的哪个层级呢？胡适给出如下对比："在州府县学里读书，都是普通之才；优者升入书院。……倘在书院里考得成绩好，就升入精舍。此时犹如今日入大学研究院了。"刘声木则在《苌楚斋五笔》卷六中称："书院最大者，俨若衙署，中有斋舍，可容士子数百人，文学为一省之冠，名闻遐迩。例归各省督抚或府尹主持，非高材生不得入，亦俨然如大学堂制度。"

看来诂经精舍相当于经学研究院，此院就办在《经籍籑诂》编辑部旧址之上。阮元对诂经精舍的建立很是看重，他请到的教师都是那个时代很有名气的学者，比如王昶、孙星衍等。孙星衍《诂经精舍题名碑记》中记载："阮云台先生以阁部督学两浙，试士兼用经古学，识拔高才生，令其分撰《经籍籑诂》一书，以观唐以前经诂之会通。及为大司农来开府，遂于西湖之阳立诂经精舍，祠祀汉儒许叔重、郑康成，廪给诸生于上舍，延王少寇昶及星衍为之主讲，佐中丞授学于经舍焉。"

尤其重要的是，阮元建立的诂经精舍不是针对科举培养考试型人才，而是想培养出一批踏踏实实做学问的人。古代的书院到了元明之后，虽然也有做学问的，但大多数都是为了应付科举，阮元则想恢复宋代书院的那种讲学风气。张鉴在《诂经精舍志初稿》中引用黄以周的话说："有明以来，专尚制艺，主讲师长，复以四书文、八韵诗为圭臬，并宋人建书院意而失之。近时贤大夫之崇古者，又思矫其失，而习非成是，积重难返；不得已别筑讲舍，选高才生充其中，专肄经史辞赋，一洗旧习。若吾浙江之诂经精舍、广东之学海堂，其较著者也。"

实践证明，阮元的努力没有白费，诂经精舍最终培养出了一大批致力于汉学研究的著名学者，对于其为汉学研究所做出的贡献，陈居渊在《焦循 阮元评传》一书中说："但是这些书院虽然有重古学的倾向，但是仅仅是增加了讲习的内容而已，整个书院还是安于旧习，变化不大。直到阮元的诂经精舍，才真正敢于力矫积习，提出摒弃宋学恢复汉学的理想，为培养青年汉学家设立专门机构。"

嘉庆四年（1799），《经籍籑诂》刷版发行。到了第二年，诂经精舍建成，阮元就将编纂《经籍籑诂》的大多数学者全部转入诂经精舍之中，其中有著名学者四十多位，宋巧燕在《诂经精舍与学海堂两书院的文学教育研究》一书中称："概而言之，诂经精舍是阮元在编纂《经籍籑诂》的基础上发展起来的。"

关于编书的底本来源，宋巧燕猜测说："阮元非常重视杭州的藏书建设，对他自己捐俸建立的诂经精舍，也应该是厚爱有加。诂经精舍是在阮元聚集众学者编辑《经籍籑诂》的旧址上建成，《经籍籑诂》是众学者汇集十三经和唐以前的史、子、集部中重要著作的旧注以及汉晋以来的各种字书共约一百余种而成，修书时，应该是购置了数量庞大而种类繁多的书籍。诂经精舍是阮元在修书原址上建成，精舍应该也继承了修书时所购置的这些图书。"

我觉得宋巧燕的猜测颇有道理，因为编辑《经籍籑诂》需要有大量的书籍做参考，所以诂经精舍如果没有数量众多的藏本，编这部书几乎不可能。道光年间，黄鸣杰所撰《诂经精舍移建三祠碑记》中的说法印证了宋巧燕的判断："颜曰'诂经'，庋置群籍，偕郡人士讲贯其中。"黄鸣杰明确地说，诂经精舍内藏有一批书籍，可惜没有说出具体的书名及数量。

嘉庆六年（1801），阮元想编辑一部更有价值的大书，那就是重新校勘的《十三经注疏》。我们多次提到经学是中国学术界，甚至是思想界的主干，因此对十三经的修订历来是官学和私学都极为看重的一件大事。在宋代之前，十三经的经注和疏都是各自单行的，到了南宋绍熙年间出现了经注疏合刻本。这些合刻本在后来的岁月里几经翻刻，出现了不少错讹，因此阮元发誓要搞出一部新的《十三经注疏》，并且要写出校勘记。

为此，阮元请到了许多著名的学者和校勘家，把他们集中在诂经精舍来校这部著名的大书，段玉裁在《十三经注疏释文校勘记》中称："（阮元）集诸名士，授简西湖诂经精舍中，令详其异同，钞撮会萃之，而以官事之暇，乙夜燃烛，定其是非。"当时著名的校勘家顾千里也参与了此事，但是因为校勘方法的不同，顾千里跟段玉裁产生了很大的矛盾，黄丕烈作为调解人想要平息此事，却没想到产生了更大的误会，导致顾、黄绝交，成为一大公案。

段、顾争论的起因是注、疏合刻于何时，段玉裁认为始于北宋末年，顾千里则认为始于南宋，两人各持己见，以致彻底闹翻。此事让阮元很为难，汪绍楹在《阮氏重刻宋本十三经注疏考》中称："从顾则茂堂实为前辈，袒段则义有未安。是以迟至（嘉庆）二十年（1815）段氏殁后，始行肇工。"由此看来，阮元认为顾千里的观点比较正确，但段玉裁毕竟是学界前辈，比阮元大29岁，阮元对他十分尊重。在当时，阮元若摆明支持顾千里，就会让段玉裁难堪；若袒护段玉裁，又有违学术观念，所以他只能拖延《十三经注疏》的刊刻时间，直到段玉裁去世后，方在南昌刊刻《十三经注疏》。

这个过程中，段玉裁也觉得不满意，他在嘉庆九年（1804）给王念孙的信中写道："弟七十余耳，乃昏眊如八九十者，不能读书。惟恨前此之年，为人作嫁衣，而不自作，致此时拙著不能成矣。所谓一个错也。"

段玉裁说自己虽然年仅七十多岁，却老得像八九十岁，很后悔前些年答应阮元负责编纂《十三经注疏校勘记》，以致影响到他撰写一生最看重之书《说文解字注》。因为答应了阮元之请，他个人的专著无法按期完成，他又在给刘端临的信中写道："弟衰迈之至。《说文》尚缺十卷。去年春，病甚，作书请王伯申踵完。伯申杳无回书。今年一年，为他人作嫁衣裳，《说文》仅成三页，故虽阮公盛意，而辞敷文。初心欲看完《注疏考证》，自顾精力万万不能。近日亦荐顾千里、徐心田两君而辞之。"

这封信虽然是段玉裁叹息自己的著作未成，但也可从侧面看出阮元为编纂这部重要的经学著作，请来了诸多学者，并且协调学者们之间的争论。一事之成何其难，由此可见一斑。

阮元对《十三经注疏》十分看重，他所请的校勘人员几乎都是那个时代的著名学者。陈康祺的《郎潜纪闻初笔》卷九中有《阮刻十三经校勘记》一文，文中写到了此书的校勘者及其分别校勘了什么书："《易》《穀梁》《孟子》属元和李锐。《书》《仪礼》属德清徐养原。《诗》属元和顾广圻。《周礼》《公羊》《尔雅》属武进臧庸。《礼记》属临海洪震煊。《春秋左传》《孝经》属钱唐严杰。《论语》属仁和孙同元。"

嘉庆二十年（1815），阮元任江西巡抚，他在诂经精舍校稿的基础上又组织了一批学者，用了近两年的时间将该书重校一过，于嘉庆二十一

图三 《附释音毛诗注疏》卷首，清嘉庆
二十年刻《十三经注疏》本

图四 《春秋公羊注疏》卷首，清嘉庆
二十年刻《十三经注疏》本

年（1816）刻成《十三经注疏》四百一十六卷，同时刊刻出了校勘记，使得该书成为《十三经注疏》体系中最重要的版本之一。

咸丰十一年（1861），太平军攻占杭州，烧毁了诂经精舍，诂经精舍藏书及《经籍籑诂》书版全部被毁。

同治五年（1866），江西布政使蒋益澧个人出资重建诂经精舍，聘请著名学者谭献出任诂经精舍的监院，同时还购买了一千三百册书藏于诂经精舍内。谭献在《复堂日记》中写道："蒋苾泉布政买书弄精舍，凡千三百册。诸生能读，经史具在，欲为通儒，何待搜奇访秘哉！""二月初二日，蒋方伯来。方伯买四部书存诂经精舍，欲予禀设工役典守。"

　　从谭献的日记可以推断，诂经精舍当时的藏书应该不仅仅是这一千三百册，因为蒋益澧还准备聘请专人来管理这些藏书，即此推断，重建的诂经精舍藏书量并不少。诂经精舍重新建立起来之后，蒋益澧请俞樾写了篇《重建诂经精舍记》，此记中称：

　　　西湖孤山之阳，有屋一区，阮文达公视学两浙时，尝于其地集通经之士，成《经籍籑诂》一书。推文达之意，通经必从训诂始，训诂之不通，如名物何？名物之不识，如义理何？事有先后，固如是也。及文达抚浙，遂即其地创建诂经精舍，而奉汉儒许、郑两师栗主于其中。使学者读许、郑之书，通晓古言，推明古制，即训诂名物以求义理，而微言大义存其中矣。

俞樾首先回顾了诂经精舍的来由，尤其赞同阮元把诂经精舍建设为培养汉学家的基地，接下来讲述了江西布政使蒋益澧跟他的商谈，而后写到了诂经精舍的复建，"乃属旧肄业精舍生丁君松生、林君一枝董其事，五阅月而毕功，用钱七十缗，皆出自公"。原来复建精舍的主持人竟然是号为"松生"的丁丙，而丁丙则为晚清四大藏书楼之一——八千卷楼的主人。丁丙用了五个月时间就将诂经精舍重新建造了起来，"其后故有三祠，曰'正气'，曰'先觉'，曰'遗爱'，道光初从金沙港移附于此者。有举

无废，仍其旧贯。西偏有楼，志书所称'第一楼'也。楼后尚有隙地，
乃旷而大之，为前后各三楹相连属，以居掌教者"。

　　重建的诂经精舍同时修建起了三个祠堂，并且在三祠的西侧还有一
座楼，名叫"第一楼"，余外在空地上又扩建了三所房屋，以此作为教师
的居所。让俞樾没想到的是，他给诂经精舍写了这篇记的一年多后，他
就在此任职，并且一任就是31年。从同治七年（1868），俞樾担任了诂
经精舍的山长，直到光绪二十四年（1898）离职，可以说他把一生的重
要学术生命都放在了诂经精舍。对于这一点，诂经精舍的学生冯一梅在
其所作的《文澜阁赋》中称："先生主讲诂经精舍，迄今十有三年，浙人
士渐知崇尚古训，共敦朴学，阮文达、孙渊如遗风借以不坠。而近日学
者竞好读书，但苦于不易得书，苟先生更起而董理之，博搜古本，广为
藏庋，并申明条约，许人借缮，俾好学之士，皆免向隅之叹，我浙文教
之兴，必当自兹益盛。"

　　从这段记录可知，俞樾在诂经精舍任职期间，为了能让本院的学生
有书可读，他大量地买书，允许学生们免费借阅。但可惜的是，冯一梅
也未提到当时俞樾为诂经精舍买了哪些书，从理论上来推，俞樾极其推
崇阮元的学术观，以传统汉学为正统，他所购进的书应该也偏重这一类。
然而《杭州文史资料》第25辑中收有俞泽民《俞曲园与杭州》一文，此
文中有这样一段话："清同治六年（1867）冬，时任苏州紫阳书院山长的
曲园先生，应浙江巡抚马新贻的聘邀，出任杭州诂经精舍'山长兼绾浙
江书局'，即校长（主讲）兼浙江书局总编纂。此时的诂经精舍课程设置，
基本上仍沿袭阮元时旧规，但在重视朴学教学方面比原先更为提高，图
书资料的添置特别是新刊物的引进，已非以往同日而语。章太炎先生就

是在精舍阅读了大量西方书籍，从心仪从而形成革命思想的。"

俞泽民说，俞樾继承了阮元的学术观念，重视朴学，但在购买图书时却并不局限于此，他竟然买进了一些西学书籍。这个说法让我觉得很是意外，至少改变了我对曲园老人的固有认定，而其弟子章太炎竟然就是在诂经精舍里读到了这些西学书籍，而从此产生了革命思想，这个结果俞樾应该事先未曾想到。

诂经精舍建成后，阮元曾让师生们把每人的研究成果汇编在一起，编为《诂经精舍文集》，嘉庆六年（1801）刊刻于诂经精舍。这部文集后来陆续刊刻下来，一共刊刻八集，其中有五集由俞樾选编。八集共收师生作品两千多篇，前两集的版片毁于太平天国战火，第二集到第六集的版片在光绪十二年（1886）因第一楼失火而被焚毁，第七集和第八集版片不知所终。张崟曾在《诂经精舍志初稿》中谈及这些师生文集，并将其与学海堂刻书相比较："精舍刻书，似亦不逮学海之富，但课艺刊至八集之多，内容丰美，亦足睥睨俦类。"

由于诂经精舍早年经费充足，前几集课艺几乎是一年一刻，到后来时间越拖越长，刊刻到第七集时，已经距第六集达十年之久，俞樾在第七集的序中说：

自光绪乙酉刻《诂经精舍》第六集，至于今十载矣。精舍课艺，因循未刻，岁月寖久，散失遂多，及今不刻，将有沦玉沉珠之叹。会中丞廖公新下车，勤求庶政，诂经监院孙和叔、吴珽轩乃以刻课艺请，而仍以选政见属焉。惟此十年以来，监院更易，已非一人。课卷丛残，仅存大半，余即其中选得《经解》《诗赋》各如干篇，付两监院校而刊之。

第一楼失火，不仅烧掉了精舍所刊刻的版片，俞樾的个人著作稿本也付之一炬，他在《经窥余烬序》中说："往年寓居西湖第一楼，不戒于火，旧稿积尺许，尽付之一炬。乃于暇日，追录其所能记忆者，凡二百篇，题曰《经窥余烬》。'经窥'者，谦词也；'余烬'者，纪实也。"

相比较而言，石板比木板更耐久，木板很容易毁于战争和火灾，诂经精舍刊刻在石头上的文字却有很多流传了下来。王麟书《玉笥山房要集序》称："咸丰庚申、辛酉之间，西粤妖祲，流毒及浙，书籍荐薪，悉同《论语》。丧乱既平，散佚已众。蒙尝再游诂经旧地，碑石犹存；而诸家著述，叩之数藏书家，则已十唯四五。舍门有古柳树，犹乱前物，摩娑其下，慨想旧时文采，为黯然也。"

对于当年诂经精舍的刻石，张伯英原著、吴元真增补的《增补法帖提要》中谈及"唐碑缩本四十种 诂经精舍本"时，也有涉及："兵燹后石多散失，江清骧购获八十七石，载至杭州，归于诂经精舍。院长俞樾取唐碑四十种，依年编次，清骧为补刻目录，嵌其石于斋壁，在光绪五年。梁山舟、翁覃溪、阮芸台、孙渊如诸家题跋，石犹完具。"

这些缩碑原刻于扬州，战乱中损失了一些，剩下的八十七块刻石运至诂经精舍，俞樾在光绪五年（1879）从中选出唐碑四十种，嵌在了诂经精舍的墙壁上。遗憾的是，而今这些刻石不知去了哪里。

当年俞樾就住在第一楼，他在其《自述诗》第三十四首中写道：

高据西湖第一楼，居然三十一春秋。
明年勇撤谈经席，坐看滔滔逝水流。

俞樾在自注中说："余丁酉岁（光绪廿三年）主讲诂经三十年矣。即拟力辞，然念时势至此，或藉屛躯稍留大局，故又留一年；今则横流更甚，断非区区蟷臂所能枝柱矣。因力言于廖谷士中丞，坚辞斯席。自今思之，不得谓余无先见也。"

清末学风已变，俞樾觉得再继续于诂经精舍研究经学已经不合时宜，所以坚决辞职。巡抚廖寿昌竭力挽留，于是俞樾多留了一年，之后坚决离去。嗣后由瑞安黄体芳接替诂经精舍山长一职，然不到半年黄就去世了，精舍学生纷纷向巡抚刘树棠请求，希望再把俞樾请回来，然而曲园老人不愿再为冯妇，推荐了汪鸣銮继任。

关于诂经精舍后来的情况，张鉴《诂经精舍志初稿》载："民国二十一年春，余来浙江图书馆襄助笔研。时图书总馆尚设孤山，晨风月夕，负手闲行，恒过精舍前，虽讲帷久撤，门庭非旧（大部分旧宇已改为国立艺术专门学校），而低徊往事，辄深向往。"由此可知，诂经精舍旧址乃是孤山上的国立艺术专门学校的一部分。

十几年前，我第一次到浙江寻访时就曾到西湖寻找过诂经精舍，那时因为资料有限，只凭着少许的模糊记录就在西湖孤山到处乱闯。记得当时找到了一处老干部书画院，那是一个独立的院落，我想当然地认为那就是当年的诂经精舍。而后的年月中又曾两次到西湖边做其他的探访，每次都会想起那不曾落实的诂经精舍。前几年在查阅资料时，偶然从一篇文章中得知诂经精舍就是今日西湖边的白苏二公祠，同时浙江省博物馆东侧还有中国美院西画系教室，这个教室也是建在诂经精舍的旧址之上。尽管对于这个说法我没有找到更多的佐证，但此程的杭州之旅，我

图五　白苏二公祠

还是决定到实地去查看一番。

2016年1月19日，由浙江图书馆教育培训部主任吴志坚先生带领，我们在杭州市区内探看多处遗迹。吴主任沉默寡言，但每到一处，都能用极其简练的几句话高度概括出此处遗迹的价值所在，他说话的谨严跟我的喋喋不休形成了很大的反差，让我想起"洪钟无声，满瓶不响"。我跟他讲，西湖边的白苏二公祠就是诂经精舍的遗址，他仅问了我一句"有什么依据？"就让我立刻气馁，但同时也暗下决心，一定要到此祠内找到跟诂经精舍有关的记载或物证。

西湖边已经走过很多次了，印象最深的就是在这一带停车几乎不可能，这次才知道在几棵大树的遮护之下，后面还有一处不小的停车场，这个停车场就处在美院西画系教室的西侧。西画系教室前面的绿地上有着"国立艺术院"的匾额，这个匾额制作得颇为精美，书写者为蔡元培，落款为民国十八年（1929）。由此侧边穿过，就进入了西湖边最大的停车场，停车场的后方即是白苏二公祠。

从外观看，这个祠堂并不显眼，再加上前面的遮挡，估计少有人能够走到这里来。门旁有该祠的介绍牌，介绍牌上称在南宋初年的宝石山

图六　白居易祠

图七　展柜里的线装书

下水仙王庙内，就设有三贤堂，专门纪念白居易、苏东坡和林和靖。嘉庆九年（1804），三贤堂搬到了这里。道光十六年（1836）重新建造时，不知为什么把林和靖排除在外，仅余下了白居易和苏东坡，所以将其称为白苏二公祠。介绍牌上一个字也没有提到此祠跟诂经精舍的关系，吴主任也望了一眼这块介绍牌上的文字，虽然没说话，但还是让我心虚起来。

此祠不收费，再加上位置隐蔽，正应了"闹中取静"这四个字。走进祠堂，第一进院落颇像北京的四合院，院落左侧的绿地上立着一块剖开的大石头，上面密密地刻着文字，题目是"西湖孤山白苏二公祠沿革记略"。我觉得这上面应该会谈到我希望看到的"诂经精舍"字样，可惜这段文字太长，看了一半还未讲到诂经精舍，这让我有些气馁。吴主任也在这里观看，他是从后半段看起，而后指着其中的一段跟我说："找到了。"我顺着他所指的望过去，这段话中写道：

嘉庆九年（1804），浙江巡抚阮元以白居易多惠政于杭而无专祠，即辟地苏文忠公祠东建之以奉栗主，题称白文公祠。道光十六年（1836），白苏二公祠重修。咸丰末、同治初（1860—1862），杭罹兵燹，白文公祠、苏文忠公祠均毁损。迄同治五年（1866），热心乡邦文献保存与夫西湖景胜复兴之著名乡绅丁丙等筹划规复，二祠合为一构，曾用作诂经精舍重开后馆舍之一部。1928年，国立西湖艺术院创办于斯，白苏二公祠为其借用作校舍。现代中国艺术巨擘林风眠、潘天寿、艾青、李可染等，皆留雪泥鸿爪焉。

图八　东坡祠

　　这段话让我大感兴奋，这不仅印证了相关的判断——白苏二公祠就是诂经精舍的一部分，同时更向吴主任证实我之前所做的功课不是那样的浮皮潦草，但吴主任只是淡定地"哼"了一声后，转身走进了左侧的白居易祠堂。这个祠堂占地面积不大，有三十多平米。祠堂门口种着一株梅花，虽然是寒冬时节，但枝条上长满了花蕾，一副含苞待放的姿态。走进祠内，里面以展板的形式介绍着白居易的生平，其中提到了他在杭州的亲民举措。祠内还有一个玻璃柜，摆放着几函线装书，其中有《浙江通志》《西湖游览志》和《杭州府志》。另一面墙上展示着八条幅的碑帖拓片，可惜这些碑已经残损，难知碑文的内容，但既然摆进了白居易的祠堂内，应该是跟他有关的物证。

　　从白居易祠堂的侧边穿过，就进入了第二进院落，院落的侧旁是两排碑廊，这些碑全部嵌入了墙体，除了前面三通之外，剩下的全部用玻璃保护了起来，这给拍照带来了困难。沿着长廊一路走下去，我又看到了那种名叫"金香玉"的竹子。走入后一进院落，看到门楣上挂着"居易乐天"的匾额，墙上以漫画的形式介绍着白居易为当地所做出的功绩。

那日的阳光特别好，站在寂静的院落中，能够听到祠堂外面西湖边的喧哗之声，这样的闹中取静之地，不知道当年诂经精舍开课之时是否也是这样。院落中摆放的香炉显然是新近铸造的，从香炉旁转过，来到了祠堂的右侧，就进入了苏东坡祠堂内。这个祠堂的面积仅是对面白居易祠的一半，不知道为何有这样的不公平待遇，而给予同等待遇的，则是门口同样有着一株含苞待放的梅花。

俞樾俞楼

喜建书冢埋手稿

　　曲园老人的俞楼很好找，就在西湖边孤山的西泠印社侧旁，这个地方我来过很多次，但把这个地方的寻访写到哪本书中，却让我很是踌躇。以我的分法，俞樾的藏书属性当然属于私藏，那么他的书楼就属于私家藏书楼体系。然而俞楼的情况却大为特殊，因为私家藏书楼的所藏必然是藏书家本人收集的各种书籍，而俞楼的落脚点并不是藏书楼，而是书冢。虽然书冢也可以勉强算作藏书的一种方式，但俞樾的书冢却只藏自己的作品以及手稿。这样说来，书冢里的书恐怕又难以称为藏书。

　　所谓书冢，从字面来看就是书的坟墓，也就是把书埋藏起来。但是书冢埋书的目的不是把书葬送掉，而是换一种方式希望它能永久地保留到后世。这种做法并不是曲园老人的发明，古人有过这种先例，即使到了当代，也还是有人这么做。比如我自己，大概在十岁时就曾经把一批小人书层层包裹好后放入一个小箱，然后买了很多支蜡烛，将其融化后作为封口，再把这个密封的箱子拎到山上的一棵大槐树下，将它扔进了那棵大槐树深深的树洞里。我不知道那算不算书冢，但有一点要郑重声明：我在那个年岁还不知道有俞曲园这样一位大儒，更未听说过书冢也是藏书的特殊方式之一。

俞曲园建有多个书冢，仅西湖边就有两个，其中之一就在俞楼后面。关于这件事，浙江文史研究馆编的《杭州街路里巷古今谈》中记载："俞楼，位于孤山西侧，原由俞樾门生徐琪（花农）等筹款兴建，为中式二层楼房，民国时改建为中式三层楼房。俞有诗记其事：'桥边香冢邻苏小，山上吟庵伴老坡。多谢门墙诸弟子，为余辛苦辟新窝。'楼后原有石室，俞自题'曲园书藏'，存放《春在堂全集》版本。"关于这件事，马晓坤所著《清季淳儒——俞樾传》写的更为详细："俞楼中还有多处题榜之景，鹤守岩之上有小蓬莱、曝书台，曝书台是在鹤守岩之上垒石为平台，再上是文石亭。下了曝书台后出一小门沿墙北行，会看到北面的石壁刻有四个大字：'斯文在兹。'也已有二百多年的历史了。而'曲园书藏'便在文石亭旁。一天，汪柳门、徐花农、吴叔和三人在文石亭上闲坐，见石壁之上除了几个大字外，空余的地方还很多，就计划在左边开凿一个石室，把俞樾的全部著作都放进去，有'藏于名山，传之后世'之意。"

曲园老人不止在孤山建起了这样一个书冢，还把自己的一些手稿埋在了右台山姚夫人的墓旁。盛久远《情归西湖——西湖文化名人墓探寻》中记载："第二年，俞曲园在姚夫人墓侧筑右台仙馆一座，内辟屋数楹，其卧室题名为'茶香室'（为姚夫人生前居室名），馆四周植槿为篱。这里，后来就成为他晚年山居著述的场所。在此，他编纂了《右台仙馆笔记》16 卷，撰写了《茶香室丛钞》《续钞》《三钞》等共 80 卷。他又在仙馆之旁掘一地穴，将手稿 250 卷用瓮封之，埋于地穴内，并于其上勒石。"

　　把自己这么大量的手稿封在瓮里埋在地下，对于江南潮湿之地，想要做好密封和防潮防水，恐怕不太容易。俞樾在生前就发现了这两个书冢有渗水情况，为此十分着急，当时他已经 85 岁了。俞樾可谓桃李满天下，他的弟子们看到老师为此事着急，马上替他想办法，其中毛子云就在杭州的南高峰给老师开凿了一个洞，将俞樾的《春在堂全书》埋了进去。另一位弟子张子厚则在诸暨的宝掌山上开凿山洞替老师建书冢。选址在这高山之上，一个重要的原因就是山高可避水，可见曲园老人对书冢这种方式情有独钟。其实曲园老人不仅是对建书冢感兴趣，对于其他的东西，凡是他认为珍贵者，也喜欢将其埋起来，比如他曾把自己的落齿以及夫人的落齿合在一起，埋在孤山的某个地方，起名为"双齿冢"，这种癖好确实异于常人。

　　既然如此，问题就来了，我仍然纠结于把他的所藏归在哪一类。细想一番，他的书肯定算不上公藏，也不是他平时的藏书与用书，而是他的手稿与著作，但这么说似乎也不准确。比如张子厚在诸暨宝掌山上所开凿的书冢，里面除了埋有俞樾的《春在堂全书》，还有曲园老人祖父的《四书评本》和父亲的《印雪轩诗钞》，以及舅舅姚平泉的《瓶山草堂集》和孙女庆曾的《绣墨轩遗诗》。这些虽然不是俞樾的著作，但也都是与其家族有关者。如此说来，书冢所藏仅限于其本人及家人的著作，这似乎跟传统意义上的藏书不是一回事，鉴于此，我只好勉强将其归在"书版"这个栏目里。虽然这个归法我也觉得有些牵强，但已想不出更好的主意

图一　俞樾《春在堂全书》牌记　　　　图二　俞樾《诸子平议补录》卷首

来了。

　　曲园老人为什么热衷于把书埋起来呢？马晓坤认为，俞樾建书冢是基于强烈的传世思想。是否确实如此，这个不好评价，因为我没有找到曲园老人对建书冢的明确解释，而他的弟子章太炎所作的《俞先生传》中有这样的话："老而神志不衰，然不能忘名位。"虽然俞樾不喜欢这位弟子，而章太炎也曾对老师的一些做法有微词，但是太炎先生对曲园老人的这句评价，其实还是较为公允的。

十余年来，我曾几次去苏州参观俞樾的故居——春在堂，但为什么他在杭州又建了个俞楼呢？这当然跟他的工作有较大的关系。俞樾曾任河南学政。咸丰七年（1857），御使曹泽上书弹劾俞樾所出的考题割裂经义，并且隐含着戏君与反君之意，这个说法当然让咸丰皇帝很不高兴，于是立即将俞樾查办，虽然最后没有把他关进监狱，但俞樾的仕途却由此而到了终点，他被革职为民，永不叙用。其实这是一种鸡蛋里挑骨头式的弹劾，因为自明初以来，科考出题范围都是在四书五经之内，里面的句子都用烂了，也就是说，很难从里面再想出什么新花样，为了增加考试难度，于是就有了"截搭题"这么一种出题方式。

所谓截搭题，就是将"四书"中的两句话，截取前面的一部分，再加上后面的一部分，组成一道让人完全摸不着头脑的题目，比如俞樾出的考题是"王速出令反"，其实这句话出自《孟子·梁惠王》"王速出令，反其旄倪"。俞樾还出了一个题目是"二三子何患乎无君我"，这句话出自《孟子》"二三子何患乎无君，我将去之"。古代没有标点符号，句读点在不同的地方，就会产生完全不同的意思，比如俞樾出的这两个题目，第一句话可以解释为"赶快造反"，第二句则可以解释为"他眼中没有皇帝"，这样歪曲解释当然会让皇帝大为恼怒，虽然谁都知道这种曲解没什么道理，但是为了皇帝的尊严，还是将俞樾开除公职了。

俞樾毕竟有着不少的朋友，比如曾国藩、李鸿章等，而曾国藩还是他的座师。俞樾被开除公职之后，李鸿章把他安排到了苏州的紫阳书院当主讲，但是那里待遇并不高，每年只有四百两银子，对于俞樾这一大家子来说，显然这些钱不够花。而后他被聘为了杭州诂经精舍的山长，就因为这件事，他来到了杭州，并且在此任上一做就是 31 年，这是他一生中任职时间最长的一份工作。

其实俞樾任职于诂经精舍倒不全是因为经济问题，他在给贵州巡抚曾璧光的信中说过这样的话："频年主讲紫阳，虚拥皋比，了无裨益。明岁移席浙江之诂经精舍，从吾所好，古训是式，满山坛坫，其鄙人坐老之乡乎？"俞樾说，他感觉在紫阳书院讲课有点虚度光阴，而诂经精舍的气氛很合他的志趣，他觉得杭州有可能就是自己的最终归宿了。

俞樾刚到诂经精舍任职时，住在了诂经精舍旁的第一楼，每过一段时间，他就乘船往返于苏杭之间，这样往返了十年之久。光绪三年（1877）的某个秋天，俞樾的弟子们聚集在第一楼陪他说话聊天。这一天，大家聊得很高兴，其中一位弟子孙渔笙提议，应该记下这段愉快的光阴，而那时还没有摄影技术，于是就让王廷鼎画了幅《俞楼秋集图》。其实那时还没有现在的俞楼，因为俞樾常年住在第一楼中，故当时弟子们就把第一楼简称为"俞楼"，所以这幅图就命名为《俞楼秋集图》。这幅画作完成之后，王廷鼎将其寄给了已经返回苏州的俞樾，王在附信中称大家还请同学汪子乔用篆书写了"俞楼"匾额，准备挂在第一楼的正门口。

俞樾收到这幅画后很高兴，但他觉得把"第一楼"改名为"俞楼"不合适。为什么不合适呢？他在信中说："仆偶承诂经之乏，为第一楼暂作主人，雁爪雪泥，偶然寄迹……数年后，楼犹是也，楼中人不知张王李赵矣，岂可妄据为己有乎？"俞樾说得很谦虚，但也很客观，大意是说：我只是偶然赶上诂经精舍缺人，才成为第一楼暂时的主人，若干年之后，我不在这里任职了，楼还是这座楼，但住在里面的山长就不一定姓俞了。言外之意，把"第一楼"改名为"俞楼"，让继任者情何以堪？

老师的随口一说，弟子们却动了心，俞樾的著名弟子徐琪觉得，既然是这样，不如就真的在西湖边给老师建一个俞楼，这样也就没有了更换主人的尴尬。徐琪的提议得到了众弟子响应，于是他们开始在西湖边找地方。最初在三潭映月旁找到一处，但后来觉得在那里建房要不断地坐船往返，有些不方便，于是转而在孤山旁寻找，最终在六一泉西面找到一块地方，接着就向官府报批。那时的俞樾已经名满天下，给他建房的申请很快就批了下来，于是就有了现在能够看到的俞楼。这座楼建成之后，俞樾特别高兴，自题了一副长联挂在门口。

合名臣名士，为我筑楼，不待五百年后，此楼成矣；
傍山南山北，沿堤选胜，恰在六一泉侧，其胜何如。

俞楼建成后，除了俞樾的这副自书联，还有很多友人及弟子的题咏，俞樾在《春在堂随笔》中曾经提及："湖上俞楼成，以楹联赠者极多，然推崇过甚，非鄙薄所克承当。余尝戏语诸君子云：'神祠中楹联固多谀词，然神像乃土木偶耳，偃然坐其上，不知愧也。余则尚非土木偶，朝夕出入恒于斯，对此诸联视，吾色不且赧赧然乎？诸君何恶作剧如是也。'"俞樾倒是很幽默，说这么多赠联把自己夸得一塌糊涂，让自己很难为情。自此之后，俞楼就成了曲园老人在杭州的固定住所。他在这里又写出了不少的著作，而其一生仅留下来的著作，就有五百卷之多，为此赢得了"拼命著书"的评价。

我看过俞楼当年的老照片，门前本有围墙及大门，而今这一带全部变成了绿地，因为植物茂盛，所以经过这里的游人少有注意到里面掩映着著名的俞楼。其实在绿地前的入口处立有俞楼的介绍牌，只是并不惹眼。我今日（2016 年 1 月 19 日）寻访的最后一站就是这里，谢过了今日带我寻访的浙图吴志坚主任，我独自走到了这座楼前，这时已经是下午的四点。冬日的斜阳照在楼体之上，有着别样的沧桑感。

而今俞楼的匾额已经改为了"俞曲园纪念馆"，这几个字出自钱君匋之手。走进楼内，一楼是展厅，而二楼则禁止参观。展厅的正前方，陈列的是有点儿像西式的壁炉，正中悬挂的俞曲园画像乃是西式油画，不知道为什么把曲园老人的居所改造成这个模样。屋的两侧摆放着圈椅，这倒显得中西合璧。几面墙上挂着一些展板，介绍着曲园老人一生的行历。所配的一些黑白照片颇为难得，其中有一张俞楼的旧影，从外观看，跟今日所见差异较大。这张旧照片的下方，还录有俞樾所写的《俞楼经始》，讲述着该楼的缘起。俞樾墨迹流传至今者颇多，寒斋就藏有他的多页手稿，这些手稿没有埋入书冢，却落在了我的手里，不知曲园老人是否觉得满意。但在这座楼内，曲园老人的墨迹却并不多，我仅看到他所书的"月落乌啼霜满天"，并且还是一张拓片，并非原作，多少让人觉得有些失望。

曲园老人住在俞楼的情形，他在文中多有记述，我觉得最有意思的一段是《春在堂随笔》中的描述："余居西湖寓楼，楼多鼠，每夕跳踉几案，若行康庄。烛有余烬，无不见跋。始甚恶之，继而念鼠亦饥耳。至于余衣服、书籍，一无所损，又何恶焉。适有馈饼饵者，夜则置一枚于案头以饲之。鼠得饼，不复嚼蜡矣。一夕，余自食饼，觉不佳，复吐出之，遂并以饲鼠。次日视之，饼尽，而余所吐弃者故在。乃笑曰：'鼠子亦狷介乃尔。'是夕，置二饼以谢之。次日，止食其一。余叹曰：'不惟

图三　俞曲园纪念馆外景

图四　纪念馆一楼展厅

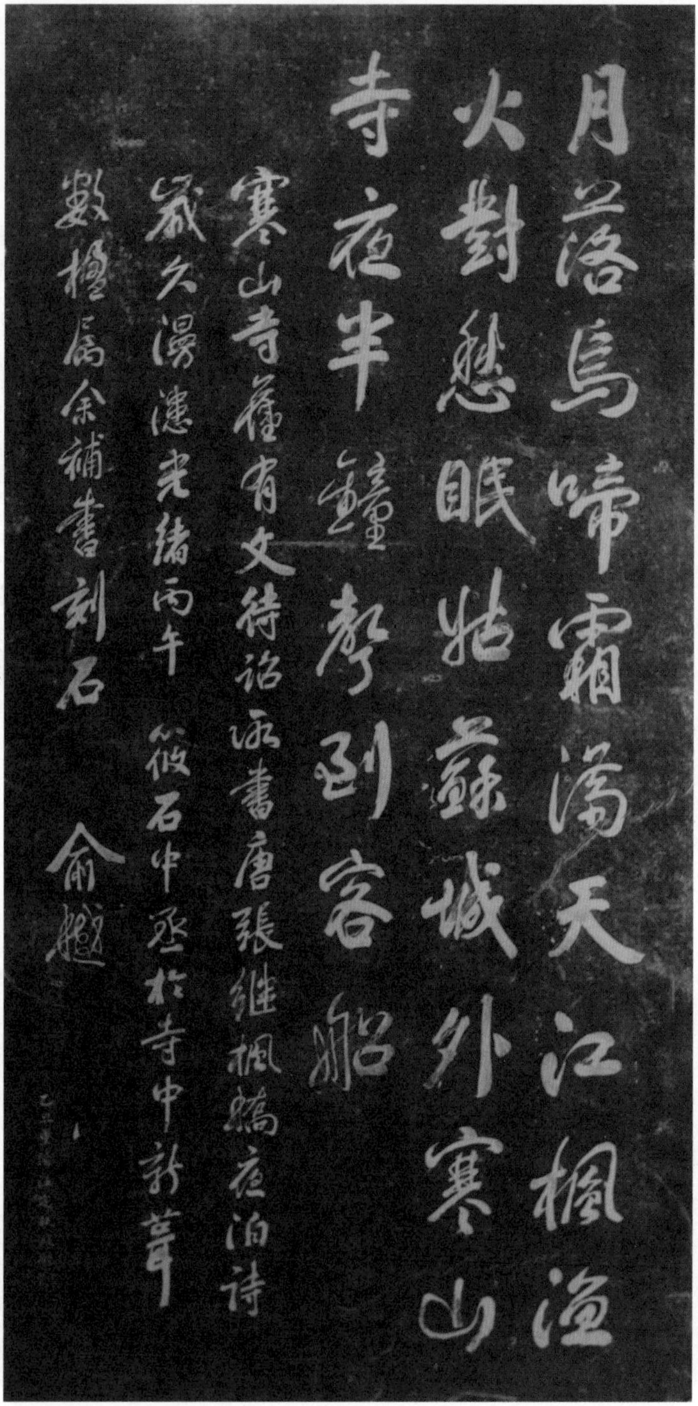

月落烏啼霜滿天江楓漁
火對愁眠姑蘇城外寒山
寺夜半鐘聲到客船

寒山寺舊有文待詔所書唐張繼楓橋夜泊詩
歲久漫漶光緒丙午俶石中丞於寺中新葺
數楹屬余補書刻石　俞樾

图五　这里没有俞樾手迹，仅有这么张拓片

狷介，乃亦有礼。'"俞楼里的老鼠都特别的与众不同，会不会是受到了曲园老人的教化呢？这是个谜。

俞楼就建在孤山的阳坡上，从后门穿出，不足一米就是孤山的山体，山体之侧还有一个小庭院。我从后门穿出，看到了院落中的一个小水池，这个小水池正是彭玉麟当初为俞樾所建。那个时代要在这么坚硬的石头上开出一个水池，不是件容易的事。彭玉麟虽然画梅花很有名气，正式身份却是带兵的武将，于是他调来一批壮士，仅用三天时间就把这个水池挖成了。因为池子的形状像是水瓢，所以被命名为"瓢池"。而今的瓢池也就是两平米大小的一个小水塘，水塘后面还有一个半亭，半亭后侧的山体上像是有一个洞，我无法确认这是否就是当年所建的书冢，于是沿着山体穿过牌坊继续上行。第一个平台上建有小亭，在小亭内探寻一番，未能找到书冢的位置，只好沿原道下山，又回到了俞楼一楼的展厅内。

当年俞楼的名气传播到了海外，为此俞樾还有了一位日本学生。这名学生叫井上陈政，陈政第一次见到俞樾时，就告诉老人说日本也有一座俞楼，这句话让俞樾觉得很是奇怪。陈政向他解释说，以前有位田边参赞曾经在出使中国时来杭州游览，他早就听说过曲园老人的大名，可惜无缘相识，于是就把这座楼详细地画了下来，回到日本后原样建了一座。这真可谓至高无上的推崇，曲园老人闻此很是高兴，于是写了一首诗赠送给井上陈政：

图六　后院的石牌坊

图七　俞楼的背面

虚名浪窃亦堪羞，竟使流传遍十洲。

试向海东问徐市，居然域外有俞楼。

光绪三十三年（1907），俞樾感到自己的身体越发的衰弱，于是写了十首留别诗，同时还写了《别家人》《别诸亲友》《别门下诸君子》《别曲园》《别俞楼》《别所读书》《别文房四友》和《别此世》，这等于是在跟自己身边的朋友一一道别，同时也跟这个世界道别，他甚至还写了一首《别俞樾》，以此来跟自己道别，如此的冷静达观，对于一位86岁的老人来说，实在难得。

俞樾去世之后，家人就把他葬在了右台山，这里是俞樾生前建好的生圹，旁边建有书冢，以此来埋藏他的手稿。三年前，我来到这里朝拜这位老人，在他的墓前看到了新做的雕像。他在去世前曾自书挽联，后来这副挽联刻在了墓前牌坊的两根立柱上，这个牌坊的正前面刻着"俞氏墓道"，背面刻着"温暖世界"，可惜的是我来到此处时，这一切已经不复存在了。而最让我惦记的书冢，却依然找不到任何的痕迹，俗语云"心诚则灵"，我觉得自己的心已经足够诚，我真希望自己能像中了彩票大奖一样，意外地找到书冢，并且得到里面所藏的俞樾手稿。

图八　俞曲园墓

图九　墓前的俞樾像

学海堂

粤省刻书由此大兴

学海堂是清代阮元所建，从实用角度而言，它应当是一座书院，但又与清代的其他书院有较大区别。美国麦哲维著、沈正邦译《学海堂与晚清岭南学术文化》一书中说："学海堂与广州城内别的书院不同的最后一个标志是其制度的设计，书院的名字本身就宣告了它与众不同：它不是一所传统的书院，而是一个'堂'。"

关于学海堂与其他书院的不同，麦哲维重点讲到了其他书院是山长制，学海堂则是学长制。我关注学海堂的主要原因，是这里刊刻了多部大部头书籍，学海堂内还建有专门的藏版楼，这也是其他大多数书院所没有的。叶恭绰写有《记学海堂广雅书局书板》一文，此文的第一段是：

　　吾粤自宋元以来已有书板雕镂事业，迨明代崇正书院刻书渐盛，其大事发展当以清代嘉道时为始。阮芸台元为两广总督时，在粤秀山创立学海堂，以朴学课士，提倡刻印经史子集，在文澜阁启秀楼置藏板校书之所，故又称为文澜阁刻本。陈兰甫澧为学长，主持刊书事宜，校对精审，板式古雅。其后菊坡精舍继起，亦由陈氏任学长。从此粤省刻书之风大作，官刻私刻，日见繁多，所刻达数百种。

叶恭绰认为，虽然广东在宋元时代已经有了出版事业，但是到了明代晚期才渐渐多了起来，而真正使出版业在广东兴盛，则始于阮元任两广总督期间在粤秀山创立的学海堂。即此可知，一位文化大吏对于地方的文教昌盛，有着何等重要的作用。

　　此前的十几年，我曾两度来广州寻找学海堂，始终未果。2015 年 11 月底，受中山图书馆倪俊明馆长之邀，我前往贵馆办讲座，又让我想起了学海堂之事。我从网上查得资料，学海堂遗址在广州市第二中学院内，于是在出发前去电倪馆长，向他求证，他说这个说法不确切，因为他已经看到了相关的研究文章，待见面时会把这些文章拿给我，以做参考。

　　来到广州的当晚，倪馆长就给我出示了两份材料，其一是林贵添所作《学海堂位置考》；其二则是《羊城晚报》登载的一篇文章，题目是《清代学海堂位置之谜揭开》，此文的记者是邝穗雄。倪馆长称，他已经了解到学海堂遗址所在，近两日安排工作人员陪我前去查看。我感谢他费心的同时，告诉他，我来此之前咨询了王大文先生，王先生也告诉我学海堂遗址不可能在广州市第二中学院内，他已经找到了解实情的朋友，届时会带我前往一看。

　　回到酒店房间细读这两篇文，发现林贵添先生所做的考证，其方法颇为独特。林先生找到了大量广州市老地图，然后对这些地图中所载学海堂位置进行仔细比勘，通过时代的延续，以及学海堂周围原有建筑的变化，以此确认出学海堂旧址在今日之何处。而《羊城晚报》的那篇报道参考了林先生的研究成果，并且做出了结论性的判断："长期以来，教育史专家都希望确定其精确位置，以进一步确定其办学制度、教育方法等。而社会上主流意见一直是'学海堂位于粤秀山麓，今广州市第二中学内'。今年5月，文史专家陈泽泓论证，此说并不确切。学海堂在清光绪二十九年（1903）被废办，改为纪念阮元的阮太傅祠，到民国元年（1912）又废没。此后十多年，市一中（后与市二中校址对调）才建起来。清同治八年（1869）至光绪二十九年（1903），在越秀山南麓自西向东并立着学海堂、龙王庙、菊坡精舍及应元书院。而应元书院的门口特征，正与今市二中正门阶梯特征相符。市二中校址应是建在应元书院与菊坡精舍旧址上。"

　　《羊城晚报》的这篇报道明确否定了社会上流传的学海堂旧址在广州市第二中学内的说法，而其给出的答案是："学海堂与镇海楼正在同一轴线上，主体建筑学海堂应在现越秀公园南部孙中山读书治事处纪念碑一带。学海堂建筑布局追求山林之趣，堂内梯级依山势蜿蜒而上，与地图标示一致，这条道正在如今百步梯南梯位置。"有了专家的结论，又有了标志物，这就给我的寻访带来了太多的便利。第二天中午，我跟王大文兄、林国雄先生和罗焕好女史，一起乘车来到了越秀公园的南门。大门附近完全不让停车，于是大文兄陪我入内，其他的人则坐车继续前行，寻找可停车之点。

越秀公园的南门入门的第一步就是登山的台阶，这种设计方式可谓因地制宜。大文兄说，这就叫"百步梯"。他担心我能不能登上这上山台阶，我告诉他，完全没有问题，尤其是这些台阶坡度较缓，向上攀登并不需要费太大的力气。虽然节气已经到了大雪，然而这南国之山满眼皆绿，尤其是山坡上的一些绿植，更是北方花卉市场中的主角，每年过年我都会买回一些作为盆栽，而今在这里看到了这些植物的野生状态。同一种生物换一个地方就变得尊贵无比，可惜藏书没这个特性，它们到哪里都一点儿也不便宜。但是也有例外，所有的乡邦文献永远是在当地价钱最高。

虽然这些坡道较为平缓，但一路攀爬上去，还是觉得腿酸，好在孙中山读书治事处仅处在粤秀山的半山腰而非山顶，十几分钟后我们就爬到了一处平台。这处平台面积不小，然而却没有什么建筑物，只在侧旁修了几个水泥座椅，而学海堂旧址就在这个平台的上方。如果以位置论，这处平台有可能是学海堂当年所建的启秀山房的旧址。林伯桐修纂、陈澧续编的《学海堂志》卷首有《学海堂全图说》一文，此文中有这样的描写：

学海堂在广州城北粤秀山中，山脉自白云山蜿蜒入城，至此耸拔三十余丈，为省会之镇。辟堂于此，缭以周垣，广若干丈，袤若干丈，堂中远眺，海门可见。堂阶南出，循西下行，折而东而石磴。迤南至于外垣，其中百竿一碧，三伏时不知暑也。自堂皇南望，则见竹杪。堂后为启秀山房，居山之前，故名。

图一　此平台当为启秀山房旧址

　　后来启秀山房改成了祭奠阮元的祠堂，祠堂名称为"阮太傅祠"。《学海堂志》之后有陈澧的续纂，续文"阮太傅祠"条中称："同治二年，以启秀山房奉仪征公神位，榜于门曰阮太傅祠。"启秀山房原本的用途是刻版和藏版，为什么要将其改为阮元的祠堂呢？《建置》续纂的"设祠祀"条中有这样的解释："仪征公既殁，同人议建祠以祀，而山堂周垣以内无其地，惟启秀山房气象崇深，于祠祀为宜。乃奉神牌于其中，改题为阮太傅祠。每岁春祭以正月二十日、秋季以八月二十日，其品物礼节，仿照名宦祠礼：帛一、羊一、豕一、笾四、豆四、尊一、爵三，行三叩礼。"

阮元去世后，他的弟子们商议在粤秀山给他建祠堂，但是粤秀山上已经难以找到一块空地，众人觉得只有启秀山房最合适，于是就把阮元的神位放在了这里，并且将启秀山房改名为"阮太傅祠"。当地的学子们对阮元特别崇敬，每年的春、秋两季都来这个祠堂祭奠他，而祭奠的仪式也很古典，是按照传统的方式摆放供品，还向阮元的牌位行三叩大礼。可见阮元为广州所做出的贡献，当地人一直感念于心。《学海堂志》上说，启秀山房的建筑方式为"三楹七架，三面深廊，一如堂式"，即此可知，山房建筑得颇为宏伟，遗憾的是如今眼前所见仅一片平地，已然没有任何痕迹。

沿着台阶继续上行，路旁时断时续地传出音乐伴奏声，细看之下，原来是草丛之内埋伏着一些做成不规则卵石状的音箱。在音乐的伴奏下，按照节律一步一步地登上台阶，倒也颇有"鼓足干劲，力争上游"的奋发感。前行不远来到了第二个平台，这个平台的东北侧建造有一个方形石碑状的建筑。大文兄告诉我，这就是孙中山读书治事处，也是学海堂的旧址所在。这块平地的面积与前面一块相仿，入口位置竖有广州市所立文保牌，文保牌的名称为"孙中山读书治事处纪念碑"。原来这个碑已然成了文物。纪念碑的旁边还侧放着一个说明牌，牌上刻着："此处原为孙中山和宋庆龄居住过的粤秀楼。1922年6月陈炯明部叛变，炮轰粤秀楼。1930年，广州中山纪念堂建筑管理委员会在粤秀楼遗址建立'孙先生读书治事处'纪念碑。碑阴刻有孙中山的62名卫士姓名及其与叛军血战的历史。"

当年孙中山为什么要在这里读书？林贵添在《学海堂位置考》一文中有这样几句话："1921年孙中山出任非常大总统时，亦以此为居所，有

图二　孙中山读书治事处纪念碑

图三　文保牌

一座几百米长的木质天桥直达山下的总统府（原督军署，今中山纪念堂）内。后来，陈炯明叛乱，桥和楼皆毁于炮火。"刚才我们开车前来时就路过了宏伟的中山纪念堂，那座纪念堂当年就是孙中山的总统府。从地理位置说，粤秀山等于是总统府的后花园，如此说来，孙中山在此读书也是合理之事，况且还有几百米的木质天桥与总统府直接相连，但可惜陈炯明叛乱之时炮轰总统府，把那座木质天桥以及粤秀楼全部炸毁了，而这粤秀楼我觉得就是当年的学海堂。

我围着这块平地来回逡巡，希望能找到跟学海堂有关的物证，可惜折腾一番，未能如愿。细看地上所竖的纪念碑，本来是用水泥建造的，表面涂装着水磨石，碑阴上果真嵌有一块铭文，然字迹已经模糊不清。在碑阴的后方有一棵大榕树，树上垂下的气根在微风作用下，时不时地有些荡漾，如果有位哲人在此，说不定会将其解读为根动与心动的关系。然而没能找到跟学海堂有关的物证，我也无心探讨这些哲理了。

按照《学海堂志》卷首《学海堂全图说》"学海堂"条的记载，当年的学海堂不但环境优美，建造得也极其雄伟，"堂在周垣之中，三楹九架，东西南三面深廊环绕，两旁别有画栏。其北余地连接土山，若为山房前导者。堂阶木棉甚高，花时如绣。堂中北墉之东，尊藏仪征公小像石刻；北墉之西，嵌《苍山洱海图》，大理石画也。西序刊石者为《学海堂集序》，公教士纲领节目，隐栝于此。堂南为门者三，门两旁翼以短垣，其上窗棂骈叠，内外洞然"。而今我眼前所见，除了那个纪念碑，就是一棵大榕树，余外有两位妇女在这里遛孩子。其中一个孩子看来常在此地放风，他见到我，不断用身体冲撞我的相机，然后用挑衅的眼神望着我，我不知道他的家长用了多大的力气，才把这个孩子培养成这种战天斗地的英雄。

虽然我没说什么，大文兄隐然体会到了我的落寞，他让我在原地等候，他自己更上一层楼，到上面去查看还有什么可看之物。此次前来广州，我看到大文兄的左手缠着绷带，他说自己不小心摔伤骨折了，但他为了我的寻访，还是努力地带着我到处跑。朋友之情让我感动，但让他独自向上寻找，我当然也不忍，于是跟着他继续向上迈进。

上行一段路，又有一个平台，此台建成了一个公厕，同样找不到跟学海堂有关的痕迹。不知道这块平地是不是当年所建的新启秀山房所在地。陈澧续编《学海堂志》"新建启秀山房"条中说："外门之内，旧有藏书之室，夷寇毁之。寇退，拓地建屋，以藏书板，遂移启秀山房之名以名之。"原来，启秀山房还是学海堂的藏书之室。英法联军攻占广州后，占据了粤秀山，把启秀山房也毁掉了。英法军队撤走之后，学海堂的师生们在山上开阔处的一块平地上，建起了新的启秀山房。这个新启秀山房，是否就在我所看到的这个平地上，林贵添在其文中给出了答案："从地图上必须澄清启秀山房和启秀楼的关系。启秀山房和启秀楼是不同建筑，位置也不一样。原启秀山房是学海堂的附属建筑，在学海堂后，居观音山前，故名。"

由林贵添先生的考证可知，启秀山房就在学海堂后，如此说来，就应该是这块平地之所在。林先生的考证功夫着实了得，他仅对比古地图，就能考证出一些史实。正因为有了林先生的考证，才有了我对今日寻访的位置判断。想到这一层，当然对他感念于心。

阮元任两广总督期间为何要建造学海堂呢？关于这一点，我没有找到他的自述，但刘成禺在《世载堂杂忆》中讲到这样一个故事，大意是说学海堂虽然始创于阮元，但最早提出这个建议的却是曾钊。曾钊是一个穷塾师，醉心于训诂、考据之学，因为买不起书，于是每天到书肆去看书。某天正好遇上阮元将《十三经注疏》的校勘记交给翰墨缘书肆装潢，前来看书的曾钊看到了《十三经注疏校勘记》的原稿，想要借回家阅读。店主说曾老师如果想看，可以把铺盖拿到这里来，日夜都在这里读就行了。

曾钊果然拿了铺盖来就此住下，他不仅细读了原稿，还在书中夹了许多自己的批注，指出其中的错误，以及自己的看法。阮元派人取回书稿后，看到书中的夹条与批注，立即派人请曾钊前往总督府。曾钊在此见到了严可均、焦循等当时的大名流，众人相谈甚欢。阮元随即把曾钊留在了总督府内负责校勘，在此阶段，曾钊提出创设学海堂。因此刘成禺称："学海堂之设，虽始创于阮元，导之而成者，实为曾勉士钊。"

不清楚刘成禺何以知道这些细节，但若从阮元一贯的理念来看，他在两广总督任上提倡朴学是一种必然。乾隆六十年（1795），阮元任浙江学政期间，主导了一部重要的训诂类著作《经籍籑诂》。嘉庆五年（1800），阮元又回到杭州任浙江巡抚，创办了新式书院诂经精舍。有不少研究者认为学海堂的模式乃是仿照诂经精舍，只是学海堂比诂经精舍规模更大。嘉庆十九年至二十一年间（1814—1816），阮元任江西巡抚。在此期间，他刊印完成了重要的《十三经注疏》。可以说，阮元每到一个任职之地都会想办法创办书院，同时组织书院里面的人编刊经学著作，所以他到广东任两广总督时，也必然会有类似的举措。

阮元在《学海堂集序》中有这样一段话：

余本经生，来总百粤，政事之暇，乐观士业。曩者抚浙，海氛未销，日督戈船，犹开黉舍，矧兹清晏，何独阙然。粤秀山峙广州城北，越王台故址也。山半石岩，古木荫翳，绿榕红棉，交柯接叶，辟莱数丈，学海堂启焉。

阮元说，他自己就是经生出身，喜欢看士子们读书，于是在广州城的粤秀山上建起了学海堂。但阮元是哪一年在这里开建学海堂的呢？历史上有着三种不同的说法，即嘉庆二十五年（1820）、道光元年（1821）和道光四年（1824）。

其实学海堂最初并没有一处固定的房屋，仅是阮元自己手书"学海堂"匾额悬挂在广州城西的文澜书院内，以此作为书院临时的上课场所。清张鉴编《雷塘庵主弟子记》中记载：

道光四年……九月，福侍大人亲至粤秀山觅地，欲建学海堂，遂在山半古木丛中定地开工。盖因连年以经古课士，士人之好古者日多，而学海堂惟在文澜书院虚悬一匾，并无实地，是以建堂于此，实有其地而垂永久焉。

阮元之子阮福跟随父亲前往粤秀山寻找建学海堂之地，阮福是亲历者，所以他的记载更为准确。谢兰生的《粤秀山学海堂记》中也曾提及："芸台先生始因西城外文澜书院设学海堂，课士古学，凡十有五课矣。今又规度粤秀山爽垲地，特建斯堂。"

学海堂的师生原本借文澜书院上课，但该书院房屋有限，阮元觉得需要另找一地建造独立的实体书院，最终选中了粤秀山上的一块地。

关于学海堂创建的时间，容肇祖在《学海堂考》中说："道光元年（公元 1821）春，始倡学海堂课，于经义子史前贤诸集，下及选赋诗歌古文词，示诸生以取舍之途，如诂经精舍例。……四年（公元 1824）九月，复建学海堂于粤秀山半，十一月，堂成。"即此可知，学海堂开建于道光四年九月，而在此之后的两个月，学海堂就建成了。在这半山之上建一个楼本来就不容易，更何况那个时代把建筑材料从山下运上来，恐怕也不是件容易的事，然而在两个月内就能盖起这么一座宏伟的建筑，似乎难度更不小，想来当年的这块旧址上可能已经有了一些建筑，建造学海堂时应该有所借用。

阮元创建学海堂有两个基本目的，一是通过教学来培养人才，二是刊刻典籍，当然后者也是为前者服务的。麦哲维在其专著中称："总督大人到广州就任之初，心中早就有一个学术和文学的日程表，把学海堂看作是引入江南最新经史之学和文学潮流、改造地方文化景观的一个手段。"

关于阮元的主体学术观，学者大多将他视为古文经学派，其实古文经学是他早期的观念，中年之后，他渐渐也接受今文经学。随着任职经历的丰富，他意识到了事功的重要性，故而又接受一些宋儒观念，形成了汉宋融合的学术体系。他在《学海堂集》的序言中表达了这种观念："多士或习经传，寻疏义于宋齐；或解文字，考故训于《仓》《雅》；或析道理，守晦庵之正传；或讨史志，求深宁之家法。或且规矩汉晋，熟精萧《选》；师法唐宋，各得诗笔。"

清代地方大员都有自己的幕府，阮元到达广州后，一些著名学者纷纷入幕。一般而言，入幕之士大约有两项工作，一是协助幕主处理日常工作中的文牍，二是帮着编书，故入幕人员一般要与幕主的学术观念一致。但阮元在广州的幕府却能接受与其学术观不同的人员，最典型的是他从江南聘来的江藩和方东树。

嘉庆二十三年（1818）夏，江藩前往广州，阮元命他组织人员编纂《广东通志》，以及协助编纂《皇清经解》。江藩属古文经学派，撰写过极具名气的《汉学师承记》一书，阮元十分赞赏江藩的观念，还为此书写了序，并将此书在广州出版。

当时方东树也来到广州，协助江藩编纂《广东通志》。但是方东树一向反感古文经学，撰写《汉学商兑》一书，就是为了反驳江藩的《汉学师承记》。然而，这样的人阮元也能接受。

阮元开办学海堂的目的，主要是想在广东培养朴学学者，但是在美国学者艾尔曼看来，学海堂的设立使得今文经学在广东传播开来。艾尔曼在《学海堂与今文经学在广州的兴起》一文中谈到两个问题，其一是堂名"学海"，乃是本自东汉今文经学家何休。艾尔曼认为何休是今文经学的坚决捍卫者，其学术观主要表现在《春秋公羊解诂》一书，另外何休还写过三篇尖刻的文章来抨击古文经学对《春秋》与孔子关系所持的立场。这三篇文章乃是指《左氏膏肓》《公羊墨守》《穀梁废疾》，何休的观点受到了当时今文经学家的大力支持，人们称何休为"学海"。晋王嘉《拾遗记》就曾记载："后汉何休，木讷多智……京师谓康成为'经神'，何休为'学海'。"

那么学海堂这个堂号是否真的本自何休呢？艾尔曼引用了学海堂初起时八位学长之一的徐荣在道光四年为学海堂新建堂舍写的一首诗：

碧玉楼高不可寻，南园南望莽萧森。

清泉精舍无遗址，宝月孤台孰嗣音。

百代渊源前日事，千间广厦古人心。

会将两汉公羊学，直扫浮华见古今。

徐荣在诗中确实提到了两汉公羊学，但麦哲维认为这首诗不足以证明学海堂推崇公羊学或者今文经学，因为在庆贺学海堂建成的诗中，还有人把"学海"二字跟扬雄《扬子法言》中的一句话联系起来，即"百川学海而至于海，丘陵学山而不至于山"。

当然艾尔曼在文中举出的证据不仅仅是这首诗，他还提到阮元为孔广森《春秋公羊通义》等书所作的序言，同时称："阮元本人也与常州学派的许多学者们保有私人的交谊，虽然他们这些关系的意涵仍然不十分清楚。刘逢禄曾敦促阮元刊刻《十三经注疏》与《皇清经解》。凌曙曾是刘逢禄公羊学的追随者，他后来担任阮元的幕僚并兼其子的教师，阮元的密友程恩泽（1785—1837）除了是一位著名的考证学者之外，同时也是今文经学理论家的老师。"

艾尔曼还写道："《学海堂经解》代表十七、十八世纪汉学学者研究的一个重大贡献。它有意承绩长久以来倍受尊崇且包括宋代之前学术成果的《十三经注疏》，并且针对清初由徐乾学（1631—1694）所辑录的另一部同样大部头的《通志堂经解》加以回应，该书被视为较偏尚宋明新儒学的经学。"为此，艾尔曼的结论是："阮元以何休'学海'的称号为学海堂命名，就是当时学术逐渐从东汉郑玄及古文经学派撤退的象征。"

中国历代书院建成之后，基本上都是山长负责制，山长相当于后世的院长或者校长，由山长负责书院的全面工作，也由他聘请相应的学者和教师来教授生徒。然而阮元在建成学海堂之后，却改变了这种传统做法：学海堂不设山长，仅设学长，而学长共有八位。阮元为什么这么做？按他自己的解释是："学长责任与山长无异，惟此课既劝通经，兼赅众体，非可独理。而山长不能多设，且课举业者各书院已大备，士子皆知讲习。此堂专勉实学，必须八学长各用所长，协力启导，庶望人才日起。永不设立山长，与各书院事体不同也。"

阮元说，学长其实跟山长的责任没有区别，同样是教学生们上课，然而一个书院仅能有一位山长，那么所教授的思想也仅有一种，所以他实行了八位学长共同管理的方式，这样学生们在选择导师时变得自由了很多。阮元认为自己的这个安排是一项大发明，所以明确地说学海堂以后也永不设立山长。

阮元为什么要这么做？朱华伟、李承先在《学海堂书院学长制研究》一文中认为："学长制作为学海堂书院的教育管理制度，其本质与传统书院山长制相对立，它属于集体领导，体现的是分权与制衡机制，强调分工与协作结合，递增教学管理成效。"因为"山长制实行的是独裁管理机制，事权归属山长一人，对其学识道德要求甚严，一旦山长良莠不齐，势必影响书院教学与学术声誉，为世人所诟病"。

对于阮元的这个发明，宋巧燕给予了高度评价："阮元在学海堂设立八学长管理制度，是对书院制度的成功改革，是中国书院制度史上的一项创举。"宋巧燕认为，设立八位学长来共同管理学海堂事务，能够充分地让学生们学到不同的知识。这种做法还有另一个好处，那就是按照学海堂的规定，八位学长如果其中名额有缺，则须补足八位之数，但补上来的人必须由另外七位学长共同推举，这种做法"杜绝了地方官吏委派不学无术之辈滥竽充数的现象，保证了学海堂之师资力量"。

但也有人认为这种制度的设立有其弊端，李绪柏在《陈澧评传》一书中说："原来的学海堂虽然设有八位学长，但只有轮流负责每年春、夏、秋、冬四季举行的考试，出题阅卷，并无专人讲学授业，师生关系比较疏远，这确实是学海堂在制度方面最大、最明显的缺陷。"在李绪柏看来，八位学长制是学海堂的缺陷。究竟是优点还是缺陷，我当然给不出一个结论性的判断，而学海堂却坚持按照阮元的办学理念，并以这种方式延续了下来。

道光六年（1826），阮元制定出《学海堂章程》。这个章程总计列有八条，第一条即是"管理学海堂"，并且详细列出了八位学长的名字："本部堂酌派出学长吴兰修、赵均、林伯桐、曾钊、徐荣、熊景星、马福安、吴应逵八人同司课事。其有出仕等事，再由七人公举补额。永不设立山长，亦不允荐山长。"

八位学长制果然有效，学海堂培养出了多位著名的学者，其中如果以名气论，似乎以梁启超名气最大，他在学海堂前后学习了四年。光绪十二年（1886），梁启超14岁，这一年他拜陈梅坪为师。而陈梅坪是陈澧弟子，并且曾经任过学海堂的学长，如此算来，梁启超是陈澧的再传弟子。次年，梁启超就来到了学海堂，这里的学习氛围及教学课程让梁启超大开眼界。梁本身就很聪明，再加上勤奋，所以在学海堂的四季考试中，每季都是第一名，而学海堂历史上仅有两位这样的好学生，一个是文廷式，另一个就是梁启超了。

但是因为一个偶然事件，梁启超对学海堂的态度发生了一百八十度大转变——他遇到了康有为。光绪十六年（1890），梁启超进京考试落榜，回到广州后接着在学海堂里学习，就在这年的八月，学海堂的学生陈千秋带着梁启超去拜见康有为。梁第一次见到康就大感震惊，他在《三十自述》中这样描绘见到康有为时的情形："时余以少年科第，且于时流所推重之训诂词章学颇有所知，辄沾沾自喜。先生乃以大海潮音，作狮子吼，取其所挟持之数百年无用旧学更端驳诘，悉举而摧陷廓清之。自辰入见，及戌始退，冷水浇背，当头一棒，一旦尽失其故垒，惘惘然不知所从事，且惊且喜，且怨且艾，且疑且惧，与通甫联床竟夕不能寐。明日再谒，请为学方针，先生乃教以陆王心学，而并及史学、西学之梗概。自是决然舍去旧学，自退出学海堂，而间日请业南海之门。生平知有学，自兹始。"

梁启超这段话写得很形象，他见到康有为的第一面，就被震慑住了，有当头一棒的感觉，为此竟然一晚上没有睡着，第二天又去向康有为请教学习的方向，而康有为让他先去看陆王心学。自此之后，梁启超就退出了学海堂，成为康有为最著名的弟子。

书院建成了，当然要有藏书以供学子们使用，林伯桐的《学海堂志》提到院中藏书来源："藏书各种，有仪征公所授者，有大吏所颁者，有同人所贻者，有学长所购者。藏弆有籍，出入有规，以待堂中之士善读而有得焉，洵快事也。"可见学海堂藏书来源渠道颇为多样，并且藏书规模应该不小。在阮元之后，学海堂仍有藏书购入，《学海堂志》载："同治五年，郭中丞入都，留赠百金，学长固让，不获命，乃购《通志堂经解》藏于山房，与好学之士共读之。异时增贮群书，此为嚆矢矣。"地方大吏郭嵩焘捐了一笔钱给学海堂，几位学长推辞不掉，于是用这笔钱买了一套《通志堂经解》。

由此可见，学海堂在历年的发展中增加了不少藏书。为了能够让这些藏书得到更好的保存和使用，当时还制订了《藏书规条》，这个条规对考察书院藏书的管理颇有价值，我将其抄录如下：

一、堂中藏书册二本，其一流交，其一存堂，如续有所藏，随时著录。

一、藏书凡若干箱，常日封锁，其钥匙随课流交，管课学长随时省视。

一、藏书每本首尾两页，俱盖用"学海堂藏书"图记。

一、设借书册九本，其一存堂，八学长各分贮一本。

一、学长如借读藏书，先在分贮之借书册自注某时借读某书，凡若干本，约以某时交回，分送现管课两学长，各照钞入分贮册内，仍于存堂之借书册照式注明，然后借出。遇公集之日，当众说知。后来交回，亦由现管课者核明书无缺少污损，方可收入于各册注销。倘届期未交，现管课者须问明何故，即详记于存堂之册，俾得周知。

一、借书如有遗失，系借者自行购补，如有点污损失，自行洗刷修好，方可交回。每逢公集，核实妥藏，庶可经久。

这个规条可谓足够严格。一是每种书各藏两部，一部用来使用，另一部则用作存藏，而这里所藏之书在大多数时间都是锁起来的。同时，即使是学长来借书，也要做详细登记并且及时归还；如果书不慎丢失，则需要由借书人自己再买一部作为补偿；破损之后，还要自行修补；在一定的时间内，还会对全部藏书进行核对。这样严格的藏书管理制度，似乎在其他书院颇为少见。

　　学海堂对后世的巨大影响力，很大一部分原因是刊刻了《皇清经解》，而这部书起初不叫此名。当年江藩写出了著名的《汉学师承记》，阮元给此书写了序言。在这篇序言里，阮元提到了他想要编辑一部大书的构思："元尝思国朝诸儒说经之书甚多，以及文集说部，皆有可采。窃欲析缕分条，加以剪裁，引系于群经各章之下。……如此勒成一书，名曰《大清经解》。"

　　最开始阮元将欲编之书命名为"大清经解"，在编辑方式上打算采用《经籍籑诂》的体例，也就是按照经的内容进行相关分类。然而该书最终刊刻完成之后书名叫"皇清经解"，在编辑体例上也并未按照内容将清代经学家的著作分别附在每经之后，而是直接按照实际作者的单篇文章逐一刊刻，可见阮元当初的设想与最终刊刻成书的结果，有着较大的差异。

　　编辑《皇清经解》时，阮元首先想到的，就是要请到在这方面擅长之人，比如江藩、顾千里，然而此时二人都已离开广州，于是阮元就请到了严杰。严杰是杭州人，当年阮元在杭州编《经籍籑诂》和《十三经注疏》时，严杰就曾参与其事。更重要的是，严杰严格遵奉古文经学的观念，在选择上不取宋儒义理之说，这一点颇为符合阮元的偏好。有一度严杰还成为了阮元的家庭教师。因此，阮元把严杰请到了广州，让他来主编《皇清经解》。

　　道光六年（1826），《皇清经解》经过一年的刊刻，已经达到上千卷时，阮元调任云贵总督，他在离开时详细安排了刻书之事。道光九年（1829）九月，《皇清经解》刊刻完毕。这部大书有一千四百卷之多，刊刻发行之后广受各地学者赞誉，李元度评价说："尝论读书难，其在今日转易，何者？经学至国朝诸儒，实能洞辟奥窔，尽发前人之覆。今既有

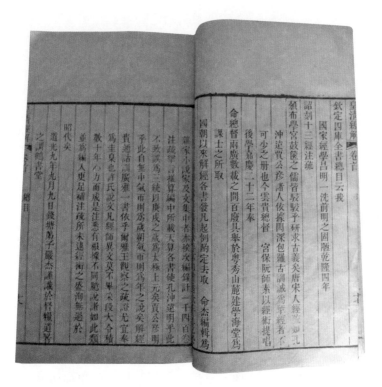

图四 《皇清经解》总编严杰跋语

图五 《皇清经解》一千四百卷，三百六十册一套，道光九年原刊本

《皇清经解》一书，以汇众说，又得《钦定四库全书提要》，类聚条分，以辨读书之门径，学者即二书求之，思过半矣！"

这部书发行之后，有很多学人就是因为读到此书，才真正明白了学问的门径，李慈铭就承认该书对自己有着很大的影响："迨得读《学海堂经解》，始知经义中有宏深美奥，探索不穷如此者。遂稍稍读甲部书，自汉及明，粗得厓略，而年亦既二十四五矣。"这部书甚至影响到了海外，温兆海所著《朝鲜诗人李尚迪与晚清文人交流研究》一书中有这样的论述："李尚迪利用来京的机会，购买了珍贵的朴学著述。这些书籍的传送为金正喜的学术研究提供了重要信息，尤其是 1831 年李尚迪把清代重要的朴学典籍《皇清经解》带回朝鲜，极大地促进了朝鲜经学的发展。"

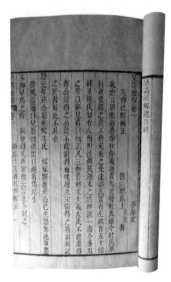

图六 《皇清经解》牌记　　图七 《皇清经解》卷首　　图八 《皇清经解》每卷末均署校勘者姓名

关于该书的刊刻地和刊刻者，还有着很多意想不到的细节，例如汪宗衍的《艺文丛谈》中有一篇《清代女子刻书》写道："自明清以来，广州刻书铺皆集中于药洲附近，盖其地与当时督学使署相迩，而刻书工场则在顺德县马江乡。顺邑号称富庶，女子多读书识字，辄守独身，以缲丝及刻字自食其力，故粤中所刻书若《皇清经解》《广雅丛书》《粤雅堂丛书》等大部头，以至零星小种，无不为马江女子所刻者。即江浙之版本学者如黄丕烈之《士礼居丛书》，亦有一二种称为刻于药洲者，当出马江女子之手，盖广州刻工虽稍逊于江浙，而刻字之费较廉也。自对日抗战起后，马江刻书工人已星散久矣，此亦粤东掌故，并记之云尔。"

《皇清经解》竟然由广东女子刊刻而成，这太让人意外了，但是该书的印本上却看不出闺秀气，其字体为清代典型的广州刻书体。

《皇清经解》刊刻完毕，版片就存在了学海堂旁。学海堂对这些经版极其看重，专门制定了藏版章程，这个章程总计九条，其中一条是同意个人及其他书坊来此刷印此书："书坊有愿刷印者，先具领到堂交纳板租，然后定期开工。其板片甚多，不能搬远，该匠人等每早到文澜阁下刷印，薄暮散归，不作夜工，以昭慎重。"学海堂的管理以严格著称，然而在刷版问题上却网开一面，可见为了书籍的传播，学海堂在制度方面也有所变通。

尽管学海堂对这套大书的书版极其看重，做了各种细致规定，但后来版片还是因为战争而受损了。陈澧续纂的《学海堂志》记载：

咸丰七年，夷寇据粤秀山。学长等以山堂多藏书板，募有能取出者厚赏之。有通事某甲取出，然缺失者大半矣。乃以舟载至城西之泌冲，庋于邹氏祠堂。劳制府闻之，捐银七百两补刻《皇清经解》，诸官绅亦捐资助成之，共银七千两。未及两年而工毕。时文澜阁已圮，庋板于惠济仓。

英法联军占领粤秀山之后，学海堂的师生们虽然已经逃散，但仍然惦记着这套书版，于是就采取"重赏之下必有勇夫"的做法，出钱让人把书版偷偷地从山上取了回来。尽管书版已经损失过半，但学海堂的师生们还是把这些书版用船运到了一个较为安全的祠堂内。战争平息之后，当时的两广总督劳崇光捐银七百两补刻书版，在他的带领下，其他的官绅纷纷捐款，用两年的时间补齐了《皇清经解》书版。

而今市面上偶尔还能看到整部的《皇清经解》，这部大书有360册之多，然而整部者基本上都有劳崇光的补版，未曾补版的原版刷印本则极其稀见，三十年来，我仅在市面上见到过一部原刊未补的版本。

关于学海堂所藏版片后来的情况，林振岳在《学海堂、广雅书局书版之归宿》一文中有详细讲述，他首先提到"学海堂内文澜阁启秀楼为藏版校书之所，故《学海堂丛刻》又名《启秀山房丛书》。光绪年间张之洞督粤，开设广雅书院课士，又设立广雅书局，专司雕版。所刻诸书，后合编为《广雅书局丛书》。学海堂、广雅书局两处的版片，即为粤中版片之大宗。学海堂停办之后，其书版亦移储至广雅书局"。

学海堂书版后来移储到广雅书局，宣统版《番禺县续志》也有记载："于局内濠北'前校书堂'之东建楼五楹，储藏板片。学海堂、菊坡精舍、应元书院奉文停罢后，旧刊书版一并移贮其中，随时印刷流布，嘉惠士林。"

抗战时期，这些书版颠沛流离，叶恭绰在一个诗注中写道："学海堂及广雅书局书板十余万片，抗日时散在四乡，胜利后余设法集中省垣，但艰于整补，今犹堆积如山。"他又在另一首诗题中称："抗日时广州广雅书局及学海堂书板凡十五万余片分运各乡，胜利后余设法集资为复运省垣，时盗贼满地，勒收行旅买路钱（粤称行水），然有数处知之为书板则不收，且护至下站焉。"

抗战胜利后，广东成立了广东文献委员会，叶恭绰被推为主任委员，他将分散于各地的书版陆续运回广州。叶恭绰在《记学海堂广雅书局书版》一文中说这些书版大约有十五万块，并提出这些书的印本流传不多，希望能予以重印，但后来这些书版因为虫蛀等原因被销毁了。林振岳在其文中写道："然而风云变幻，世事难料，上世纪五十年代末叶氏被划右派，清点付锓之事不可复问。然则此十五万片书版今日是否尚存，下落何处，仍存疑问。及读李吉奎先生《叶恭绰与广东文献整理》一文，则知皆已作薪付之一炬矣。李绪柏先生《清代广东朴学研究》书中对此书版下落有所追述：据广东省文化局《关于书版处理经过的报告》档案记载，1961年因保存书板之房屋下榻，白蚁蛀食情况严重，引起地方政府重视。经征求专家意见，省政府方面决定，所有书板每部选二十块存于博物馆，或分送省政府有关文物、历史研究机关，作为文物长期妥善地保管，其余折价分给有关机关作其他木料使用。实际上是被机关食堂当作燃料烧掉了。至此，这批广雅版片真正是灰飞烟灭了。保留下来的版片，今有部分在广东省博物馆展示，各书卷端卷末各留一版。"

近代篇

宁波华花圣经书房

西洋人制作的几套活字

　　建立于浙江宁波的华花圣经书房在中国印刷史上有着特殊的地位，因为这家出版机构使用了那个时代西洋人制作的几套活字，经过整合形成了独特的印刷用字体，这种字体被称为"拼合字"，也叫做"叠积字"。

　　这种字体的来由可以追溯到马礼逊时代，苏精先生所撰《铸以代刻：十九世纪中文印刷变局》一书查阅了大量的原始文献，详细梳理了西方传教士对中文字体的印刷所做出的各种试尝。对于苏精在这方面所做出的贡献，邹振环以《中国图书出版的"典范转移"》为代序，给予了高度评价："《铸以代刻》与作者之前所撰写的所有著作类似，均据第一手数据——传教士的手稿档案完成，所不同的是，他将视野范围从之前伦敦会和美部会的档案扩大到长老会的手稿档案，从中抄录了45万字的书

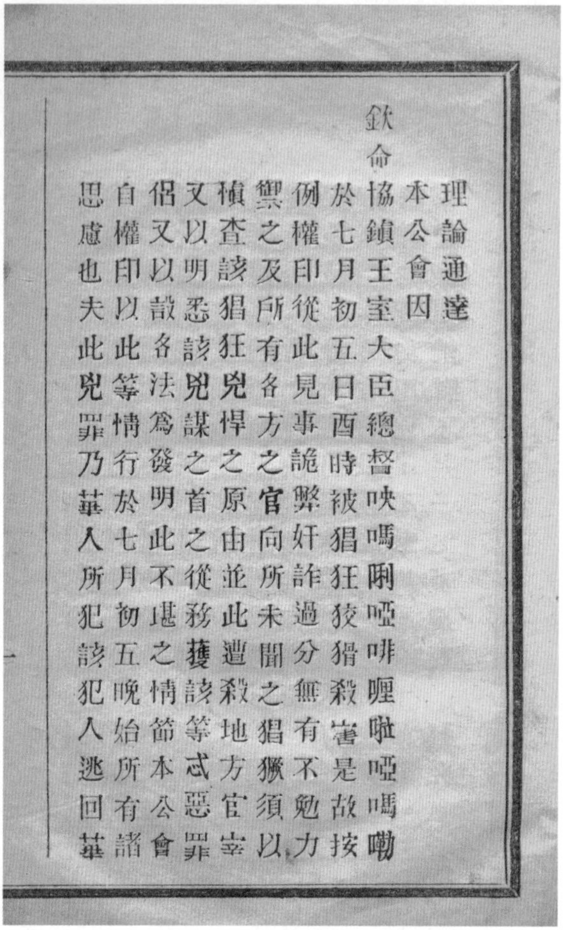
理論通達
本公會因
欽
命協鎮王室大臣總督咉嗎唎啞啡喱哋啞嗎嘞
於七月初五日酉時被猖狂狡猾殺害是故按
例權印從此見事詭弊奸詐過分無有不勉力
禦之及所有各方之官向所未聞之猖獗須以
績查該猖狂兇悍之原由並此遭殺地方官宰
又以明悉該兇謀之首之從務獲該等忒惡罪
侶又以散各法爲發明此不堪之情節本公會
自權印以此等情行於七月初五晚始所有諸
思慮也夫此兇罪乃華人所犯該犯人逃回華

图一 《理论通达》卷首，道光三十年（1850）澳门叠积字印刷

信内容，通过对大量资料爬梳，发掘了许多鲜为人知的印刷机构的历史、印工的故事，探讨了传教士的印刷与铸字工作。”

1807年9月，英国伦敦会派遣基督教新教传教士马礼逊来到中国广州，那个时候清政府禁止传教，故此时期的传教士大多以隐蔽的身份秘密传教。他们发现中国人中有不少的人都喜欢读书，于是想通过印书来传播教义。印书首先要解决制版问题，中国传统印刷方式主要是木刻雕版印刷，但这种印刷方式刊刻出的版片体积较大，很容易被相关部门查获没收，于是他们想办法以活字方式来印制相关书籍。

十九世纪初，英国浸信会传教士马士曼曾在印度塞兰坡雕造木活字，但所印之书质量不高。后来伦敦的一位铸字匠费金斯在1826年4月初铸造了一些金属活字，并以此字印成了《主祷文》，此为英国第一次铸造中文活字。

后来马礼逊决定自己从事印刷，他在返回英国期间以石印的方式印刷了他所写的《中国杂记》。1826年，他把这台石印机带到了澳门，在此试印了一些传教印刷品。到了1831年，他让自己的儿子马儒翰来操作石印机，开始大量印制传单，而马儒翰又将石印技术传授给中国人梁发和屈昂。

关于梁发的情况，梁春芳、朱晓军、胡学彦、陈后扬合著的《浙江近代图书出版史研究》中称："梁发是广东高明人，又名梁亚发、阿发，号学善者。原是广州雕版刻字的学徒，曾为马礼逊的《使徒行传》刻印其中译本和部分《中国语文字典》。到马六甲后，他参与编辑和刻印《察世俗每月统记传》，学会了西方的印刷技术。第二年受洗成为耶稣会的教徒，又于道光七年（1827）受牧师职，成为中国第一个华人牧师。他于嘉庆二十四年（1819）回到故乡，刊印自著《救世录撮要略解》的小册子，到处散发。清政府发现后，给以处罚，销毁其书版。道光元年（1821）他又著《真道问答浅解》，道光十二年（1832）又在广州刊印自著《劝世良言》及祈祷文、赞美诗等小册子，并于次年试用手刻的铅活字排印出版祈祷文，对出版工作做出了一定的贡献。"

因为有着这样的特殊地位，当代学者在研究基督教在中国的传教史时大多会提到此人，而难得的是，梁发的墓碑已被找到，现藏于中山大学图书馆内。几年前我到该馆开研讨会时，曾看到梁发的墓碑摆放在一楼展厅入口的位置。

马礼逊钟情于活字印刷，1831 年他在伦敦订购了一台活字印刷机，一年之后，这台机器运到了马礼逊在澳门的住宅，他以此机器印制《传教者与中国杂报》等不定期英文报纸。这些报纸主要以英文形式发表，其中夹杂了一些手工刻制的中文活字。此报出版四期之后，被澳门当局以不得私设印刷所为由禁止发行。

在这个阶段，马礼逊的儿子马儒翰还时常以西方的方式来铸造中文活字。苏精在《铸以代刻》中评价说："于是 1833 年九、十月之际，由马儒翰在广州依照西方从字范、字模到活字三道工序尝试铸造中文活字，马礼逊对铸成的活字相当满意而决定继续进行，这是在中国最早的铸字之举。"

这件事只进行了不到一年的时间，1834 年 8 月 1 日马礼逊病逝，其铸字事业由此而中止。后来其他的传教士也曾在马六甲试铸过中文活字，但技术大多不成熟。在此期间，传教士柯理在澳门创建了华英校书房，这个印刷机构运行了近一年半的时间，大约出了五种书，后来迁到了宁波，改名为"华花圣经书房"。该书房在英国订购了一套汉文活字，此字体并不成熟，字模也比较奇特，是一种拼合字。

为什么要制作拼合字？曹汝平在《宁波华花圣经书房所用"拼合字"设计论说——以〈汉语活字范例〉为样本》中首先解释了汉字的独特性："汉字的突出特征是方块造型。从字形的角度看，每一个汉字方块内部又可分为独立结构、左右结构、上下结构和包围结构。一般情况下，第一种结构即独立结构的汉字被称为'独体字'，后三种结构的汉字被称为

'合体字'。"

对于这种字的演变过程，曹汝平在文中又称："1815 年到 1823 年，在马礼逊的统筹与组织下，托马斯以中英文铅活字混排的方式最终印刷出六卷本的《华英字典》，这套语言工具书的出版，标志着以机械化为主要特征的中文铅活字印刷业的诞生。虽然托马斯的中文金属活字在字典印刷中得到了很好地应用，而且仿宋造型相对优美，但由于每个字都是徒手雕刻而成，费时费力，成本较高，再加上所用金属材料中锡金属的比例很高（目的是降低金属硬度，便于下刀刻画），导致最终的成品易于受损，特别是一些笔划纤细的活字更是如此，因而其应用范围受到一定限制。不过这毕竟为澳门中文金属活字的研制工作奠定了一定基础。"

在这个时期，有多位国外的印刷工匠在探讨以最少的模块来组合成更多汉字的问题。关于他们的探讨方式以及谁是最早的拼合字发明人，曹汝平在文中写道："第一套真正意义上的拼合字是由赖格兰德研发出来的。1834 年，赖格兰德开始在巴黎皇家印刷所制作中文铅活字，在汉学家卜铁（Jean Pierre Guillaume Pauthier）的启发下，他根据应用情况对汉字进行分类，以'组'（Groupes）为概念分解汉字，由此形成拼合字的两个要素——部首（radical）与字根（primitive），这里的字根，有一部分就是中文里的独体字。在赖格兰德的拼合字系统中有 214 个部首，这与《康熙字典》的部首数量一致。"

那时的中文活字拼合试验并不是很成功，主要原因是当时制出的拼合字大小不一，看上去很不美观，而中国人把字体视为美学的重要组成部分。但这些传教士对此并未气馁，他们边订制新的字模，边进行字体改造，直到宁波华花圣经书房时期，这种拼合字方得以成熟。

苏精在其专著中称："第二项特色则是使用巴黎拼合活字，但这却是个利弊互见的特色，虽然拼合方式大幅度减少了活字的数量与成本，让华英校书房（或者说长老会）在铸造活字印刷中文方面后发先至，超越了其他传教会，但许多拼合而成的字形却显得不自然与呆板，即使娄理华很快便发觉这项困扰的问题，却也只能进行很有限度的改善，直到迁往宁波以后，陆续重新订制字形过差的巴黎活字，并添购与新铸其他活字，才大为解决了这项困扰。"

原建在澳门的华英校书房为什么运作一年半后要迁往宁波，这件事跟当时的社会环境有直接的关系。1842 年 8 月，清政府跟英国签订了《南京条约》，两个月后又签署了《虎门条约》，此条约写明中国要开放广州、福州、厦门、宁波和上海五处通商口岸，且允许在这些地方公开传教。1844 年，娄理华写信给娄睿，谈到了要在香港、厦门和宁波建立布道站，并且将宁波作为长老会在华的主站。为什么要把宁波作为主站？苏精在专著中称："至于选择宁波作为主要据点的四个理由是：人口众多、居民善良、社会安定、周围环境有益健康，娄理华认为宁波显得比其他地方是更为宽广而有效的传教区域。"

王淼编著的《浙江科学技术史·晚清卷》中则认为印刷所的搬迁也出于减少经费的考虑："华花圣经书房（The Chinese and American Holy Classic Book Establishment），'华'指中国，'花'是指花旗国，即美国。其前身，是美国基督教长老会的'长老会书馆'（American Presbyterian Mission Press）。1844 年 2 月 23 日，美国传教士理查德·柯尔（Richard Cole）将其迁至中国澳门，更名为'华花圣经书房'。次年，柯尔又建议将书房迁至宁波，原因是'长老会传教士剧增，为使书馆能继续工作，需要增添一些设备，而在宁波的费用可比澳门减少'。1845 年 7 月 19 日，建议被接受，柯尔夫妇带着印刷机器从澳门到达宁波，并在一个多月的准备和安装之后，于 9 月 1 日正式投入使用。书房所在地为宁波江北岸卢氏宗祠。华花圣经书房的印刷机器主要购自美国，购置费用由长老会拨款。"

既然有了这样的选择，那么将华英校书房迁往宁波也是顺理成章之事，但建立印刷厂首先要有场地，苏精在其专著中称："1845 年 7 月 5 日，柯理夫妇带着两名工匠及机具、活字从香港乘船出发，中途遇上台风，同月 15 日才抵达舟山，三天后改搭中国帆船于 19 日抵达宁波。布道站弟兄先已租下同在江北岸的一大间外国商行，供柯理一家居住兼做印刷所之用，每年租金 300 元。"

印刷部门从澳门迁到了宁波，其名称也有所改变，苏精在专著中写道："1845 年 9 月 11 日，宁波布道站在柯理住处举行年度会议，决议事项之一是将印刷所名称从'华英校书房'改为'华花圣经书房'（Chinese and American Sacred Classic Book Establishment）。至于华花圣经书房开工的日期，根据克陛存于 1845 年 8 月 30 日写给娄睿的信中表示，柯理仍在忙于建立印刷所，本地雇用的工匠对这项工作很陌生，有些零件也在迁移过程受损或遗失了，希望印刷所可在一两个星期内完成安置后开工，因此应当是在 1845 年 9 月 10 日前后开张的。"

但是，对于改名后的印刷厂名称，历史上有不同的说法，田力在《华花圣经书房考》一文中首先叙述了该印刷所的两种不同称呼方式，比如《中国出版史》《中国图书发行史》《美国传教士与晚清中国近代化》等书都将改名后的印刷所称为"花华圣经书房"，但也有的文献将前两个字颠倒了过来称为"华花圣经书房"。究竟哪种正确，田力查阅了宁波差会档案 1845 年的会议纪要，此纪要中记录了该年年会第 15 条决议将迁到宁波的印刷厂的名称，明确地写明为"花华圣经书房"。

虽然如此，但田力还是认为"华花"为正确名称：

印刷所在澳门时期叫"华英校书房"，迁到宁波后，差会决定更换新名称。可以看到，其英文名是 Chinese 在前，American 在后。而中文名，如果从左往右读自然是"花华"，但是须知当时的中国，汉文的读写顺序均是自上而下，从右往左，所以应该是"华花"。McIntosh 也许看到过这份材料，但是他却想当然地按照英文书籍的排版方式将汉字从左往右读，再加之"华""花"两字的发音本来就很近似，所以得到了一个错误的中文名称"花华圣经书房"。……此外，在美国长老会宁波差会 1859 年 10 月 1 日通过的《美国长老会宁波差会章程》中赫然写着："该印刷机构的名称为'华花圣经书房'。"因此，本文认为美国长老会传教士们在宁波所创办的印刷机构的中文名称是"华花圣经书房"。

关于华花圣经书房在宁波期间所做出的业绩，谢振声在《华花圣经书房出版的〈地球说略〉》中简述："1845 年 9 月 1 日，华花圣经书房在宁波江北岸卢氏宗祠投入使用，这是外国人在中国大陆经营的首批印刷企业之一（1860 年迁沪后称美华书馆）。书房在甬开办 14 年余，共印刷 51755428 页，出书 1330686 册，使宁波成为外国教会印刷出版中文书刊的一个中心。其印刷数量仅次于上海，远高于广州、福州、厦门。在宁波出版的书籍有 103 种，其中属于基督教方面的有 85 种，属于天文、地理、物理、历史、旅游等方面的有 18 种。"

谢振声的这段简述文字提到了华花圣经书房在宁波的开办地点，此地点及开办时间与苏精所言略有差异，因为从澳门迁来的印刷所原本开办于江北岸的一个外国商行内，只是后来搬到了卢家祠堂。苏精在专著中写道："华花圣经书房在商行中不到一年时光，其他传教士住处邻近的卢家祠堂有意出租，空间比商行更宽敞，租金也没有比现在更多，于是经 1846 年 2 月的布道站月会通过，租用卢家祠堂作为印刷所与柯理的住家，而柯理妻子开办的女生寄宿学校也暂时设在其中，一年多后才另迁他处。1846 年 4 月 9 日，华花圣经书房乔迁到卢家祠堂，费了一星期时间才安顿下来，并加盖了柯理住家的二楼。本是一个中国人家族怀先追远之地的卢家祠堂，从此变成视祭拜祖先为迷信的基督教华花圣经书房所用，直到 1860 年底迁往上海为止。"

此后的华花圣经书房一直在卢家祠堂内开办了十四年之久，为什么能够在此使用这么长时间？这跟该祠堂当时的情况，以及与传教士签订的租约有直接关系。苏精在文中写道："华花圣经书房搬入卢家祠堂不到一年，轮值撰写布道站每月通讯的传教士露密士在 1847 年初报道，卢家主动接洽将祠堂典让给布道站，为期三十年，索价 3000 元，露密士说明典让几乎等于出售，而该祠堂是一个大家族祭拜祖先之所，若非家族中落已甚，不可能会出此下策。结果双方为此洽谈了两年之久，终于在 1849 年 1 月中达成协议，典期四十年，直到 1888 年为止，价钱 3304 串钱，折合约 2230 元，期满后卢家若要赎回，需偿付同等价钱以及华花圣经书房增建或修理的费用，到 1853 年时这些增修费用已累计到接近典价的 2000 多元。"

关于华花圣经书房印书所用字体，曹汝平在《抉择与启蒙：宁波华花圣经书房及中文金属活字印刷技术》一文中称："早在澳门时期，柯理等人就已经在使用中文金属活字了，迁至宁波后，使用频率最高的是'拼合字'与'香港字'。法国人赖格兰德（Marcellin Legrand）研发的'拼合字'（又称叠积字）之所以得到青睐，是因为该字体解决了中文字模制作成本的问题，且其大小合适，只相当于大号'圣经体'（great primer，约36 磅）的二分之一。"

但是这种字体不美观，故赖格兰德对此进行了新的设计，曹汝平文中又称："比赖格兰德早些开始研究中文金属活字的戴尔（Samuel Dyer），先是采用铸版造字的方法，在经历无数次探索与试验之后，他还是回归到欧洲传统的造字方法，即以字范为基础，经冲压字模而得到最终的活字。戴尔曾在槟榔屿（Penang）、马六甲和新加坡研究制作中文金属活字，他去世后由施敦力（Alexander Stronach）在香港最终完成 3891 幅大小字模，'香港字'由此得名。"

戴尔研制拼合字的主体思路是怎样的呢？罗佳洋在《从"拼合"到"格致"：有关西人汉字认知的设计史叙述——以"拼音""拼合字"为例》中结合戴尔著作，对其进行描述："大多数的汉字都由不同的两部分组成，'部首'和'字根'，这两部分可以分开铸造，而不会对字体造成大的伤害。整副铅字的 140 个中有 300 个拥有相同的部首，有时候部首会占据方块的一半（无疑所有的汉字都处在一个同等的空间里，即一个方块），有时候占到三分之一，因此两个字冲就可满足于 300 个字的部首，那么就省下 298 个半体字冲（half-punch），即 149 个整字冲。再如，240 个字（14000 个总数中）拥有相同的部首，同上，两个字冲就可满足这 240

字的部首，那么就省下 238 个半体字冲，即 119 个整字冲。接着，在 238 个字根字冲中，有 70 个可以共用在前面 300 个那组里，那么就又多省下 70 个半体字冲，即 35 个整字冲。"

虽然进行了这样深入的探讨，但做出的拼合字仍然有不尽如人意之处，故这几套字模运到宁波后又由姜别利进行了改造。曹汝平在《抉择与启蒙》一文中写道："1858 年，姜别利（William Gamble）来华主持宁波华花圣经书房，随身携带铅字、字模和铸字机，继续铸造并改进书房所用金属活字。但因感到原有中文活字铸造法存在诸多不足之处，所以次年他就开始采用电镀法试制中文金属活字。在近两年的时间里，他和两名中国助手以《康熙字典》收录的 40919 个汉字为基础，先后统计了宁波华花圣经书房和上海美华书馆出版的《圣经》和其他 27 本 8 开大小的著作，对总计 130000 个字进行研究，到 1861 年底，他宣布取得初步成功，其后就开发出有系列字号的'宋体字'（又称美华字、上海字）。相对于以前的造字方法，电镀字（模）是印刷史上一次伟大的技术进步，不仅节约了生产成本和时间，而且还能够制作出具有良好清晰度的小号金属活字。"

经过改造后的字体看上去更为美观，对于这种新字体，曹汝平在《宁波华花圣经书房所用"拼合字"设计论说——以〈汉语活字范例〉为样本》一文中将其命名为"宁波活字"："宁波华花圣经书房前期，柯理、娄理华对所用戴尔与赖格兰德的活字继续进行修正或改良，文字的造型结构趋于饱满，因此很长一段时期内成为书房的常用印刷活字。《范例》最后一部分就是经修改而刻造的新的字体样本——笔者将其称之为'宁波活字'。"

　　苏精在其专著中将姜别利在宁波所铸活字称为"柏林活字"："姜别利到宁波后，在繁忙的华花圣经书房事务中，抽空以一年时间铸出全副柏林活字，到1859年7月底完成。姜别利不只铸字而已，同一年还编印了《柏林活字的样本》（ *Specimen of the Chinese Type* ）一书，包含全字2711个、三分之二大小的拼合字1290个、一半大小的拼合字20个、三分之一大小的拼合字109个、数字和句读符号17个，加上部首214个，合计一副柏林活字是4361个字。"

　　关于宁波活字的价值所在，谢振声在《设在宁波江北岸的华花圣经书房——外国人在中国大陆经营印刷企业之始》一文中称："华花圣经书房的印刷机器主要购自美国。所用铅字字模来自两方面：一是英国传教士戴尔早年在新加坡印刷所所造的中文活版铅字，共1845副字模冲头。二为柯理在宁波自制。在1840年以前，活字铅印汉字已开始在南洋的印刷所中使用，在宁波的传教士又对此加以改进，自浇铅字，制铜模，当时铸成的中文铅字大小与20世纪初的'4号字'相等，虽字画较为粗劣，但已逐渐能使印刷品朝质优、价廉、速度快的方向发展。尤其是印刷行家姜别利主持该所时，他们先以黄杨刻字，间接镀铸，后改以铅字刻坯，直接电镀紫铜并镶以黄铜外壳，这样雕刻之工大为减少，且蝇头小字亦能制得。姜别利始创的电镀中文字模，按点数制标准制作了大小汉字字模七种。曾销售海内外，被称为印刷史上的一次革命。"

　　姜别利对于宁波活字字体的出现起到了重要作用，这与他本身所具有的专业技能有直接关系，《浙江近代图书出版史研究》中称："1858年，也即咸丰八年，美国长老会派遣'拥有印刷主管与电镀铸字技师的专业知识'的姜别利来到宁波，做华花圣经书房第五任印务总监。他带来一套新的柏林中文活字字模，一台电镀铸字机器，于当年月抵达宁波。"

　　姜别利制作新字模的方式是首先使用统计学，上书中谈道："从1858年年底到1859年年初，他延聘两位宁波籍的文人，对汉字在书中出现的频率作调查：用一汉译《圣经》和其他27种中国福音书来计算，结果计算出这28种书实际使用汉字为1166335字，其中常用字有5150个；再把伦敦传道会所制的850个活字加上去，常用基本字约6000个。"

　　接下来，姜别利让这两位文人将汉字的使用频率分为15类进行统计，而后根据得出的数据对排字设备进行了改造，"把这15类汉字制成大小7种不同的汉字铅活字，按《康熙字典》的部首排列成汉字字盘，再按常用字、备用字、罕用字3类，设计一种元宝式的字架（俗称三脚架或元宝架），在正面放24个字盘，中间8盘装常用字，上面8盘和下面8盘装备用字，两旁字盘内装罕用字。排字工人站在中间就架取字，这样不仅大大提高了工作效率，也减轻了劳动强度。这种方法一直沿用到新中国成立以后，所以外国传教士对我国的出版事业是有贡献的，我们在出版史上应该为他们记上一笔"。

　　改造后的字盘大大提高了工作效率。《铸以代刻》中有如下一段引文，对姜别利改革后的活字架有相当生动的描述："柏林活字依据姜别利先生的好主意实施新的安排后，一名少年站在定点，不需移动一步，便可以在两天内排完一组活版。归字的时候也一样。这名少年刚进入华花圣经书房几个月，也才开始排版而已，不久以后他将会在一天之内就完成这件事；在此同时，那些排版工熟手从原有散漫排列的巴黎活字架上检字，至少需要三天才能完成同样的工作。"

　　可见姜别利的到来对宁波华花圣经书房起到了至关重要的作用，因为他不但创造出了新字体，还改革了操作工序，其目的是提高工作效率和降低营运成本。同时姜别利在印刷所内实行以件计酬，《铸以代刻》中写道："姜别利到职后，非常注意成本和效率的关系，他教导中国工匠使用闲置多年的机器，工资也从按月支领改为论件计酬，同时实施夜间加班，提升印刷机的产能，结果1859年华花圣经书房支出2108元，印刷将近740万页，平均1分钱可印32页（都以八开本计）。对照由传教士管理的前年（1858），支出2317元，印刷约617万余页，平均1分钱可印22页（也以八开本计）。两相比较，1859年支出减少而产量提升，大幅度降低了约三分之一的生产成本，等于是一整年省下900元。"

关于宁波华花圣经书房存续的时间及印书的数量，苏精在其专著中给出了如下数据："华花圣经书房在约十五年半期间，印刷出版不下210种、326版本、约160万部、7000万页左右的产品，即使扣除其中居少数的代印图书或文件，仍是极为可观的数量。"

但这些书主要是宗教印刷品以及一些代印之物，其实该书房所印书中最为畅销的一部并不是宗教读物，吴永贵、彭春艳在《复制信仰：华花圣经书房的印刷术与印刷品》中称："据苏精推测，宁波华花圣经书房最受中国人欢迎的读物是祎理哲（Richard Quarterman Way）的《地球图说》（1856年时改名《地球说略》），从1847年到1856年的十年间共印四版，13200部。该书也是华花圣经书房产品中唯一出售而非赠送的中文书。"

查苏精的《铸以代刻》对于此畅销书的叙述，原文如下："华花圣经书房的产品中最受中国人欢迎的很可能是祎理哲的《地球图说》。从1847年到1856年的十年间共印四版、13200部，1847年本书只印200部，此后越印越多，1849 年再版印 1000 部，1853 年三版又印 3000 部，到 1856 年时改名《地球说略》，印量大幅度增至 9000 部，达到初版印量的 45 倍，更惊人的是第四版的 9000 部于 1857 年印刷完成出版后快速传播，在 1858 年和 1859 年两年间发行多达 5364 部，库存剩 3636 部，也就是说这 9000 部的百分之六十在印成后的两年期间已流通开来，尤其本书是华花圣经书房产品中唯一出售而非赠送的中文书，在十九世纪中叶的中国能如此畅销，和其内容正好符合当时中国人的需求肯定有密切的关系。"

《地球说略》讲到了很多科普知识，比如如何解释"地球是圆的"这个问题，该书中举出四个例子来进行说明。例如，在大海上远远望过去，如果前方有船，首先看到的是该船最顶端的桅杆，渐渐驶近才能看到船体，由此说明海平面是有弧度的。如果驾驶船沿着一个方向一直驶下去，就能从相反的方向回到起点。书中还用了月食的例子来解释"地球是圆的"这个常识："又于月蚀之时，有一黑影遮盖月光。此黑影，即是地球之影。因此时日与月相对，地球适在中间。所以日光照着地球，不能射到月中，故地影得以遮掩月色。而其黑影正圆。可知地球全体必是圆形。"

《地球说略》也讲到了西方的印刷技术，比如讲到英国时称："立局印书，其字板用摆板，便于撮用。每字以铅锡铸成，如中国聚珍版然，非呆刊梓桐统板也。其刷印之法，以两人对立于印书架旁，中放摆板数块，一搨墨，一用纸压放板上，甚为便捷。"这些相关的知识对于当时的中国人有着很强的吸引力，这也是该书畅销的原因所在。同时本书内还介绍了大量外国的知识，这也是闭关锁国的清人了解甚少者。魏源被称为最早"睁眼看世界"的人之一，他这方面的代表作品是《海国图志》，他在这部名著中整段摘录《地球说略》的文字达 34 次之多。凡此种种，正彰显了宁波华花圣经书房所出之书在对中国的启蒙方面所做出的贡献。正如熊月之在《西学东渐与晚清社会》中的评价："开埠以后的十几年中，宁波最引人注目的是出版方面。"

但是如此有影响力的华花圣经书房后来却搬到了上海，关于其搬迁的原因，谢振声在《设在宁波江北岸的华花圣经书房——外国人在中国大陆经营印刷企业之始》一文中认为："宁波虽然与上海同时开埠，而且宁波在开埠前及开埠后不久的一段时间内，一直是外商心目中'一个令人神往的获利源泉'。1844 年宁波出口贸易额占总额的 37%。但由于上海借助其襟江带海的特殊优势，发展势头迅猛，很快成为全国外贸的中心。在上海经济的强辐射圈儿内，密迩沪埠的宁波逐渐变为上海这个贸易中心的'卫星港'。到了 1847 年，宁波出口额只占总额的 5%。这样外商离港的船只基本上要放空，所以其兴趣就越来越集中于上海。同时宁波商人也纷纷转移发展重心，把其外贸业务和可利于出口的产品均转到了上海。"

这从经济角度论证了上海的吸引力。宁波商业地位的衰落，使得这些传教士认为有必要将其印刷所迁往商业更为发达的上海。然而苏精在《铸以代刻》中认为印刷所的搬迁跟宁波卢家祠堂所处的不利位置有一定的关系，其专著中提到了歌德在 1849 年 9 月从美国到达宁波，由他来出任新的书房主任，任职不到三年歌德提出了辞职，此后不久他就病逝了。"歌德辞职时已经积劳成疾，宁波布道站于 1852 年 9 月底的年度会议上讨论本案，决定先和上海布道站商量华花圣经书房迁沪事宜，再报请外国传教部决定歌德和书房的去留问题。歌德随即前往上海异地疗养，因不见效果仍回宁波，并等待船期返美，不幸病情加重而于 1852 年 12 月病死。"

歌德的病逝引起了一些传教士的忧虑，他们担心继续待在宁波会影响到其他传教士的健康。苏精在专著中接着写道："在歌德病死前一个多月，宁波传教士祎理哲于 1852 年 11 月初写信告诉娄睿，上海和宁波两地布道站的传教士都认为，派来接替歌德的印工最好连同华花圣经书房都改往上海，由于卢家祠堂过于接近稻田和静止不流动的大池塘，因此非常潮湿，华花圣经书房主任居住的房屋有害健康（unhealthy），不适合传教士长期居留。"

经过一番商议，华花圣经书房最终还是由宁波迁到了上海。该书房在宁波的 15 年间，所印之书就出版物的品种数量而言居在华教会第二位。熊月之在《西学东渐与晚清社会》中统计："自 1843 年至 1860 年，在华教会和外国人在香港、广州、福州、厦门、宁波、上海六地的出版物共有 432 种，上海居榜首，占 171 种，宁波占第二位，105 种，香港 59 种，广州 42 种，福州 42 种，厦门 13 种，而其中宗教书达 345 种，科学书 44 种。"

2017 年我在浙江书展上举办了讲座，在书展上结识了当地的爱书人杨曙光先生，当时他送我一部特制版的《圣经》，并告诉我他在宁波市基督教三自爱国运动委员会工作。随着交往的增多，我得知他对各类书都有收藏，尤其对中国典籍有着特别之爱。

转年春天，杨先生告诉我宁波市基督教百年堂正在举办一场书展，这些展品中有不少是难得一见的早期印刷物。因我对叠积字本有着特别的偏爱，这么多年来仅买到一种，听闻到这个展会中可能有多部此类书，不由得大感兴奋，于是在 2018 年 4 月 22 日再一次来到了宁波。在车站

图二 展板上的照片

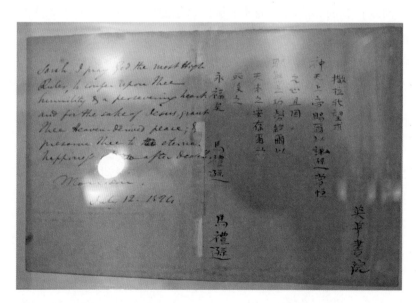

图三 马礼逊手札

又一次见到了杨曙光先生，他介绍了两位新朋友让我认识。其中一位是冯昱先生，冯先生喜欢收藏西文汉学著作，在这方面有着较为深入的研究。另一位则是陈科先生，陈先生是一位电商，他在网上经营的品种同样是书籍。与一些爱书人聚在一起，当然令我特别快乐。

我们一起乘车来到了百年堂，此堂门前挂着一些彩带以庆祝百年堂建堂七十周年，杨先生带我参观了展览，这些展品均由收藏家阮松祥先生提供。我在此看到了马礼逊用中文所写之信，当然也看到了那本著名的《地球说略》。除此之外，还看到了多部未曾寓目之书。在这里还偶遇绍兴图书馆的唐微老师，唐老师也是听到有这样一个展览于是特地赶来

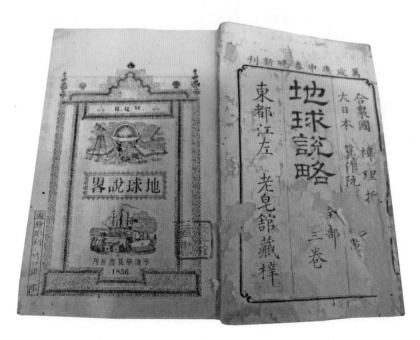

图四　［美］祎理哲《地球说略》

图五　慕雅德《约书亚至历代志略注释》，清光绪二十四年（1898）上海美华书馆排印

参观，她听说今日乃是展览的最后一天。杨曙光告诉我，原本展览今天上午就要结束，但为了能让我看到这些珍贵典籍，他特意请主办者阮松祥展延了半天。杨先生的美意颇令我感动。

前往宁波之前，我已经告诉杨曙光先生自己此行还有一个目的，就是想去看看那座著名的卢家祠堂。杨先生告诉我，祠堂早已不存在，那一带经过多年的变迁已经没有了痕迹。但我觉得华花圣经书房在中国印刷史上有着特殊的地位，所以还是希望能够亲眼看到这处遗迹。故而参观完百年堂的展览后，我等四人一同乘车来到了那处旧址。幸运的是，此街的地名牌上仍然写着"卢家巷"的字样。

如今的卢家巷已经变成了一片现代化的社区，走入其中，看到墙上写着多个大大的"拆"字。杨先生介绍说，这片楼房早已被列入拆迁的范围，故不少住户已迁离此处。楼房的中间位置是一所幼儿园，幼儿园的大门上着锁，旁边一位大妈问我们有何事，杨先生立即走上前向她打听卢家祠堂原来的位置。大妈竟然对此颇为了解，她告诉我们沿着道路

图六　卢家巷

右行，幼儿园西侧的那一带就是。

如今这一带已经拆迁完毕，空地上堆着许多建筑垃圾，我沿着废墟边走边看，希望能找到一些蛛丝马迹，可惜现实不能令我如愿。这一带有一段残破的墙，从砖块的风化程度看，应该有一定的历史，但这段残墙是否跟卢家祠堂有关系，没有人能够回答这个问题。杨先生认为当年卢家祠堂所占之地不会这么小，这片社区之内应该有不少占地都是当年卢家祠堂的地盘，于是我们在小区内四处探看。这片楼房内的住户基本已搬迁完毕，走在这片废弃的钢筋水泥丛林中，很容易让我想起某个科幻电影内的镜头：人类消失之后，地球上的建筑物渐渐倒塌，这些废墟上又会生生不息地长出许多植物，很多动物又自由自在地生活在这片乐土之上。这让我瞬间怀疑作为这个世界主宰者的人类存在的意义究竟是什么。

探访完卢家祠堂遗址，杨曙光先生建议到他的办公室一坐。我原本不想耽误他太多的时间，他却告诉我他的办公处距卢家巷仅一路之隔，顺着他的手望过去，果真卢家巷入口处的马路对面有一栋仿古建筑。此建筑距离卢家巷不超过二十米，也让我明白了杨曙光为什么对卢家祠堂一带的变迁如此熟悉。

杨先生办公处的大门上挂着"宁波市基督教协会"的牌匾，走入其中，里面的装饰极为特别，楼梯旁的侧墙上挂了一张整裱本的石碑拓片，一眼望过去正是那著名的《大秦景教流行中国碑》。目睹此拓片，我心中回响出的声音是：一切皆有定数。

图七　这一带就是卢家祠堂旧址

图八　已经拆成了一片空地

金陵刻经处

精美佛教版画的藏版地

　　这次应该是我来到金陵刻经处的第五趟或第六趟，印象最深刻的是第一趟，因为那次赶上了暴雨，不知道什么原因，刻经处没有开门，我跟朋友站在窄窄的屋檐下，希望能得到一点儿庇护，但那天的雨实在太大了，刻经处的屋檐没能给到我所期望的庇护，最终被浇了个落汤鸡。

　　还有一次，是跟薛冰先生来到这里，那次总算得其门而入，走马观花地参观了刻经处的全貌。那趟参观印象最深的不是这里著名的版片，而是那套《嘉兴藏》，因为那个阶段我有一部书要在紫禁城出版社出版，当时的社领导是章宏伟先生，我几次到他的办公室，他都在那里整理《嘉兴藏》的资料和图片。他从故宫藏的这套书中辑出来每部经后面的题款，又通过这些题款发现了许多不为人知的史实。《嘉兴藏》的零种我手里也有一些，却没有注意到还有那么多有意思的故事隐藏在了书中。听章老师介绍之后我也大感兴趣，可能那时候正在兴头上，所以，来到刻经处看到这里竟然有一面墙的《嘉兴藏》，不由自主就兴奋起来。

某次在北京的一场拍卖会上，我看到了一幅巨大的佛教版画裱本，名称叫《灵山法会》。那幅版画有一人多高，图案刻得极为细腻繁复，细看之下，是木版刷印的，而我还从没有见过这么大的版画。同来的李阳泉兄告诉我，这幅版画就是金陵刻经处刷印的，并且版片还完整地保留在此处。金陵刻经处已经去过几回，怎么没有注意到还有这等宝物呢？我有个毛病，做事情、想问题总是一根筋，不会统筹兼顾，对什么事情感兴趣的话就会直奔目的地而去，本能地屏蔽掉沿途的美景。

观察近些年的藏书风气，版画越来越受到重视，尤其是带上人们最喜欢标榜的"之最"的尤物。这幅《灵山法会》是不是最大的佛教版画木刻刷印本，我不敢肯定，但说是我见过的最大者，这倒是千真万确的一句实话。我决定有机会一定要拜会一下这块佛教版画雕版，也希望能得到其中的一张印本。

金陵刻经处是杨文会居士所创。杨文会字仁山，按照史料说，他在27岁时生了病，接受了一位老尼赠送的一册《金刚经》，读过之后有太多的问题弄不明白，后来又读到了《大乘起信论》，突然就对佛教的教理有了开悟，竟然连读了五遍，由此结下佛缘。

关于杨文会还有另外一个说法，说他在15岁时回家乡结婚，家人为他安排的妻子因患过天花，脸上和身上都是麻点，岳父母同意他可以再娶一房。后来杨仁山跟随曾国藩与太平军作战，曾被派到杭州负责军粮事务。杨仁山的孙女杨步伟在《一个女人的自传》中写道："十五岁就回到家乡结婚。曾祖母一看见新妇那样麻，不觉大哭起来，因为祖父是男子中的美男子，又绝顶聪明。三朝新妇回娘家，外曾祖父母都对祖父说，可以另娶一个妻子，将来你可以作两头大（就是两个妻子都算正妻），只要不欺我们的女儿就是了。"

杨仁山在杭州期间认识了邻家女，此女名巧姐。巧姐温柔可爱，知书达礼。两人相爱后，杨仁山向父亲提起当年允许他再娶一房的承诺，父亲同意了他的所求，其妻也同意此事，唯有其母说等其妻生了孩子后再说，如果是男孩就不能再娶。此后其妻生了一个男孩，而巧姐又不愿意做妾，所以杨仁山只好放弃了再娶的打算。

此况令杨仁山很沮丧，杨步伟写道："但是祖母有婆婆的庇护，又有儿子了，所以绝不肯让步，因此祖父无聊极了，就一天到晚在西湖边走来走去地游玩。有一天，偶然看见书摊子上有一本《大乘起信论》（以后有人说祖父是在安徽看见《起信论》的，我想不对），他就大看而特看起来了，自己就想研究佛学以了终身，绝不做官。"

杨步伟不相信前一种说法，但是按照杨步伟的讲述，似乎杨仁山笃信佛教，乃是失去爱情之故。这似乎有损杨仁山在中国佛教史上的高大形象，但毕竟杨步伟是杨仁山的孙女，由她讲出的事应该更接近事实。

人们往往喜欢把某个机缘巧合解读为某件事的起点，但依我的谬见，一个人是否对某个问题有着前世的宿根才最重要。就像收藏一样，我觉得一个人是否有收藏癖，天性的成分占了绝大多数，而后天的某次机缘巧合，只是个转折点。这就如同一个炮仗，因为它肚里全是火药，被人点燃后才爆了起来，如果它肚里没有火药，你再点也没用。

我对杨仁山的敬佩之处在于他并不只是一般的信徒，他毕竟是见过世面之人。他年轻的时候，就对天文、历算、音韵等很感兴趣，尤为难得的是他还懂得多国语言，曾经以参赞的身份跟随曾纪泽出使欧洲各国，对西方的社会有着较早的了解，在那个时候，也算是"睁眼看世界"较早的人。然而他却能专心于弘法，这个之间的转折点在哪里我却没能探究到。我只从资料上知道他在同治年间移居到了南京，在此之前，金陵城因为太平天国之战而受到了极大的毁坏，这种破坏不仅仅是城市建筑方面的，当时太平天国的政策是要销毁掉所有跟他观念不同的书，其中包括佛教典籍。杨仁山决定要恢复这些佛教典籍，于是创建了金陵刻经处。到了光绪年间，他又把自己的宅院捐给了刻经处，就是今日的金陵刻经处所在地。

同治四年（1865），杨仁山受曾国藩之邀移居南京搞工程建设。南京曾是太平天国的首都，此时的南京已经很难寻觅到佛经。杨仁山在同事王梅叔家发现了魏源编纂的《净土四经》及其他一些经书，于是决定跟几个同好一起翻刻此书。他们筹集到捐款50元（其中包括杨仁山捐款4元），将《净土四经》刊刻了出来。后来的研究者们将该经的刊刻，视为金陵刻经处诞生的标志，同时认定《净土四经》是该处刊刻的第一部佛经。徐国治在为《募刻全藏疏》所作注中称："这样金陵刻经处创始是在同治五年（1866）设立，首刊《净土四经》，为刻经处刻板的开始。"

此后杨仁山与一些信奉佛教之人准备刊刻《大藏经》，他们在《募刻全藏章程》中写道："发心大士，或认刻一卷、二卷，一部、二部，乃至数十卷、数十部，以及全藏十分之几，或数人合认一部、一卷，书尾皆载明。施主姓氏，莫不指定者。功德用于何部何卷，即于何部何卷之尾，如式写记。倘有不愿题名者，亦载无名氏捐资若干所刻，以便稽考。"

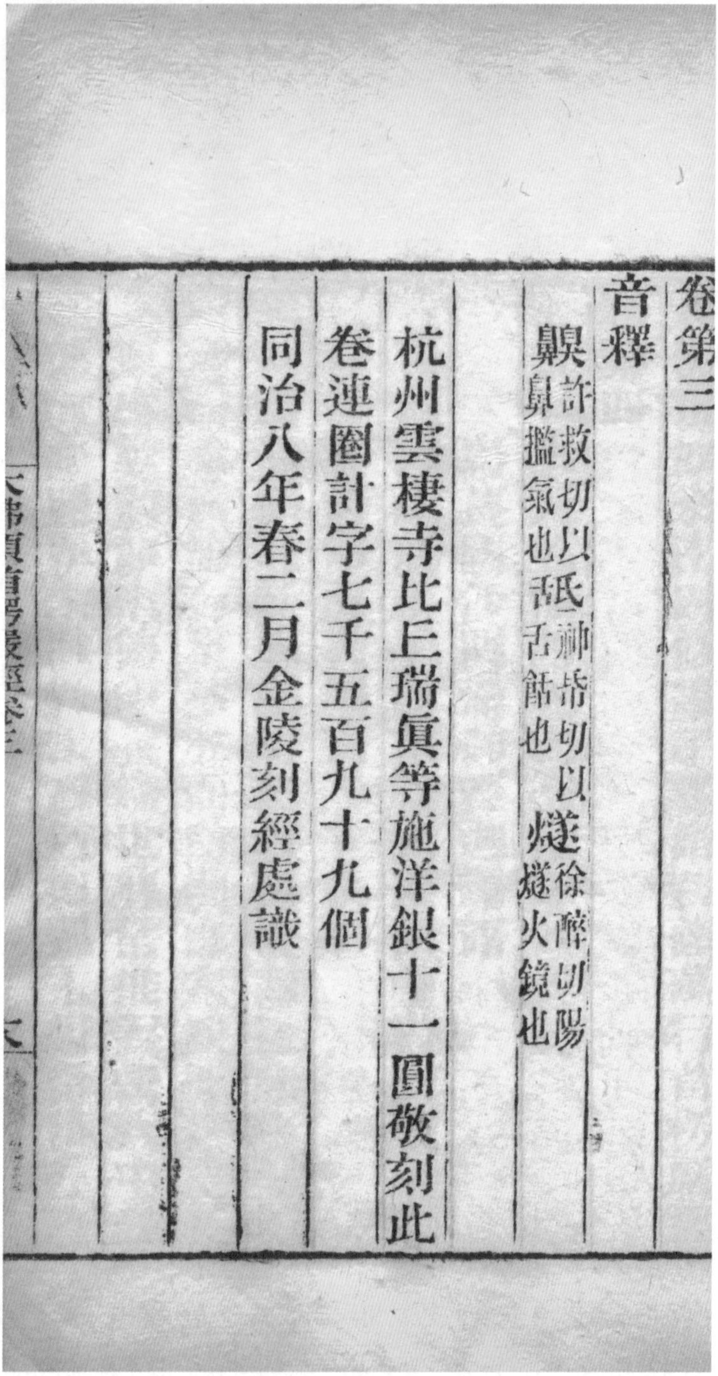

卷第三

音釋

齅 許救切以鼻掤氣也 舐 神帋切以舌舐也 燧 徐醉切陽燧火鏡也

杭州雲棲寺比丘瑞真等施洋銀十一圓敬刻此

卷連圖計字七千五百九十九個

同治八年春二月金陵刻經處識

图一 《大佛顶如来密因修正了义诸菩萨万行首楞严经》十卷，清同治年间金陵刻经处刻本，版记中列明施款人及施款金额、本卷字数

比丘尼傳卷四

切蔾
檾枸若切　檾虛宜切與稀同　枸市
苦切　檾枸把酌器也
也
聊切　初覲切
齒乚　僑旅寓也　巨嬌切　慢切齒乚齒乚田
毀齒乚也　　　此緣齒乚
　嬪音頻　毗賓切許歸士
也切
深　禪切蹟革

金陵信女李蓮觀施錢三十八千文敬刻此部連

圈計字二萬零六百八十九箇

光緒十一年冬十月金陵刻經處識

三

图二　《比丘尼传》刊记，光绪十一年（1885）金陵刻经处刊

《大藏经》体量宏大，刊刻好的经版需要多间房屋予以盛放。对于当时的藏版地，《章程》中写道："刻经处现设江宁省城鸡鸣山北极阁，以便十方善信前来随喜，其刻成经版。此间屋宇无多，须另择名山大刹专藏，以垂永久。届时公议，不得散存他处。"

刻经处成立之初，会址设在北极阁，该阁离鸡鸣寺很近，这里香火很旺，有利于募集刻经资金。但是经过几年的刊刻，所占房屋不够用，杨仁山等人集资占北极阁之地欲重建藏版房，但因故未果。"所刻之经，渐次增重，择定金陵北极阁集资建屋，为藏庋经板地，延僧主持，供奉香火。旋为人所觊觎，起争端，乃移藏家中，延友人专司其事。后居士虽暂离金陵，而刻经不辍。"（《杨仁山居士事略》）

金陵刻经处办得十分成功，但杨仁山等人扩建藏经房的举措遭到一些人的嫉妒，故从中作梗，致使建房之事难以实施，杨仁山只好将版片拉回家中储藏。

光绪四年（1878），杨仁山跟随曾纪泽前往英法等国考察。在出国期间，他仍然惦记着刊刻经版之事，他在给二子杨自超的信中详细讲到应当怎样保护还未刊刻的书版："一、潘文法刻图像之事，最为要紧。……其未刻之版，有画样贴在版面，最妨虫蚀及鼠耗、漏湿等事，须时常察看，以纸隔之。样面须坎放，不可向上，刻完后方可无虑。二、后进屋内所存已刻经版，在东边房内者，贴地易受潮湿，需设法架高，离地一尺，可无虑矣。蔡永立闲空时，令其将版上之霉，次第刷去，不可令他人刷，恐其伤版。另有未刻之厚板，在大桶内亦易霉坏，须另架好，以草护之，免其开裂。"

其实在此之前，杨仁山打算在苏州香雪海一带买地建房藏书版，但最终因为资金不足而放弃。光绪二十三年（1897），杨仁山在南京城中延龄巷买下二十一亩地，于此建房。当时杨仁山一家人也居住于此，杨步伟在《自传》中写道："门框上头写的是'金陵刻经处'，因为搬家的时候，祖父把正在整理刻印的《大藏经》和其他佛学书的印刷所都搬进去了，光是经版贮藏在架子上的就满满占了西边的一进房子。"

建房期间，杨仁山的母亲孙太夫人病重了，她提出一定要死在自己造的房子里，所以房子还未完工一家人就搬了进去。搬入 10 天后，杨母就病逝了。服丧期满除服，杨仁山对三个儿子说：

> 我自二十八岁得闻佛法，时欲出家，徒以有老母在，未获如愿。今老母寿终，自身亦已衰迈，不复能持出家律仪矣。汝等均已壮年，生齿日繁，应各自谋生计，分炊度日。所置金陵城内延龄巷房屋，捐作刻经处为十方公产，永远作刻经藏版和流通经典之所。所欠各处债项，以汝等目前进款大小分认归还计：大房还银一千二百七十八两，二房还银一千零五十七两，三房还银八百七十五两。

别人分家是分财产，而杨仁山分给三个儿子的却是因刻经而欠下的债务。他在延龄巷新建的宅院不在分产的范畴内，而是将此房捐献出来作为金陵刻经处的公产。可见杨仁山为了弘传佛理是何等之无私。此后杨仁山还以金陵刻经处为依托，创办了另外一个会。

光绪二十三年（1897），杨仁山成立了金陵测量会，由谭嗣同执笔起草《金陵测量会章程》。这是中国近代最早成立的民间自然科学组织之一，会址就设在杨仁山家。入此会之人有郑孝胥、徐乃昌、缪荃孙、刘世珩等，当时谭嗣同在南京任候补知府，跟随杨仁山学佛。谭嗣同的《金陵听说法诗序》中称："吴雁舟先生嘉瑞为余学佛第一导师，杨仁山先生文会为第二导师，乃大会于金陵，说甚深微妙之义，得未曾有。"

还是这一年，杨仁山与同仁商议建立祇洹精舍，他在《与释式海书》中写道："今春，同志诸君闻知印度佛法有振兴之机，彼土人士欲得中华名德，为之提倡，但两地语言文字难以交通。明道者年既长大，学语维艰；年少者经义未通，徒往无益。遂议建立祇洹精舍，为造就人材之基。用三门教授：一者佛法，二者汉文，三者英文。俟英语纯熟，方能赴印度学梵文，再以佛法传入彼土。"

杨仁山说他听闻印度佛教有振兴的迹象，很想派人学法，但因语言难以沟通，于是提议创建祇洹精舍来培养相关人才。在筹办期间，杨仁山添造房屋，聘请教师，请来释式海担任佛学教师，邀请苏曼殊担任英文教师。祇洹精舍开办一年后，因为经费不足，再加上没有合适的生源，就此停办。

宣统二年（1910），金陵刻经处同仁倡议成立佛学研究会，公推杨仁山为会长。此会有二十多人参加，是中国近代史上第一个以居士为主体的佛学学术团体。

宣统三年（1911）九月，南京发大水，杨仁山勘察灾情期间受暑气而病倒，他将家事托付给蒯若木。杨步伟在《自传》中写道其祖父对蒯说："我孙辈中有几个人你们力所能及的特别关照一下。第一是三孙女，她虽是女子，志气胜过男子。她要出洋留学学医，将来可以济世，希望你们帮她。第二是五孙子，我希望他学梵文，将来研究佛经。"

对于金陵刻经处，杨仁山将其托付给陈义（宜甫）、陈镜清（樨庵）、欧阳渐（竟无），他对陈义说："余病恐不起，刻经处须付托有人，余欲以陈樨庵、欧阳竟无及汝三人共同担任。樨庵（时在上海）处汝写信去，竟无（时住刻经处）亦代征询。"

当年十月二日，杨仁山召开佛学研究会临时会议，定于七天后召开正式会议，会议议程包括维持保护金陵刻经处办法、将刻经处托付给三人之事，同时杨仁山提出辞去佛学研究会会长一职。正式会议在蒯若木家召开，然而会议还未结束，杨仁山就故去了。

杨仁山去世当晚，佛学研究会经讨论，成立了金陵刻经处董事会，公推梅光羲、蒯若木、濮一乘等十一人为董事，遵照杨仁山遗意，由他指定的三人分别管理刻经处事务。陈镜清任流通主任，负责印刷流通事务；欧阳渐任编校主任，负责编校典籍；陈义为交际主任，负责对外交涉事务。由于未能商议出新的会长人选，于是佛学研究会无形中解散了。

但是这次会议未能解决金陵刻经处房产所属问题。按照杨步伟的说法，起因是欧阳渐和桂念祖打算把金陵刻经处的经版移往江西，但杨仁山不同意。"祖父临终时，只有少数弟子在旁，谈到经房管理的事，祖父说三个儿子各人须在外面谋事养家，以后谁能有力量就给家眷搬出，自立门户，房产久已说过归金陵刻经处，不归任何人私有，须以公产名目，随经版归刻经处之用。一切事务归陈樨庵先生管理，对外交涉一切则由陈宜甫先生交涉，欧阳竟无只专管校对经书，而经版则须永存南京，我遗体永随经版所在。（盖其初桂伯华、欧阳竟无两先生有意将经版移往江西，而祖父不允，屡发生争论，这就是欧阳另立支那内学院的原因，也是父亲他们多年不肯交出房契的理由）"

为了阻止经版运往他处，杨仁山遗命将自己葬在金陵刻经处，永远伴随经版。杨仁山遗命葬于此处，是否真是与经版外运有关，除了杨步伟的说法，难以找到旁证史料。但是按照杨仁山遗命的安排，他很看重欧阳渐，似乎不会因为这件事而让他对欧阳渐转变看法，更何况欧阳渐在《杨仁山居士传》中亦称："塔于金陵刻经处，遵居士嘱，经版所在，灵枢所在也。"

欧阳渐十分推崇杨仁山，他在《杨仁山居士传》中认为传主于弘传佛教有十大功德："一者，学问之规模弘扩；二者，创刻书本全藏；三者，搜集古德逸书；四者，为雕塑学画刻佛像；五者，提倡办僧学校；六者，提倡弘法于印度；七者，创居士道场；八者，舍女为尼，孙女、外甥女独身不嫁；九者，舍金陵刻经处于十方；十者，舍科学伎艺之能，而全力于佛事。"

民国元年（1912）三月，欧阳渐联络桂念祖、高鹤年等七人准备成立中国佛教会，他们起草了《佛教会缘起文》和《说明书》，主张政教分离，淘汰庸僧。他们将此文面呈给临时大总统孙中山，孙中山接见了他们，此后又亲笔回函，函中夸赞该会主张甚好："近时各国政教之分甚严，在教徒苦心修持，决不干预政治；而在国家尽力保护，不稍吝惜。此种美风，最可效法。"

得到孙中山批复后，欧阳渐等人在南京成立办事处，并创办月刊。但因该刊第二期所发文稿言辞犀利，受到僧界抨击，于是中国佛教会无形中解散。

民国七年（1918）冬，欧阳渐在金陵刻经处成立支那内学院，此举得到了沈曾植、陈三立、章太炎等人的响应。1949 年，支那内学院更名为中国内学院。1952 年，该院停办。

2015 年 1 月 6 日，薛冰老师再次带我来到刻经处，在前来的路上他给这里的朋友打过了电话。薛老师告诉我，刻经处的管理现在越来越正规化，尤其是经版库房对外已不允许参观拍照，因为刻经处建立了专门的参观室，把参观跟库房分离开来。而我之前已经跟薛老师说过自己想拍那些经版，所以他先给这里的朋友打了电话。薛老师告诉我，这位朋友是武延康先生，他在这里做研究员，是今日刻经处中最了解这段历史的人，并且他的父亲也是当地著名的藏书家。

再次来到刻经处门口，感觉跟以前所见有些异样。门口处的左右墙上嵌着几块巨大的铭牌，铭牌的颜色都是黑灰色的，从材质上看，似乎

图三　金陵刻经处大门

是金属。左边的一块写着"世界级非物质文化遗产"，具体内容则为"金陵刻经印刷技艺""中国雕版印刷技艺"，这第二个技艺我倒能看得懂，而"金陵刻经印刷技艺"我倒没想明白其中的定状补关系。但不管怎样，说明这里的雕版印刷已经有了世界级的水平，而我此趟再来这里，正是冲着雕版而来。

在我拍照的过程中，武延康先生迎了出来。经薛老师介绍，我跟武先生客套地寒暄了几句，他就带着我二人进内参观。首先来到的是"祇洹精舍"，武先生介绍说，这就是杨仁山先生的居室。从格局上看，我觉得这里原来应该是一个独立的院落。虽然是深冬，寂静的小院还有着一些绿色，尤其是墙角的蜡梅正在盛开，若有若无的暗香弥散在空气中。门口的一棵古藤可能不耐严寒，已经变成了光秃秃的枝杈，但我却喜欢这种苍凉而颓废的美。可能我的眼睛盯着藤枝时有些愣神，武先生告诉我："过一会儿带你去看一株更大的青藤，那是杨仁山手植的。"

祇洹精舍我已经瞻仰过几次，一直没有明白正堂里的牌匾为什么刻着"深柳堂"，一堂而有两号，不知作何解。本想向武先生请教，但我却注意到原来在这间屋里摆着的《嘉兴藏》不见了，改为了一些其他的线装佛经，虽然看上去也很整齐，但我却有了些许的失落。书架两旁摆着两溜展柜，我在玻璃柜里看到了杨仁山的批校本，这是我第一次见到他的字迹，有意思的是这部批校本的书名是《周易禅解》，用佛教中的禅理来解六经中的《周易》，这真是一位通人。这部书展开的页面并非卷首，而是序言的首页，因此不知道原作者是谁，但从纸张和原字体看，这是一部日本刻本。

金陵刻经处成立之后，杨仁山为收集各种佛经底本下了很大的功夫。

图四　祇洹精舍内景

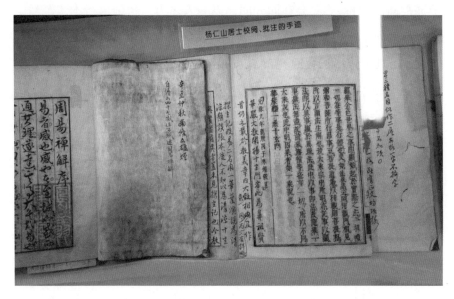

图五　杨仁山批校本《周易禅解》

因为他对佛理深有研究，所以定下了此处刻经的"三不刻"标准：疑伪经不刻、文义浅俗者不刻、乩坛之书不刻。他对自己定下的规矩曾做过如下解释："鄙人志愿，亟望金陵刻经处刻成全藏，务使校对刷印，均极精审，庶不致贻误学者。至他处所刻未精之本，听其自行流通，本处概不与之合并成书。"在那个时候，国内其他地方也有一些刻经处，所刻经书大多数是用寻常见到的《永乐南藏》《永乐北藏》或者清代《龙藏》翻刻的。而杨仁山不同，他要尽量找到历史上已经失传或流传极其稀见的佛教论述。为此，他从日本和朝鲜找回来三百多种国内已经失传的隋唐佛教著述。我觉得展柜里的这部和刻本《周易禅解》应当就是从日本寻找回来的。

对于杨仁山倾尽全力刊刻佛经之事，蒋维乔在《中国佛教史》中给予了很高的评价："文会在同光间，以一人之力，刊刻单行本《藏经》。于是各地同志，相继而起。数十年间，文会所刻为最多，海外之古德佚书，亦由其力，得以收回刊布，遂使佛教典籍普及全国。愿力之弘，关系之巨乃如此。其生平事迹，在佛教史上，诚宜特笔大书者也。"

在另一排展柜里，我看到了杨仁山的遗嘱以及他立下的"分家笔据"，这个笔据里明确写道，将金陵刻经处所占有的自家房产捐出，"永远作为流通经典之所"。在深柳堂的牌匾之下，悬挂着杨仁山居士的照片，我觉得这应当是他晚年的形象，从他那刚毅的脸上，能够看出来这是一位坚定的执于一端之人。我始终觉得只有这种性格的人，才能把一件事情做好、做彻底。

穿过深柳堂进入后院，后院内有一座喇嘛式石制佛堂，外形跟北京白塔寺的那座几乎完全一样，我知道这就是杨仁山的归葬之所。把自己

图六　杨仁山居士像

葬在自己所钟爱的事业旁边，真应当算是最圆满的归宿，可惜，能够达到这种圆满的人在这个世上难有几位。武先生特意提示我，让我注意塔院后方墙上嵌着的两块碑，其中之一是《修建杨仁山居士纪念塔纪念堂记》，落款则是"吴兴褚民谊撰书"。武先生介绍说，褚民谊虽然参加了伪政权，但他是位居士，所以他在南京时修复了金陵刻经处，就这一点而言，还算做了好事。

从塔院出来，武先生带我进入了另一个院落，两个院落之间还有一段古墙，在古墙的下方有一株古藤老树，长长的枝蔓爬满了整个古墙。武先生说金陵刻经处曾经遭受到战争的毁坏，很多房子都是后来修复的，

图七　杨仁山归葬之所

唯有这一段墙真正是当年的遗存。走过这段古墙，前面是两层楼的现代仿古建筑，入口处的门楣上刻着"经版楼"三个字，字旁没有落款，但字体看上去很熟悉，应该是出自赵朴初之手。

　　武先生打开防盗门，一进门就看到了与此前完全不同的景象，里面已经装修成了现代化的展厅，看得出是请了专业的设计人员精心规划。入口处的影壁设计得颇有用心，上下裙墙刻着的都是汉字字块，呈现着雕版汉字的美，有阴刻也有阳刻。美中不足的是，这些字体都刻成了"正"字，如果是仿雕版刻成"反"字将更加惟妙惟肖，但想想自己是来参观的，不是来吹毛求疵的，于是就没有张口。我又注意到玻璃门上贴着"谢绝拍照"的警示语，但也只能作视而不见状。这个影壁墙的正中是一片留白，只在上方有"经像版 125000"这几个字样，这中西结合的表示方式我没能看懂，武先生说，这是表明本馆藏有 125000 片经版。

这些雕版能够留存至今很不容易，1948 年何逸林在《逊清名哲杨仁山先生》一文中写道："抗战其间，金陵陷八载，先生本宅（经坊）曾蒙异国学子数度问津，坚询板存何处，以看守者早将满藏经板之屋（计三大间），妥为封闭，并将坊内通至藏版处所之曲径，饰以障碍物。"

抗战过后，杨仁山遗嘱中的三位接班人仅陈宜甫在世，因为经费困难，金陵刻经处的职工已经全部解散，仅余陈宜甫一人看护经版，他努力与日本人周旋，想方设法把藏经版处遮蔽起来。但金陵刻经处其他的房屋，他却没有办法保护，季文华在《访金陵刻经处》一文中写道："1948 年，只剩下一人看守留下的半间房屋，其余都被外面涌来的三十多户人家占据。树倒墙塌，满地垃圾，连储存经版的十间经版房的窗户铁柱也被人倒卖。屋内壁板被人抽去倒卖后，尘土厚积、潮气上升，几万块经版已经散乱，部分虫蛀，部分被人取去引火。"

1952 年，陈宜甫去世了，金陵刻经处无人看管，杨氏后人杨立生、杨雨生为了避免刻经处消亡，于是向政府求援。"1952 年 5 月 5 日上午 9 时，徐平轩在宗教处负责同志的陪同下来刻经处任职。自此以后，金陵刻经处就在江苏省人民委员会宗教事务局暨南京市人民委员会宗教事务处领导下，会同南京市佛教界共同负责一系列的整理恢复工作。"（武延康《徐平轩居士与金陵刻经处》）

1954 年，政府出资对藏经版的房屋做了地面硬化和粉刷，之后又建了新的经版房。而后根据政策规定，将其他地方的一些佛经雕版一并运到金陵刻经处保存。1964 年 12 月的《金陵刻经处 1964 年业务工作总结汇报》中写道："经版房所存的经版被彻底整理，散失和残破的都在补刻……分散在国内四川、北京、天津、扬州等地的佛经刻版，由于几十年无人看管，损失也不少，由金陵刻经处收集、整理、集中在南京保管。有一些虫蛀特别严重的，入库前经科学部门协助用新方法消毒杀虫。收集来的这一部分经版据徐平轩居士说，残缺部分在刻补齐全后也将印刷流通。"

此时金陵刻经处的佛教雕版已经超过了 15 万片，另外还有一批纸型，原本金陵刻经处收藏有《大藏辑要》纸型 2642 片，后又从上海运来了《普慧藏》纸型 6943 片。

1966 年，金陵刻经处被红卫兵宣布为封建迷信单位。南京市人民宗教事务处给江苏省人民委员会民族宗教事务局呈文《关于撤销金陵刻经处的有关具体问题处理请示报告》，文中提议："对经版的处理，根据不同的价值，计分：确保、一般与不留的三类，其中确保的经版约三万一千多版，一般确保的约七千多版，不保留的约十一万多版（约占百分之七十五）……金陵刻经处机构撤消后，牌子卸除，现有房屋与其他设备一律维持现状，暂时保留，不予处理。撤销该处的对外提法，由于金陵刻经处在佛教界中有一定的影响，因此不宜公开提出撤销。"

但那时的金陵刻经处又一度成为造反司令部，有人将摆放经版的木架拆下来烧火，经版被堆在院子中。赵朴初得到消息后，及时向周恩来总理做了汇报，周总理指示将经版放在一房间内保存起来。1973 年，杨仁山的孙女杨步伟与先生赵元任回国探亲，受到周恩来总理的接见，杨步伟向周总理提出恢复金陵刻经处的请求，周总理随即批示。然因社会原因，金陵刻经处没有真正恢复，直到 1980 年才对经版做了相应的整理。

此后经版库房也由平房变成了二层小楼。

想到这段历史，感觉自己能够在这里看到如此多的版片，已经是一种幸运。展厅里摆放着标准的贴墙展柜，尤其让我感兴趣的是这里面所展示的经版大多都是不规则形状的，这些经版体积硕大，有不少都超过了我的身高。展柜里还有刷印物，我又看到了《灵山法会》，很希望能够得到一张印本，我试探着问武先生这个印本还有没有出售，他的回答让我大感失望。他说这个经版太有名了，已经成了刻经处最重要的文化遗产，多年前就已经封版不再刷印了，所以也不可能再出售。

武先生告诉我，这套大的版画经版总共有18种，都是杨仁山在同治

图八　展柜里的巨大雕版

和光绪年间请南京的著名刻工刻制的。他还告诉了我那几位刻工的名字，有潘文法、甘国有、姜文卿等。当初为了设计这套巨大的版画，他们参照《造像量度经》等资料，尤其是那幅《灵山法会》，里面有 97 个人物，而人物的神态表情每个都有自己的特点，因此被称为中国佛教版画的绝品。说起这些来，武先生很有骄傲的神态，而他越是如此，我越发后悔自己没有将拍卖会上的那一幅拿下。

在展厅的另一个区域，摆着三架子经版，武先生说这些是为了参观之用，以便跟库藏的经版分隔开来，我借机跟他说，自己还是参观库里

图九　每块经版均用细木条隔开

的经版吧。于是武先生带我来到了二楼，打开经版库向里望去，一排排的版片看上去真是有气势。我注意到这里的经版每一片之间都用细木条隔离开来，这种做法跟嘉业堂完全一样。从时间上讲，金陵刻经处要早于嘉业堂，如此推论起来，嘉业堂的藏版方法有可能是从这里学来的。

经版架上，用粉笔写着一些架号和不知道干什么用的数字，在架头的两端还有一些纸箱，纸箱上都印着"金陵刻经处"字样。武先生说，这是经版的周转箱，因为有些版片直到今天还在刷印，需要刷哪套板子，就用这种纸箱装好，用特殊的电梯运到楼下。

参观完经版房，武先生打开对门的那间库房，向里望去，也是同样的面积和同样大量的经版。我走在这些经版之间，感觉自己真像电影上说的穿越到了过去，这种惬意自如简直无法向别人形容。这里的经版有一些还打着包，武先生说这些经版因为还未整理完毕，所以先原捆放在这里。我在一个架子上还看到了一堆专门印书名条的木版，不明白为什么把这些木条堆在一起。武先生说因为这些木条的大小跟经版的尺寸不一样，排列在一起虽然方便，但却不整齐，因此把这些书名条放到一块，这样找起来其实并不麻烦。这些木条的下方也是一些雕版，立柱上用铅笔写着"版权页"三个字。

为什么要将版权页单独拿出来呢？这一点我也没能弄明白。我随手从中抽出一块雕版来观看，意外的是，这块雕版上却刻着很多圆形的图案，完全不像我想象中的那种牌记。武先生说，这里面放着的是一些没有整理的版片。由此看来，金陵刻经处所藏的版片真是个宝库。这里有可能还有其他一些经版，因为残缺不全而未能刷印出来，使得外面的研究者并不知道这里除了收藏佛教版片，还有一些有价值的雕版也藏在了

图十　单独放置的版权页

图十一　经版上的圆形图案

这里。

　　参观完经版房，武先生带我来到了刷印处，里面有几位工作人员正在刷印版片，那种娴熟程度让我几乎无法把场面拍清楚。房间两侧的架子上堆满了刷印出来的印张，我注意到他们使用的工具仍然是最为传统的刷版工具。

　　跟这间刷印室相连通的房间是刻版室，有几位工作人员正在雕版，还有两位工作人员是在旧的雕版上进行剔除，我不明白这是做什么。武先生说，雕版刷印过一段时间之后就会变形，一旦变形就会将一些底色沾到刷页上，这样看上去不美观，因此需要把突起的部分铲平。还有一

图十二　工作人员正在修补版片

个原因，就是雕版经过多次刷印之后，某个字产生了破损，也需要将这个字铲掉，另外补上一块新雕好的字，使得刷印出来的经书完整无缺。

在这里还看到工作人员在雕刻新的版片，武先生解释说有些书版缺失了，或者刷印多次后已经破损得没办法修补了，就需要重新刻一遍。对于其刊刻技法，陈筱娇在其硕士论文《金陵刻经处雕版印刷技艺传承研究》中转引了《南京金陵刻经处的木板印刷经验介绍》一文：

> 写宋体字样本的技术也有其独特的传统。我们遵照相传的六笔头歌诀，即：横平，竖直，点似瓜子，撇如刀，钩如皂刺，捺如锹（点有五种：站点、睡点、瓜子点、腰子式点、兔眼点；钩有两种：鹅瘤钩、皂刺钩；撇有两种：站撇、睡撇）。又以"洪武正韵"的字体为标准，不写别体简体的字，各字一笔不苟。结构四楞四柱，方整匀称，以三七、四六、五五对半等分别配合间架，写时务求达到全篇墨气一样。

穿过雕版室，与之相连通的则是配页室。配页这件事我也曾操练过。大概二十年前，天津古籍书店钤印了几部印谱，经理带着几位店员把整摞的散页子铺在条案上，一页一页地拿过去，按照页码钉成一本书。这种活儿无论听上去还是看上去都极为简单，甚至说可以完全不走脑子。我也参加了这种看起来很简单的活动，然而结果却大出我意料。一页一页拿完了散页子，最后检查时，总会差上几页，这让我对此项工作认真起来，再按照顺序拿页子时，紧紧地盯着，不让自己落掉其中一页，但即使如此，有个别几部还是缺页。可见如此简单的工作，要想做得尽善尽美也绝非易事。

　　今天这里的配页程序却让我大为佩服，里面仅两位工作人员，他们取页的速度比我当年快数倍，并且动作娴熟而优美，这让我想起来孙犁形容白洋淀妇女编席子时的动作："月亮升起来，院子里凉爽得很，干净得很，白天破好的苇眉子潮润润的，正好编席。女人坐在小院当中，手指上缠绞着柔滑修长的苇眉子。苇眉子又薄又细，在她怀里跳跃着。"武先生告诉我，他们这种飞快的操作在后期检查时，几乎没有发现过错页，于是我定神细看他们的操作有什么秘诀，结果还真让我看出来点儿门道：他们把这些书页全部倾斜着放在一起，而我当年是一摞摞地平放，这样倾斜书页既节约了走动的距离，也让每次抽出来的一张纸形成一个整齐的等距离，如果缺了一页，这个等距离立即能看出来。原来小小的窍门竟然躲在这里。

中西合璧译与印

江南制造总局翻译馆

　　我觉得江南制造总局的名气足够大，算是中国现代工业的重要起源地之一，到这里寻访应当是很容易的一件事，然而现实再一次告诉我，有时越容易的事情越难办到。幸亏后来得到了刘晶晶老师的帮助，否则这个寻访还不知要拖到什么时候。

　　江南制造总局后来的名称是江南造船厂，具体位置在上海市高雄路2号一带。其实四年前我就冒失地来到这一带探访，那时这里已经变成了一个巨大的工业区，不但门牌号不明显，并且每一个号之间还有很长的路要走。在这大片的区域内，要想找到当年的江南制造总局翻译馆，可真不是件容易的事。沿途不但行人很少，即使遇到了，得到的回答也是"不知道"。好在运气不错，终于找到了这个门牌号，然而保安却坚决不让我入内，凭我怎样地口吐莲花，也完全不被我的言词所感动。没办法，只能围着范围巨大的铁丝网转圈儿，恼人的是这种网制作得太密，镜头根本伸不进去，只能拍个远景，结果拍出来的效果特别像二战时的集中营。

三年之后的某天，无意中跟刘晶晶老师谈到此事，她说可以帮我找人，我说那当然好。可以毫不夸张地说，我在上海的朋友至少也有一百位，但可惜的是这些朋友身份趋同：都是文化圈内的朋友，跟造船工业一点儿都不搭界。刘老师也是文化人，她说能找到这方面的关系，其实我心中略有怀疑，但还是向她表示了谢意。我觉得她只有在碰壁之后，才会知道这种寻访的难度达到了怎样的等级。果真，此后不久，她给我来电话，说自己到现场勘察了一番，里面确实不让进。但她比我细心，因为她了解到了不让进的背后原因：原来是造船厂的这个地界跟其他部门有产权归属方面的纠纷，故而上峰有令，这里面不让任何人进去，尤其是带着相机的人，更是绝对不可以。

原来不让拍照的理由是担心有人到此恶意取证，如此想来，倒是可以理解。虽然有了现实的理由和心理上的谅解，但我拍不到，这仍然是一个铁的事实，毕竟江南制造总局翻译馆在中国现代化进程中——哪怕把这句话说得再小点儿——在中国翻译史或者出版史上，都具有特殊的地位，如果我的寻访绕过这里不写，那终究是一个大缺憾。刘晶晶对我的唠叨表示理解，她安慰我说，总会有办法，让我不要急。她的不紧不慢跟我的急脾气有着较大的反差，我总把她的这种不疾不徐理解为性格所致，而不是一种做事的方略。事实证明，我的自以为是是错误的。因为此后不久，刘老师告诉我，已经找到了关系，对方同意我进内拍照。

这个结果让我大感高兴。

2016 年 3 月 9 日，我再次来到上海，先放下其他的寻访目标，首先跟刘老师联系，而后打车到约定地点跟刘老师见面。她向我讲述拐了几道弯儿、托了几层领导才最终疏通了关系，并向我强调，告诉我这些细节不是向我表功，因为在这种有纠纷的情况下前去拍照，必须要有一个合理的借口及合适的身份，而她跟领导的约定是文物部门来做历史遗迹的现场记录，所以我二人此刻是上海某文物部门的工作人员。我记下了这个名称，而后由她扮演相关领导，我则作为跟班的拍摄人员。

因为开世博会的原因，江南造船厂这一带的环境已经有了很大变化，司机对这片新区完全不熟悉，开到这一带后，连转了几圈儿都找不到地方。在路边遇到了几位身穿黑衣、手持微型冲锋枪的武警，他们围着一辆同样为黑色的特警车不知在做什么。几圈儿转下来，约定时间马上要到了，我担心迟到会令这趟寻访又生变故，然而这一带的大街上却很少遇到行人，于是我果断地让司机停车。司机说有特警，不愿意停下。我说顾不上这些，能遇到人就不错了，然后下车跑向武警。

在我靠近的过程中，这些特警警惕地望着我。他们的手本能地握紧了冲锋枪，我故作镇定视而不见，直接走到了一位特警面前，语气平缓地向他问路。几位特警围拢过来，听到我的所问，脸上马上显现出释然的表情。他们跟我说话的语气特别和善，虽然他们都说不知道我找的地方在哪里，但接过我的寻访单后，几个人同时掏出手机来搜索目的地，又几乎同时地告诉我如何前往那里。如此和善地对待一位陌生人，这让我瞬间改变了对武警望而生畏的固有印象。

总算找到了接头的地方，在路上刘老师已经几次跟那位前来等候的杨先生通话。来到造船厂的大门口时，远远就看到这位杨先生带着四五位工作人员在那里等候，而这个地点正是几年前我被拒绝入内的同一位置。星星还是那颗星星，大门也还是那个大门，今日再望上去，就跟上次的心境完全不同，再怎么看，也不像个集中营了。昨天的上海下了一整天大雨，再加上这里靠近江边，刚一下车，飕飕的冷风就让我打了个寒颤，我觉得这是上天提醒我不要太过得意，于是"整顿衣裳起敛容"，跟在刘老师身后前去向杨先生等人打招呼。我从杨先生随口应酬的口吻上觉得自己扮演的跟班角色入戏较深，至少他信了。

可能这一带以前是工厂的原因，展眼望去，一大片的空地上看不到任何遮挡物。我们赶到时，已经比约定的时间晚了十分钟。想想他们站

图一 "U"形的老式办公楼

三三二

图二　徐寿雕像

在这空地上至少被冻了这么长的时间，我本能地走上前准备向杨先生表示歉意，但猛然想到，此时此刻刘老师是我的领导，而我只是个随员，于是立即止步，请她走上前跟杨先生等人寒暄。我觉得这一刻有点儿像是在拍电影，多少有点儿扮演地下党的味道。

终于走进了大门，眼前所见是一个"U"形的老式办公楼。在这个"U"形办公楼前方的空地中央，建造着一个花坛，我看到花坛的后方有一尊雕像，于是径直向前走去。这个花坛的正中是一个椭圆形的水池，水池后方的凹处就是那尊雕像的位置。雕像的前方立有铭牌，上面写明这尊雕像正是大名鼎鼎的徐寿。

徐寿对江南造船厂，尤其对翻译馆起到了重要的作用。同治三年（1864）六月十三日，曾国荃率领湘军攻入南京，结束了太平天国之乱。三个月后，曾国藩带领徐寿及其儿子徐建寅以及华蘅芳等，来到了南京。在这里，他们组建了金陵军械所，并且在此制造出了中国第一艘轮船——"黄鹄"号。这当然是为国争光的一件大事。然而这艘船太小了，各方面的工艺也不完善。在制造过程中，徐寿父子意识到了要想制造出精良的机械，首先要掌握科学原理和制造方法，但当时的中国几乎没有这方面的著作，于是徐寿就不断地向曾国藩、李鸿章建议要成立一个翻译机构，以便掌握更多的西方科技知识。

同治四年（1865）六月，朝廷同意组建江南制造局。在曾国藩的支持下，李鸿章在上海虹口买下了美商旗记铁工厂，同时合并上海洋炮局，接着又将苏州的两个洋炮局迁往上海，并委派容闳去美国购买机器设备，而后组建出了江南制造总局。

徐寿到任后，提出新成立的翻译机构应当首先翻译西方的基础学科，以便让人们了解到西方科技的发达跟其整体思想有重要关系。徐寿与华蘅芳、徐建寅等打算编辑一部类似于《大英百科全书》类的中文作品，这么做的目的是保证他们所翻译的西学著作能够有整体性。

但徐寿的建议没有得到曾国藩的认可，曾认为应当很务实地先翻译一些急用的书。为此，相关部门指示傅兰雅从伦敦购买原版西文书籍时，指明要优先购买这几类书：加农炮制造、滑膛枪和来复枪制造、火药制造，以及煤与采煤方面的专著。曾国藩在给徐寿的批牍中写道："该员等此番赴局，宜遵谕专心襄办轮船，能于一年之内赶速制成一二只，乃为不负委用。其轮船以外之事，勿遽推广言之。"

但是，江南制造局总办冯焌光、沈保靖认为徐寿的建议有道理，他们同意徐寿系统翻译西书的想法，在二人的游说下，曾国藩终于同意在制造总局内组建翻译馆。因此说，江南制造总局有了翻译馆跟徐寿有很大的关系。而后这个馆翻译了众多的学术和科技著作，此局的影响力也传到了国外。当时翻译馆的主持之一傅兰雅写了篇《江南制造总局翻译西书事略》，文中有一段专门讲述了徐寿和华蘅芳在翻译馆所起到的重要作用："溯江南制造总局设馆翻译西书之事，起于西历一八六七年冬。成此一举，藉无锡徐、华二君之力为多；盖当时二君在局内为帮办之员，志尚博通，欲明西学。故欲知此举起缘，可陈述二君颠末。"

关于徐寿的雕像，此前我在上海的格致中学也看到过一尊，当时也是在刘老师的安排下我才得以进校拍照，不同的是格致中学的那一尊是整身雕像，造船厂里的则是半身胸像。看着徐寿的面庞，我觉得这是他年轻时的形象，但把这尊胸像立在一个圆圆的水池之后，不知有什么特殊的寓意。

图三　形制像老式保险柜的门

　　而后跟随杨先生参观了这座"U"形办公楼，里面的装修已经改造成了写字楼风格，但杨先生说，里面的木楼梯仍然是当年原物。说到原物，他又带我来到了一个内室门前。这个门很特别，完全是老式保险柜的形制，杨先生介绍说这也是当年的原物。将这么大的一个房间做成保险柜的模样，看来这里当年盛放的物品一定很珍贵。虽然这两扇大铁门已经锈迹斑斑，但依然能感觉到当年这个房间是何等的固若金汤。

　　来到二楼，这里改成了有很多格子间的办公场所。杨先生介绍说，这种改造是当年世博会所为，这里是当时的工作场所之一。而今会议已经结束，人去楼空，我到这里参观一番，其实已没什么值得拍照的。

重新回到院中，同样难找到值得拍摄的故物，唯一吸引人眼球的，是花园中的一棵白玉兰正含苞欲放，我拍下了这人间美景。刘老师也被这美丽景色所吸引，她可能觉得我的拍摄角度并不优美，接过相机看了我的照片之后，直接端着相机又拍了两张。果真，后面两张照片展示了她的艺术修养。我夸赞她说："比我拍的好多了。"这句话刚出口，我突然意识到自己忘记了角色，于是立即补了一句："还是领导水平高！"

走出大门，向杨先生及几位工作人员道谢后准备离去，杨先生问我："看完后觉得满意吗？"我当然只能说满意，但忍不住还是抱怨了一句："在这里没有拍到老房子，尤其没能拍到翻译馆。"旁边的保安问我："什么是翻译馆？"我向他解释说，就是当年翻译国外著作的地方。没想到杨先生马上接话："您要找的是翻译楼吧？"闻听此言我兴奋起来，我说："正是！正是！"问他在哪里，他告诉我说，翻译楼在另外一个地方。我马上要求到那里拍照。杨先生很爽快，说那里可以去看，但有点儿远。于是我请他上车，一同奔向翻译楼。

行驶几公里后，仍然是在这片大区域里，我看到了一个封闭的大铁门，这个铁门没有任何的招牌，只是在门板上写着"半淞园路88号"。杨先生用力敲击铁门，一位保安从里面打开了一扇小门。走进大门的那一瞬间，我就觉得自己来对了地方：我曾在一本资料中看到过翻译馆的旧照。

眼前所见的这一座楼是典型的中西合璧风格，红色的外立面依然保持完好，楼的里侧则是二层的青砖楼，是完全的西式风格。细看这两座楼的外立面，虽然因为年代久远已经有了一些风化痕迹，但基本保持得很完好，窗檐与门檐的花饰均未遭到过破坏。在楼房的另一侧还有几亩

图四　翻译馆大楼

图五　虽然残破，依然精美

图六　楼的背面

图七　铸铁走廊

大小的绿地，而今那片绿地荒芜着，上面长满了杂树与杂草。这种自然的生机让我特别兴奋，我忍不住踏在上面四处张望，无意间看到里侧还有一座红灰相间的老楼，于是立即奔到近前。这座老楼的特别之处，是门前带着花饰的走廊，而这走廊是用铸铁建造而成的，一百多年过去了，这些铸铁的花饰却完全没有受损，不知它是以怎样的方式躲过了历次的破坏运动。

我的啧啧赞叹把他们都吸引了过来，刘老师忍不住又接过相机去拍这些美景。我只能小声地提醒她："同志，认真一些，现在是在拍戏。"遗憾的是这座精美大楼的大门紧闭着，所有门窗上都贴着世博会的封条。透过窗户向内张望，里面黑洞洞的，看不到任何物体，只是隐隐地看到地板已经拱起。在这座楼房的另一侧还有一排两层的房屋，这个房屋的形式也很特别。杨先生说，此楼叫嬷嬷楼，可能是当年修女住的地方。这里为什么还会有修女？杨先生说他也不清楚。虽然没能搞清楚这些细节，但无意中能拍到翻译馆的旧址，对我而言已经远超所望。

傅兰雅所写的《事略》，因为是当时人写当时事，可信度较高，故而后世凡是研究江南制造总局翻译馆的文章，都会引用该文。傅兰雅为什么要写这么一篇文章呢？他在此文的序言中做了如下的交待："江南制造局内设翻译馆，业十余年，远近诸君几若共闻；然其中本末裨益，尚有未详知者，屡承顾问；且常有西人书缄频寄，讯此馆之源流，问译书之理法，究察所用各物之名，访求所译西书之目。然一人事繁，难尽酬应，故将译书大略，撰成西书一册。"傅兰雅的这篇文章写于清光绪六年（1880），他说到此时翻译馆已经运行了十几年，因为翻译馆在社会上的名声越来越大，所以不断地有人来问他其中的来由及本末，傅兰雅解释得不胜其烦，于是就写出了此文，并单独印成一书，之后如果谁再问他同样的问题，他就递上这么一本。

但是傅兰雅的这篇《事略》是用西文写成，因为他原本是送给外国人看的，"因自备资斧，印成此书，分送于西国朋友并乐传格致西人。然书为西文，华友不便披览；若仅裨益西人而不公诸华友，殊属憾事。故不惮劳悴，灯下译成，附于汇编，供诸同好"。看来也有华人向他索要，于是他又把这篇文章翻译成中文，就成了这种半文言形式的一本书。傅兰雅在序言中强调，这本书他是自费出版的，其潜台词是自己没有占翻译馆的便宜。

在《事略》的第一章，傅兰雅强调了徐寿和华蘅芳对此馆的创始之功：

> 以后徐君决意久居上海，以便与西士考证西学，故请曾文正公派于江南新设制造局内，略于一八六七年到局。旋请局中冯、沈二总办设一便考西学之法，至能中西艺术共相颉颃；因想一法，将西国要书译出，不独自增识见，并可刊印播传，以便国人尽知。又寄信至英国购《泰西大类编书》(按即《大英百科全书》)，便于翻译者；又想书成后可在各省设院讲习，使人明此各书，必于国家大有裨益。

而后傅兰雅介绍说，自己本在上海的另外一家报馆工作，翻译馆成立后，他被聘为这里的翻译人员："总办闻此说善之，乃请总督允其小试。又在上海聘请能译书之西士，则遇在字林行作《上海新报》者傅兰雅，因请之购西书数部，即与徐仲虎首译《运规约指》一书；又请伟烈亚力与徐雪村译《汽机发轫》一书；又请玛高温与华若汀译《金名识别》一书。此三书为在上海租界西人宅内所译者，然甚觉不便，莫若在局中译之。又因局与租界相离颇远，则西人不便每日往复，故请傅兰雅在局内所设之翻译馆专办译书之事，即于一八六八年六月中开馆。"傅氏称，他们当年翻译著作就在自己的住所，但是住所离江南制造总局很远，每天往返不方便，于是总局就请傅兰雅在局内专设一地，在此译书。这就是翻译馆的来由。

对江南制造总局翻译馆起到关键作用的其实是徐寿。总局建成之后，徐寿就来此任职。当时翻译馆还未建成，徐寿就给曾国藩提出了总局工作的四项规划："一为译书，二为采煤炼铁，三为自造枪炮，四为操练轮船水师。"如此庞大的总局有那么多的工作，徐寿却把翻译西方科学著作列在第一位，可见在他的心目中，制造武器固然重要，但更重要的是在中国人中培养出更多的科技人才。

当时的翻译馆请到了中外多位专业人士，来自西方的人士除傅兰雅之外，还有伟烈亚力、合信、艾约瑟、慕维廉等；中国人除了徐寿父子和华蘅芳，还有李善兰、蒋敦复、管小异、贾步纬等50余人。中方的这些翻译专家们在翻译方面各有侧重，比如徐寿偏重化学，华蘅芳偏重数学，徐建寅则偏重应用技术。徐寿的三儿子徐华封也在这里工作，他翻译过《镀金》《电气镀镍》等书。华蘅芳则翻译有《代数术》《微积溯源》《三角数理》等。他们的翻译方法其实挺有意思，因为中方的这些专家们基本都不会外语，所以先让外国人读原文，而后将内容的意思讲解给中方人员听，再由这些中方人员根据自己的理解写成汉语。

当时他们还要面对一个前所未有的问题，那就是尽管中国的汉字数量众多，却因为中国古代科技不发达，没有适当的词语来对应西方的科学名词，于是这些翻译家们就开始造字。傅兰雅在《事略》中说：

> 若华文果无此名，必须另设新者，则有三法：一、以平常字外加偏旁而为新名，仍读其本音，如镁、钟、砒、矽等；或以字典内不常用之字释以新义而为新名，如铂、钾、钴、锌等是也。二、用数字解释其物，即以此解释为新名，而字数以少为妙，如养气、轻气、火轮船、风雨表等是也。三、用华字写其西名，以官音为主，而西字各音亦代以常用相同之华字，凡前译书人已用惯者则袭之，华人可一见而知为西名；所已设之新名，不过暂为试用，若后能察得中国已有古名，或见所设者不妥，则可更易。

由此可知，如今中学生极其熟悉的《化学元素周期表》，其中不少字都是当年翻译馆的这些人"创造"出来的。由这个侧面也可知道，当年的翻译馆对于后来中国的现代化进程，起到了何等重要的作用。

显然傅兰雅学会了中国人的谦逊，他在《事略》中并没有强调自己所起到的作用，但用句通俗的话来说：中国人民没有忘记。马来平主编的《趣味科技发展简史》一书中也提到了江南制造总局，文中有这样一段话："外国学者中，英国传教士傅兰雅在译馆供职28年，不仅译书质量高，数量大，而且在订购原版图书、制订译书计划、销售图书和确立译书规则等方面亦有卓著大功。"

傅兰雅1839年出生于英国肯特郡海斯镇，他是家中的长子。他的父亲钟情于卫斯理教派的教义，母亲也是该派信徒，但傅兰雅的爷爷对宗教却无丝毫兴趣，当儿子第一次向他布道时，他就将其赶出了家门。虽然傅兰雅的父亲对卫斯理派很虔诚，但他却没有得到该派巡回牧师的任命，于是他转而加入了圣公会。

不知什么原因，傅兰雅的父母对中国很感兴趣，他们搜集任何与中国有关的报道，还以大米为主食，希望有一天能到中国去传教。有可能是他们的志趣影响到了傅兰雅，傅兰雅从学校毕业后面临着两个选择：一是留在伦敦，二是响应维多利亚主教的号召，前往香港圣保罗书院担任院长。傅兰雅很想留在伦敦工作，然而在职位竞争上，他实力不够，只好于1861年乘船前往香港。

傅兰雅有语言天赋，他在四个多月的航行期间，竟然学会了中文。在圣保罗书院，他负责教授五十多个学生英语，他的努力得到了维多利亚主教施美夫的夸赞。两年之后，他结束了院长任期，前往北京。到北京后他首先请了一位老师教他学官话，仅用了半年时间，他就基本能说一口流利的官话了。之后他到京师同文馆做英文教习，后来圣公会打算在上海开办英华书馆，傅兰雅只好离开北京前往上海开办此书馆。与此同时，他接替美国监理会传教士伍德之位开始编辑字林西报馆出版的《上海新报》，在他的努力下，该报发行量不断增加。在此期间，他同时学习中国方言，先后掌握了三种中国方言。

正是因为傅兰雅具有这些才能，1868年底，江南制造局的负责人冯焌光请他到制造局翻译馆工作。于是傅兰雅辞掉了原有的工作，来到翻译馆，只是他自己都没有料到，他会在此任上工作长达28年，翻译出了上百种西方著作。

如前所言，那时的社会环境急需一些具有实用性的西方著作，尤其是一些科学著作，但傅兰雅不是科学家，他想翻译相关著作就要学习相关知识，因此他的初期翻译工作很辛苦。为了赶进度，有时他会同时翻译几部书，比如上午是煤与采煤，下午是化学，晚上是声学，而他如此辛勤地工作，与翻译馆对他的看重有重要关联。

傅兰雅刚进制造局时，翻译馆已经有两位外籍翻译。早在 1843 年，玛高温就已到达宁波，他是作为传教医生来到中国的；伟烈亚力则于 1847 年来华后在上海负责伦敦布道会的工作，他进入翻译馆后，就与李善兰合作翻译欧几里德的《几何原本》后九卷，另外，他们还合作翻译了罗密士的《代微积拾级》和侯失勒的《谈天》。相对而言，傅兰雅来的最晚，资历最浅，但他却是其中职位最高、薪水最多的一位。

翻译馆的翻译方式是如假包换的"中西合璧"，印书方式也同样如此。《事略》讲述了定稿之后出版的情形：

> 既脱稿，则付梓刻板。中国刻板法，将书以宋字写于薄纸，反糊于木板，则用刀剞劂。书中所有图画，则有画工摹成，同糊板上镌之。至于伟烈亚力所译《谈天》书内之图，则为英国以钢板所印者；而地图与海道各图，乃局内所刻阴文铜板所印者。

由此可知，当年江南制造总局的翻译作品最初都是按照中国传统的方式先雕版而后刷印的，书中的插图则是用多种方式呈现，有的是以中国传统版画的形式刊刻而成，有的则是在英国制成钢版而后印刷，并且当时翻译馆内也能够制造西式铜版画。

对于西式和中式这两种印刷方式，傅兰雅进行了两项对比："近来上海多用铅字活板印中国书籍甚便。局内亦有一副铅字，并印书架等，然所译格致书，仍用古制而刊木板，以手工刷印。此法为欧洲初有印书法之先多年而中国已用者，较铅字活版更省更便。其板各页等大，略宽八寸、长十二寸、厚半寸，每板两面刻字，每面当西书两面之用，可见一书全板，占地无几。有云：'刻一木板，较排活板所贵有限，且木板已成，则每次刷印随意多寡，即只印一部亦可。'此法之便已可见矣。若照西法以活板印书，则一次必多印之始可拆板，设所印者年深变旧，或文字错讹，则成废纸而归无用。惟中国法则不然，不须巨资多印存储，若板有错字，亦易更改，而西法已印成书，则无法能更改也。有云：'最能印书者一日可印五千页，不用印架，不需机器，俱以手工手器印之，而工价亦廉，每四工约得洋一圆。'印书之纸为上等连史纸，另一种次者为赛连纸，较连史纸价扣八折，书用白丝线装订，较平常书籍格外精致，甚合于学士文人之用。"傅兰雅的结论是，中、西印刷方式各有优劣。

对于翻译馆所用的印刷设备，范慕韩主编的《中国印刷近代史》（初稿）一书中称："从傅兰雅文字可知，印书处购置铅印设备，约在1875年后，设备是很原始的，称'印架'而不称'印机'，似属平压型。1880年时，传统雕版印刷工艺，仍是江南制造局印书处主要的工艺方法。《新报》1882年并入制造局，与制造局印书处向近代印刷术过渡有关。"

当年翻译馆所译的第一部书，以及这里总计翻译了多少部西方著作，邹振环在《疏通知译史》一书中称："江南制造局翻译馆是洋务派在1867年兴办起来的翻译外文科技书的机构。从1868年傅兰雅、徐寿合译的《运规约指》开始，到1907年舒高第译刊《美国宪法纂释》的近四十年间，江南制造局共译了199种书，另有已译未印或未译成的共40余种。"

冶金錄卷上

美國阿發滿撰

英國　傅蘭雅　口譯

新陽　趙元益　筆述

此卷論範模造法

冶人之事創於古昔後人精益求精法既備而器亦愈多

世間利用之器陳設之器工細之器大半皆由金類鎔鑄

而成造範模者實爲工藝中巧妙之事而甚有益於民生

日用者迨西國有極大之器具重三十餘噸者又有古功

臣之遺像及今名人之像以及最細最巧之銅鐵等器如

鐘表中機件之類皆能顯出造範模者之心思與手法也

冶金上範模造法

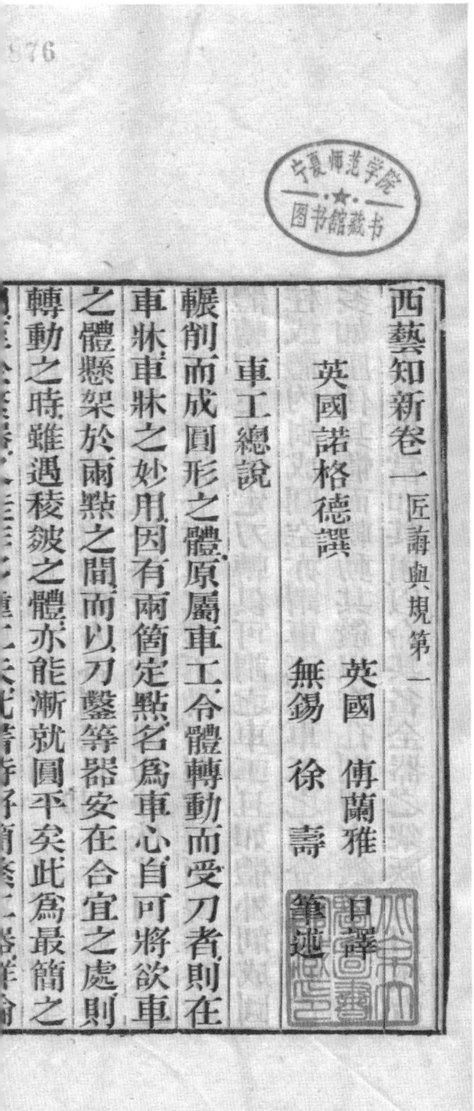

行海要術卷一

美國　金楷理　口譯
崇明　李鳳苞　筆述

引

凡行海者欲令所行之路既不迂遠又免危險則須深明
行海之理欲明行海之理須知地面經緯各圈及船之原
在處原省日處又須知船之欲到處到省日距原處若干里船行
之方向船行之速率而後可定如何行法此即紀行法航
法簡紀行法難免差錯專恃之必遭危險故又有測量法
推算天空之日月星辰以定船之所在可與紀行法互相

西藝知新卷一　匠誨與規第一

英國諾格德撰

英國　傅蘭雅
無錫　徐壽　筆述

車工總說

輾削而成圓形之體原屬車工令體轉動而受刀者則在
車牀車牀之妙用因有兩箇定點名為車心首可將欲車
之體懸架於兩點之間而以刀鑿等器安在合宜之處則
轉動之時雖遇稜皴之體亦能漸就圓平矣此為最簡之

图九　傅兰雅、徐寿合译《西艺新知》卷首，清同治十二年（1873）江南制造总局刻本

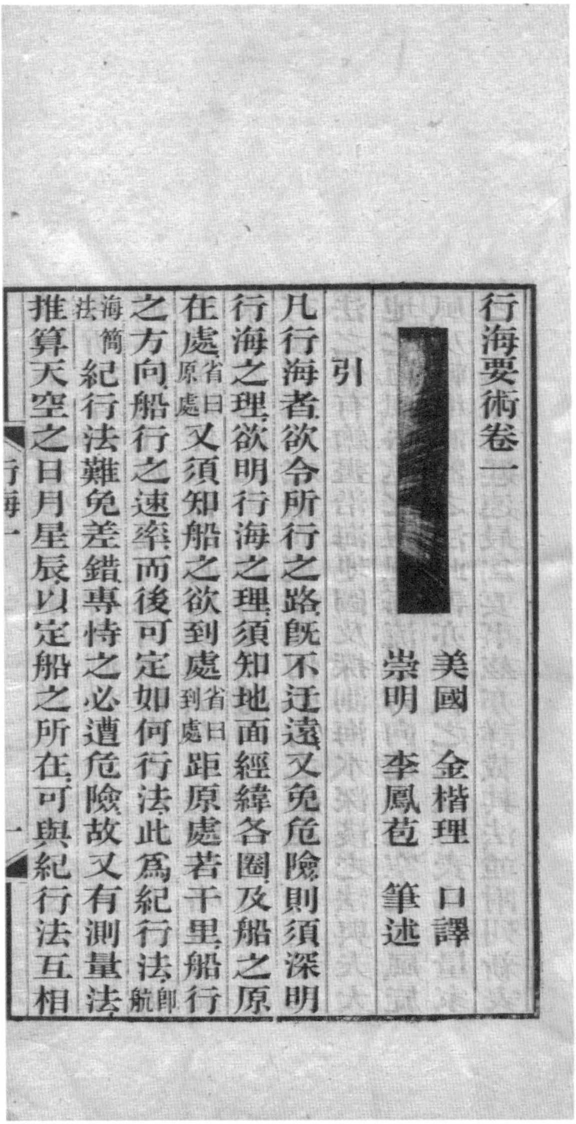

图十　金楷理、李凤苞合译《行海要术》卷首，清江南制造总局刻本

由此可知，翻译馆的第一部译书就是由傅兰雅和徐寿共同对译的。

在这四十年中，翻译馆总计译出了 199 种书，这个数字跟《中国印刷近代史》（初稿）所载相同："在清末四十多年中，江南制造局编译处印书处共译印出版西书有史志、政治、兵制、工艺、数学、理化、医学等 22 类 199 种。1871—1880 年间出版的 98 种 235 册，到 1879 年统计，共售出 1111 部，83454 册。"但王赓唐、王锡南主编的《徐寿、徐建寅传论》一书中的统计数字与之略有差异："自同治七年（1868）至光绪六年（1880）10 多年之中，共译书 156 部，411 本；刊印 98 部，235 本；发行 32111 部，83454 本。译书付印是从同治十年（1871）开始的，以此推算，平均年销量在 3000 部、8000 本以上。"

书是印出来了，接下来如何销售呢？邹振环先生在《20 世纪上海翻译出版与文化变迁》一书中称："1885 年傅兰雅在上海创办格致书室，发售江南制造局的译书。1886 年书室售书目录列举中外书籍、地图、挂图等 371 种，两年后的目录增至西学书 650 种。不久，北京、烟台、奉天、天津、杭州、汕头、福州、厦门、香港等地先后开设书室分店，销售书籍达 15 万册。"看来傅兰雅不但翻译书，同时还负责对外销售，他不但在上海设立了专卖点，同时还在很多的中国城市设有销售处，堪称全才。

1880 年之后，翻译馆渐趋衰落，因为馆内的翻译人员相继离职，有很长一段时间，西方译员中仅有傅兰雅一人，华人译员也仅剩徐寿。1884 年，徐寿去世。1896 年夏，傅兰雅前往美国伯克利加州大学担任东方语言与文学教授，翻译馆彻底冷落了下来。

其实翻译馆的衰落，跟当时的环境有重大关系。甲午战争后，国人痛定思痛，看到了日本效仿西方变革维新的成效，于是很多人前往日本留学。这些留学生在日本看到了许多用日语翻译的西方著作，诸宗元在为顾燮光《译书经眼录》所作的序中称："若日本文译本，则以光绪甲午我国与日本构衅，明年和议成，留学者咸趋其国，且其国文字移译较他国为便，于是日本文之译本遂充斥于市肆，推行于学校，几使一时之学术寖成风尚，而我国文体，亦遂因之稍稍变矣。"

当时的人们认为，通过翻译日文书来了解西方科技更为便利，于是很多西方著作通过日文转译成为中文，而翻译馆直接翻译西书，显然难度要比从日文转译为中文大得多，这种状况使得翻译馆逐渐失去了竞争力。

1912 年，江南制造局总理李平书辞职，北洋政府陆军部派陈洛书前往上海接管江南制造局。陈洛书到局后，随即决定裁撤江南制造局的一些部门，其中就包括翻译馆。1912 年 12 月 17 日，陈洛书给北洋政府陆军部发电报：

> 已遵于月之十四日停放年工，并遵饬将闲冗机关报销处、统计处、总检查处、议价处、工程处、庶务处、差遣处、招待处、图书处、翻译馆、太（天）文馆、实习馆等十二处全体裁撤。又翻译处除酌留一员外，余均一并裁撤。

陆军部很快批准了陈洛书的要求，1912 年底，江南制造局翻译馆正式关闭。

江南制造局翻译馆所译之书，对后来的许多人都有着重要影响，比如傅兰雅 1885 年翻译出版的《佐治刍言》，梁启超在《读西学书法》中评价该书说：“《佐治刍言》言立国之理及人所当为之事，凡国与国相处、人与人相处之道悉备焉，皆用几何公论，探本穷源，论政治最通之书。”

综上可知，江南制造总局翻译馆在中国近代史上有着何等重要的作用。真盼望着这里能够在整修之后对外开放，让今天的人们感知到，当年有一群人，曾经在这里努力地开拓着国人的视野，带领人们走向现代化。

土山湾印书馆

让孤儿们有一技之长

越大的城市打车越困难，上海尤其严重。2016年3月9日一大早，我请酒店的门童帮我用打车软件叫车，他听到了我的目的地之后说，这个地方距酒店太近，早高峰期间不会有车愿意去，建议我加5块钱小费。我说没问题。等了几分钟，竟然无人接单。门童建议我把小费加到10元，我也只能按他所说的再试一试。果真，马上就有司机接单了。

其实上海早高峰的堵车情况不如北京严重，但打车依然这么困难，我也不知道这些便利的发明究竟是好是坏。不管怎么样，不到十分钟的时间就来到了土山湾博物馆的门前。这里的门牌号是上海市徐汇区浦汇塘路55-1号，这个地点离漕溪北路较近。其实半年之前我来过这里一次，当时是刘晶晶女士带我前来的，当我们到达门口的那一刻，正好赶上了快要闭馆的时间。门卫铁面无私，不听我的游说，因为我告诉他，此时距闭馆还有三分钟的时间。而门卫认为以三分钟的时间来看展，不能体悟到此馆的博大精深，让我转天开门时再来。

而今再次来到土山湾博物馆的门前，这里的大门依然紧闭，因为我到达时还没开馆。眼前所见的楼体跟我上次来时有了不同，而今整个博物馆的外立面全部被脚手架包裹了起来，看来又进行了大的整修。显然，这样拍出来的楼体很不美观，好在我上次赶到此地时，虽然关了门，但还拍了几张楼体外观的照片。

因为还没到开馆时间，我多了一份从容。我在此馆的附近来回转悠，

图一　土山湾博物馆外观

无意间看到隔壁有一座红楼，红楼门口挂着文保牌，走近细看，上面写着"马相伯旧居"。这倒是一个意外收获。虽然马先生不在我的寻访名单之内，但这并不影响我对他的尊重。如果给马相伯定位，他应当是中国教育界的泰斗级人物，比如他在1903年捐款办起了震旦学院，1905年又办复旦公学，1913年时还代理过北大校长。没想到他的旧居竟然在这里。

中国著名雕塑家张充仁跟马相伯也有一定的关系。张充仁原本就在土山湾孤儿工艺院学艺，六年之后出徒，而后马相伯介绍他到一个杂志社去工作，后来又介绍张充仁认识了前外交总长陆徵祥。陆徵祥介绍张充仁认识了《二十世纪报》漫画周刊主编乔治·勒弥，而后张帮助乔治完成了他的著名作品《丁丁在远东》（又名《蓝莲花》）。

而今马相伯的旧居已经焕然一新，旁边的侧墙上写着"上海市信息管理学校／董恒甫高级中学"。这个名称写为了两行，我不确定是同一个单位，还是一个楼分成了两家。

终于等到了开门时间。走进博物馆，门口的保安突然喊住了我，他递给了我一张门票。在进门之前，我已经看到门口的告示，这里可免费参观。保安的这个动作让我不知如何应对，看了下票面，上面写着20元。我刚想掏钱夹，保安又说"免费的"。既然如此，那我也就不想知道递票这个动作是什么含义了，于是径直向馆内走去。

从外面看，土山湾博物馆面积不大，走进室内才看清这里是纵向设计。进门之后是一条长长的走廊，走廊的侧方有着长长的一排铜雕，展现着当年土山湾工坊里工作的场景。穿过这条长廊就进入了主厅，主厅也是纵向设计，正中的位置摆放着此博物馆的标志性展品，就是那座木牌楼。这个木牌楼从制成到今日，还不到一百年的时间，然而它却有着

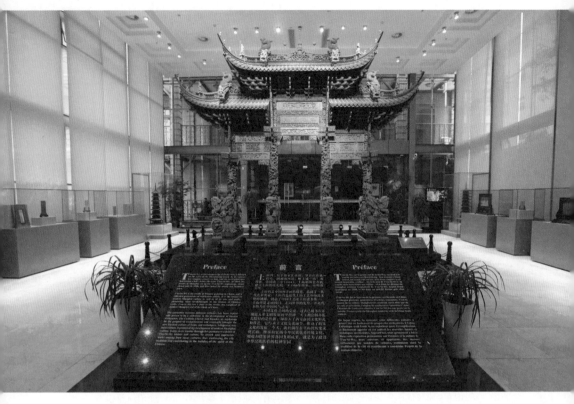

图二　土山湾中国牌楼

一段曲折的经历。

　　1913年，就是在这个土山湾孤儿工艺院开始制作牌楼，两年之后牌楼制作完毕，而后运往美国旧金山参加"巴拿马—太平洋"世界博览会。当时这座牌楼就摆放在中国馆中的教育馆，同时展出的还有上百件土山湾工坊送去的工艺品。

　　当年牌楼的主要制作人是葛承亮，他带着土山湾孤儿院的数十名孤儿对此精心制作。这座牌楼全部是由柚木雕造而成，由上千个雕件组成，制作得十分精美，故旧金山世博会之后，这个牌楼就被美国芝加哥菲尔德自然史博物馆买下。再后来，这座牌楼又参加过几次大型的展览会，而后几经周折，又被卖到了瑞典。

关于这个过程，宋浩杰在《土山湾中国牌楼的百年世博情》一文中讲道："1985 年，一位对中国历史和文化颇有研究的北欧建筑师 M.Woeler 先生得知了此事，出面多次与美国人实地进行交涉，最终在纽约一个知名的律师事务所和印第安纳大学的鼎力协助下，在欧柏林城地方法院打赢了官司，从那里抢救出剩余的土山湾牌楼所有构件，并于 1986 年 1 月成功运抵北欧瑞典。在瑞典，建筑师 M.Woeler 先生组建了一个基金会，开始了牌楼的修复和研究工作，同他联手研究的还有一位滋润着中华传统文化长大的瑞典籍华裔学者。"而后上海市徐汇区文化局开始跟瑞典有关方面进行接触，到 2009 年 4 月 23 日，双方签署了土山湾牌楼的转让协议，终于在 2010 年把这座牌楼又运回了它的出生地，成为上海世博会的一个重要标志物。

眼前的这座牌楼，外观看上去虽有些残破，体量却雄伟壮观。可能是辗转多地，使得牌楼上的一些部件已经损坏，能够看得出，有许多的构件都是后来补配的。旁边的说明牌上写着"浙江省东阳木雕古建园林工程有限公司历时半年，捐修土山湾中国牌楼，捐修费用人民币 180 万元"。东阳木雕近百年来享誉中国，而今那里的新雕工也很是昂贵，然却能做这种公益之事，想来让人佩服。

在这个主展厅内，除了牌楼，四围还摆着一些展柜，里面的展品全是一些留青竹刻，虽然这种工艺也是中国画的老传统，然而这些展品的雕造图案却完全是现代的审美情趣。把这些竹刻跟牌楼摆放在一起，怎么看似乎都少了点和谐。除此之外，展厅内就没有更多的可看之物了。这当然不能满足我的好奇心。两次来到这里，能见到的就是这么一座

图三　牌楼的修复部分

牌楼，我于是忍不住走到门口向工作人员请教。此人说，我刚才参观的只是前厅，主要的展线是在后楼。原来还有后楼。

其实那个楼我早已看到，此楼跟展厅不相连，并且门口还挂着国家机关常用的棉门帘，我以为那里是禁止参观的办公场地。这个误会让我白白地在前厅里耗了半小时。走进后楼，果真别有洞天，里面的橱窗布置得正规而严谨，而我最关心的，当然是这里的印书馆。说到印书馆，首先要聊聊土山湾的来由。

如前所言，土山湾处在上海的徐家汇，而徐家汇在上海的西南部，徐家汇之名跟徐光启有直接关系。明万历三十一年（1603），徐光启受洗，并带领家人和族人一起入了天主教。在他的带动下，上海地区信仰天主教的风气渐渐传播开去，徐家汇一带成为上海天主教的起源地。

徐光启去世后就葬在了这一带，三年前，我专门去拜访了他的墓园。当年，徐光启的一些后人就在他的墓地附近结庐而居，这一带也就被人称为"徐家"。张伟、张晓依所著《遥望土山湾——追寻消逝的文脉》一书中称："两侧又有肇嘉浜和法华泾两条河流交汇，因而被称作徐家汇。"

关于土山湾一名的来由，苏智良在《土山湾的由来及其演变》一文中称："据志书记载，明清两代流经今徐家汇的有三条河：肇嘉浜、李漎泾（又名法华泾，在今虹桥路）和蒲汇塘，因河流淤塞而疏浚肇嘉浜、蒲汇塘，于是堆泥成阜，积在蒲汇塘河湾处，称土山湾。"看来这徐家汇是由三条河流汇积而成。而后这一带因疏浚河道，从河中挖出的淤泥堆出了一座小山，所以这里就被起名为"土山湾"。

康熙五十九年（1720），清廷发布命令，禁止传教。到了雍正元年（1723），这条法令变得更加严格。而后的一百年，天主教在中国并未消失，只是转为了秘密传播。道光二十年（1840）以后，清廷有限制地对外开放，耶稣会总会长罗当接受江南主教罗伯济之请，派遣法国耶稣会士南格禄、艾方济和李秀芳三人返回江南，他们几经周转，于两年后抵达上海，选址在青浦横塘。南格禄神父被指定为江南教区会长。道光二十六年（1846），南格禄从青浦迁入徐家汇，在那里建造了住所和临时教堂，天主教在上海复兴。

　　道光二十九年（1849），江南一带发生严重旱涝，致使很多家庭养不起孩子，田野和道路上时常有被遗弃的孩童。基督教强调生命的神圣，阿尔文·施密特在《基督教对文明的影响》中说："公元313年基督教合法化以前，孤儿们被信奉基督教的家庭领养，公元313年以后，基督徒办起孤儿院养育孤儿。"

　　面对江南的自然灾害，教徒们尽其所能救助弃婴，但是本地基督家庭经济能力有限，虽然教会会支付一些救济金，但也找不到更多的寄养家庭，于是横塘修道院的修士就把一些儿童安置在耶稣会士的老房内。在四个月内，他们收养了60多个孩童，于此建立起横塘孤儿院。

　　道光三十年（1850），横塘修道院迁至浦东张家楼，孤儿院从横塘迁到了青浦县蔡家湾。此后的几年内，蔡家湾孤儿院收养儿童达422个。当时的蔡家湾孤儿院由夏显德管理。咸丰八年（1858），夏显德前往北方，蔡家湾孤儿院由马理师代管。两年后，上海周边地区相继被太平军攻陷。同年八月十七日，太平军攻入孤儿院，蔡家湾孤儿院被烧毁，太平军以"私藏鹰洋"之名杀掉了马理师，一些幸存的孤儿穿越田埂逃脱，教会在小南门内租房收留了这些逃出的孤儿。太平天国战争结束后，江南耶稣会会长鄂尔璧安排一些孤儿返回徐家汇一带，所用住房依然很狭窄，鄂尔璧想办法在这一带寻找土地，准备建造起新的孤儿院。

　　土山湾孤儿工艺院所编《土山湾孤儿工艺院一览》中介绍了这个经过："本院创始于前清咸丰五年（1855），由天主教教士薛孔昭司铎设立于青浦县之横塘，继而迁至上海西乡之蔡家湾。咸丰十年（1860），发匪至蔡家湾，孤儿房屋被焚，掌院马教士因救护孤儿亦遇害殒命。逃生之一部分孤儿遂寄居于沪南之董家渡。"

道光年间，林则徐出任江苏巡抚时，为了疏通漕运，派民众疏浚漕溪、肇嘉浜、蒲汇塘等地，将挖出的淤泥堆积在一起，形成了一座高大的土丘，当地人称其为土山湾。

同治二年（1863），鄂尔璧看中了土山湾，他想将这块土地买下来，《江南育婴堂记》中称："地主起初坚不肯让，再三央人设法始买到，此土山连西北良田十余亩，适欲择地以造育婴堂，会议决定就在此处营造。"

土山湾是一座大土丘，在此建房并不容易，对于这个过程，1943年3月15日《申报》刊发的《上海第一个孤儿院——土山湾孤儿院巡礼》一文写道："徐家汇南端，原有一座土山，大概以地势与人事关系，积土成丘，上海人少见真山，夸大称之为山。而在这山丘的东南，蒲肇河细流迂回其间，多人即合土丘与曲水而名之为土山湾，自从孤儿院开办以后，土山已夷为平地，建起院落来了。至今这蒲水两岸，立起巍峨的建筑物：天主堂，天文台、修道院、圣母院和孤儿院，成为上海西南一大名胜区。绿荫深处，时而传来礼拜堂的钟声、圣诗声和诵读课本的声音，悟静、和平、庄严，和烦嚣的上海构成强烈的对照，变成小小的世外桃源。"

原来耶稣会是把土山夷为平地后，再在那里建起房屋，可见这是一项不小的工程。待房屋建造完毕后，原修道院的孤儿迁至新址。由于战乱的影响，有些孤儿产生心理问题，不愿意住在修道院内，有很多孩子逃跑。耶稣会觉得应该教给孩子们一些技能，这么做一是为了稳定他们的身心，二是让孩子们得以有一技之长，于是耶稣会先后派了一些有各种技能的神父和修士来到土山湾孤儿院，在这里成立了图画间、木工间、制鞋间、印刷部等。

此前西班牙修士范廷佐被派往上海，负责设计董家渡和徐家汇教堂。咸丰元年（1851），范廷佐在主持圣·依纳爵教堂的设计和施工时，发现需要大量的绘画和雕塑作品，于是提议招一些热爱艺术并愿意为天主教事业献身的中国学生，教他们雕塑和绘画技法。他的提议得到了郎怀仁神父的支持，于是他们创办了一所艺术学校（圣·依艺术工作室）。

范廷佐培养出了多位有名的画家，比如土山湾画馆的首任馆长陆伯都，就是范廷佐教出的第一个学生。土山馆画馆最早画水彩画的画家徐咏青也是范廷佐的学生，徐咏青在水彩画创作方面很有成就，曾在商务印书馆出版过《中小学图画临摹本》，在大东书局出版过《水彩画风景写生法》。

徐咏青被视为上海地区第一位最有影响力的水彩画家，二十世纪初，他和周湘、张聿光等人成立了"加西法画室"，自己又在四马路开办了一家水彩画馆，此画馆设有月份牌画科，培养出了一批有影响力的月份牌画家。张充仁在《谈水彩画——京沪两地画家座谈会报导》中说："徐咏青早年在土山湾教会里学画，尽量从19世纪末外国最好的画家的成就中吸取营养，又常和任伯年、吴昌硕等交往，对中国画体会得深，对外国水彩理解得透，加上对中外绘画理论的钻研，不怪在水彩画上有很高的艺术水平。"

土山湾印书部原本是孤儿院一个小的部门，但印刷需求量大，使得印书部迅速扩张，成为上海著名的印刷厂。潘建国在《清代后期上海地区印刷文化的输入与输出》一文中称："近代上海印刷文化的核心，是对以铅、石印刷为代表的近代印刷技术的吸收与实践。最早将近代印刷术带入中国的，是西方的传教士。为传道及牟利之需，他们在上海设立了设备先进的印刷机构，其中最为重要者，当数墨海书馆、美华书馆与徐家汇土山湾印刷所三家。"

对于土山湾印刷部的发展情况，邹振环所著《疏通知译史》中有《土山湾印书馆与上海印刷出版文化的发展》一文，该文对此有详细论述。文中引用了法国传教士费赖之在《1869年的江南教区》中的所言：

> 土山湾孤儿院为教区做着一件杰出的工作，那就是它的印书馆。这所孤儿院印书馆成了传教区最活跃、最得力的传教工具。在1869年，它至少已拥有"七十种作品的木版，都是有关宗教和引人热心的圣书，或为教外归化，或为圣教辩护，或为训导培养教友虔诚精修"。其中大部分是十七、十八世纪由利玛窦、柏应理、李玛诺、南怀仁、艾儒略、潘国光、庞迪我等旧耶稣会神父的优秀作品的再版；后又增加了李秀芳与晁德莅两位合著的《圣母月》和李秀芳著的《若瑟月》。

邹振环认为这段话有两点特别值得注意，"一是两年内已经能够印制出70种关于天主教教义和圣教辩护的木版书，没有一个专门运营系统的印书机构是难以想象的"。邹振环注意到了早期的土山湾是用中国传统雕版形式来制作书籍的，短时间内土山湾能够出版七十种木版书，这对于中国古代书坊来说是不可想象的，可见其规模之大。他同时提到，同治六年（1867）土山湾印书馆已经在土山湾孤儿院工艺工场中构成了一个独立机构。印书馆由"印刷部""发行部"组成，但早期印书馆对外使用的名称没有确定下来，因为孤儿院内有慈母堂，因此早期出版物多称"土山湾慈母堂藏板"，之后又有"徐汇书坊""土山湾天主教孤儿院印刷所""土山湾育婴堂印书馆""土山湾孤儿院印书馆""土山湾印书房"等不同称呼，直到二十世纪初，其出版物则大多在版权页上标为"土山湾印书馆"。

邹振环提到的第二点乃是"与墨海书馆类似，尽管土山湾后来一直被视为西方近代印刷术东传中国的最重要的据点之一，但早期该馆缘于客观条件，采用的是中国传统的雕版印刷术，因此，土山湾印书馆事实上是在印刷术领域实施中西印刷技术对话与交流的一个重要场所。土山湾印书馆不久后成为上海印刷出版业采用西方新式印刷术的引路人，与该馆已经能够娴熟地运用中国传统的雕版印刷术有着密切的关系。该馆初创时期就娴熟地运用中国传统的木版印刷术翻印了大量明清之际天主教的汉文西书，在装订技术上也利用了传统古籍的装订样式"。

对于土山湾印书馆成立的时间，按照《本国之部：土山湾印刷所五旬金庆志盛》中的所载，可推断出土山湾印书馆成立于同治九年（1870）。但任东雨在其硕士论文《土山湾印书馆出版书籍研究》中谈到孤儿院迁入土山湾后，其附属的印刷工厂就已开始运作，"1864 年 12 月，原本在徐家汇堂工作的娄良材修士被调到土山湾孤儿院，负责各个工场的运作。在他于 1865 年 5 月 24 日因伤寒去世之后，他在徐家汇堂制造的石印用的架子和印石被搬入土山湾。在此之后，天主教江南代牧区就只有土山湾印书馆这一所印刷、出版机构"。

那么为什么会有"同治九年说"呢？任东雨认为："1870 年前后，苏念澄神父买下了一套铅铸中国字，后来这套铅铸字于 1873 年夏秋之间搬入土山湾。除此之外，土山湾印书馆还于 1874 年兼并了一家外国印刷厂，同时并入一些中文和西文的铅字模，并买进一些印刷机，成立了铅字部。

1872 年下半年，苏念澄神父又在香港得到一些铅铸汉字字模，同年，翁寿祺修士试验活字印刷成功。此后，活字印刷成为了土山湾印书馆的一项非常重要的印刷技术。需要指出的是，土山湾印书馆的西文铅字模相当齐全，包括英语、法语和德语等语言所需要的全部字母。直到上世纪八十年代，中华印刷厂还在使用这些铅字模。"

可见无论是土山湾孤儿院本身，还是大多数人，都是把西式印刷技术的引进作为土山湾印书馆的开端。先进印刷技术的引进，使得书籍可以大量生产。但操作印刷机需要一定的技能，法国耶稣会士严思愠接手印书馆前的一两年，就"已安排一土山湾孩、蔡家湾出身名陈阿弟（克昌）与钱斐理（江湾大场人，系汇学生，进小修院而未成者）"，"往上海虹口望益纸馆印书房，去学习排铅字，为预备江南省设印书处，为传教之用"。（《江南育婴堂记》）

邹振环认为在严思愠负责印书馆期间，正式以活字印刷出版的第一本西文书可能是 1873 年出版的《徐家汇天文台观测公报》，用活字排印的第一本中文书为《弥撒规程》。他认为铅字印刷设备和字模的引进，是土山湾印书馆从印刷工场向出版机构过渡迈出的关键性一步，"当时土山湾仍然使用蔡家湾时期的雕版印刷术，并逐步用新的木版来代替正在使用的旧雕版。他'兼管铅板印书事务。铅字印书架子装在堂前西夹壁两间'，并起用曾在美华书馆工作过的宁波人徐某'帮助布置铅字架子等'，'印手'有南京人钱某、陆关荣等三人，他们属于'土山湾印书房之开手人也'。可见 1874 年土山湾印书馆已开始有了活字铅版印刷"。

进入展线，我在里面看到了土山湾孤儿们雕造的一些木板，这当然是我最感兴趣的。隔着玻璃仔细观察，感觉完全是手工雕刻，其技法成

图四　木雕版

熟度与同时代的私人书坊相仿佛。所见雕版基本都是宋体字，未能看到软体字的雕刻情况。

土山湾印书跟刘必振有一定的关系。刘必振出生于常熟古里，这里是四大藏书楼之一铁琴铜剑楼的所在地，然而刘必振显然对藏书没兴趣，他的祖上就是天主教徒，当年太平军打到他的家乡时，他就逃难来到了上海，并在当地的一所中学学习绘画。土山湾成立画馆、打算教孤儿们绘画后，就由刘必振担任土山湾孤儿院图书馆主任兼画馆老师。当时土山湾已经成立了印书馆，这里所印出的一些插图，有不少是出自刘必振之手，只是不清楚是不是由他来教孤儿们雕刻书版。

对于印书馆原有的规模，《遥望土山湾》一书中称："土山湾孤儿院东南部有几间普通的平房，这里就是创造过印刷史上众多记录的土山湾印书馆。整个印书馆包括排字间、石印间、装订间、发行部、照相室和纸张仓库及杂物间，其中在排字间门口的小花园中有一个露德圣母像，圣母像之下就是原来的土山遗址。"此后这个印刷所越办越大。1920年是土山湾印刷所成立50周年的时段，《土山湾印刷所五旬金庆志盛》一文中记录了沈锦标司铎说的一段话："因忆五十年中，诸君或排字、或印书、或刻字、或铸字、或装订、或发行，莫非尽为圣经贤传及一切有益世道人心之善，本与传教神父讲道之功可并行媲美。"

博物馆的展览橱窗里摆着一些土山湾印书馆所印书籍，可惜这样的展品太少，更多的是以模型的形式再现当年的工作场景。从一些老照片中，能够看到一群群的孤儿由早期呆滞的眼神，到脸上渐渐有了谦逊的笑容。虽然我知道，能够把孤儿培养成为有用之材，这一项功德比什么都大，但我今日来这里的目的，更多的是探访这里的印书馆在中国印刷史上的贡献。好在这里的展览中，有一个章节就是专门讲述土山湾印书馆的。

土山湾印书馆展区部分的第一块展板上，就点出了此馆的价值所在：

印刷术是中国古代最伟大的发明之一。土山湾印书馆创建于清同治六年。清末民初，印书馆在引进欧洲石印、珂罗版和照相铜锌版印刷等

图六　土山湾印书馆印书之一种

新技术方面走在全国前列。二十世纪初，印书馆采用机械排版和外文铸排机等，每年出版中西文书刊达百余种，是天主教在中国创办时间最早、规模最大的出版机构，也是上海乃至中国近代印刷技术引领者。

　　这一段介绍文字言简意赅地点出了土山湾印书馆在中国印刷史上的地位。说到石印，仍然要讲到上文提及的娄良材，当年正是他在董家渡制作了一些石印机的架子，他去世之后，这些架子无人理会，被堆到了仓库里。1873 年，翁寿祺修士从徐家汇调到董家渡做医务师，他偶然在

图五　19 世纪 80 年代初，土山湾印刷车间场景版画，范世熙作

仓库里看到了这些架子，于是琢磨如何修复使用它们。一年之后，翁寿祺又调到了土山湾，于是就把这些石印机运到了土山湾印书馆，使得土山湾印书馆第一次有了石印设备。

石印机能够快速大量复制书籍，土山湾引进此设备后，印刷规模迅速扩大。净雨在《清代印刷史小记》中称："中国之最早用石印术者，为上海徐家汇天主教之土山湾印书馆，时在清光绪二年（1876）间。"邹振环认为这种说法显然不正确。早在1832年底，麦都思就在广州设立了两个石印所，1843年底麦都思在上海创立墨海书馆，也采用了石印技术。虽然在土山湾之前，已有人引进了石印机，但还不是很普遍。韩琦在《晚清西方印刷术在中国的早期传播——以石印术的传入为例》一文中称："虽然19世纪40年代石印术已经传入上海，但石印术在上海的流行，一直要等到1876年之后。此后的近二三十年间，国内书商纷纷设局，以西洋石印印刷图书，石印本盛极一时。上海出现了近百家石印书局，各类石印书籍大量出现，甚至远销全国各地，大大影响了西学的传播。""1876年上海徐家汇土山湾印书馆使用石印；光绪初，上海点石斋印书局采用石印；十余年后，上海新开设的石印书局如雨后春笋，盛极一时。"

至于土山湾有珂罗版印刷设备这件事，又跟安敬斋有很大关系。安敬斋是个混血儿，1865年7月21日生于上海县城。安敬斋的父亲是英籍爱尔兰人，当年来到了上海，在江海关税局工作，而后结识了一位中国女子，他们的孩子就是安敬斋。安敬斋三岁时，他的母亲去世。安敬斋患病导致腿有残疾，他的父亲忙于工作照顾不便，只好将他送到了上海土山湾孤儿院交给时任院长石可贞寄养。四年后，安敬斋的父亲从上海调到日本税关工作，但安敬斋不愿前往，无奈之下，他的父亲只能将他

图七　安敬斋像，1937 年 5 月郎静山摄

留在土山湾孤儿院。长大后，安敬斋就成为了修士。后来安敬斋在英国的未曾见过面的姑姑去世了，因为姑姑没有后代，按照英国法律，旁系也有部分继承权，所以安敬斋意外地得到了四千英镑的遗产。在十九世纪末期，这四千英镑是很大的一笔财产。当时神父问安敬斋要不要还俗，因为按照教会的规定，神职人员不能拥有个人财产。安敬斋毫不犹豫地把这些财产分成为四份，分别捐献给了徐家汇教堂、修院、徐汇公学和土山湾孤儿院。

　　当年安敬斋在孤儿院里一开始学的是绘画和钟表修理，而后学习摄影，据说他一拍就是几十年，总计拍了几万张照片，后来这些照片都不知所终。摄影跟珂罗版印刷技术有密切的关联，而后他开始做这方面的试验，终于在土山湾印书馆里办起了珂罗版印刷工作。

在安敬斋的晚年，张乐古和郎静山对他进行过采访，而后张乐古写了篇《艺苑：安敬斋的艺术生涯》，此文中有这样一句话："据安氏生前亲自告我，他是第一个试验成功，远在日本发明玻璃版印刷术以前。在远东可以算是最早应用玻璃版于印刷术的发明人。"由此可知，安敬斋并不是从国外购买的珂罗版设备，他是自己制作出来的。

安敬斋制作的这种设备是否跟国外的珂罗版印刷机相同呢，《江南育婴堂记》中有这样一句话："（安敬斋）渐留心于摄影、日照诸法。好研究，邃精于镌铜板铅板，并能印玻璃膏板诸像。其所出之品，极精细美观，为诸精于是学者所钦服。"看来这里所说的"玻璃膏板"就是后来统称的"珂罗版"，只是见不到他当年制作的设备跟通常的珂罗版印刷机有着怎样的区别。

安敬斋的这个发明给土山湾印书馆带来了很大的便利。《遥望土山湾》一书中说："1904 年，经过教会认可，土山湾孤儿院照相制版部（又名照相间）正式成立，安敬斋修士为第一任主任。土山湾孤儿院照相间隶属于印书馆管理，主要任务就是负责为土山湾的各类出版物配加照片。在安敬斋之前的翁寿祺时代，由于印刷技术尚不成熟，出版物中很少有照片，若确实有需要，则在出版时候留白，然后洗印出照片手工贴上。由于粘贴工作费时费力，所以只能严格限制印刷数量，或者干脆放弃照片而用图画代替。"

沿着展线继续参观，在一个角落里，我看到了珂罗版印刷机，可惜上面没有写明这台设备是后来印书馆购入者，还是安敬斋当年的发明。这台设备后面的展板上介绍了珂罗版印刷技术的制作方式，同时还有安敬斋的照片，下面写着："安敬斋（1865—1939），爱尔兰人，修士、画

图八　珂罗版印刷机

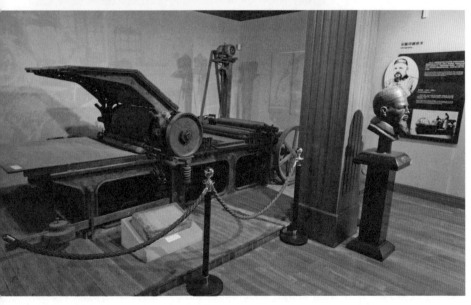

图九　石印机

家、工程师，精通中法两种语言。1868 年入土山湾孤儿院，擅长绘画，精钟表修理，研究摄影技术，负责照相制版部 33 年。"这段话中，一个字都没有提安敬斋独自研制珂罗版印刷机的事情。

沿着展线继续前行，在这里看到了一台老旧的石印机，石印机的旁边有着翁寿祺的头像。印刷机的前方还摆放着一块专门用于制版的石板，这种石板只产于欧洲，而我手中仅有一块。在这里看到的这一块，比我的那块要大很多，但还是让我有一种亲切感。我仔细观察石印机制作的细节，多少能看出一点工作原理的门道。发明一台设备，要考虑相互之间的许多关联，这样的活儿，我可干不来。

当年土山湾也印刷西文书籍，《遥望土山湾》中写道："土山湾印书馆的西文出版晚于中文出版，始于 1874 年。当时土山湾印书馆盘入了上海另一家欧洲人开的印刷厂，由此奠定基础，并继续买进一些印刷设备，其中包括中文和西文字模。土山湾的西文字模品种很齐全，据土山湾老人回忆，直到 20 世纪 80 年代，当年土山湾的这些西文字模仍在后来的中华印刷厂使用。"到 1935 年时，土山湾印书馆平均每年出版的西文书刊，就有 50 种 75 万册之多。可惜的是，在整个展线上，未曾展览出当年土山湾所购买的字模，也没有展出这里所印的西文书籍。

关于此馆鼎盛时的规模，任东雨在其论文中给出的数据是："1933 年，土山湾印书馆的工人数量已达 169 名；1935 年，印刷间里已经有六台大型印刷机，还有一些专门用来装订和切纸的机器，另外附设有专门的照相间、字模铸造车间和纸张仓库。抗战时期，土山湾印书馆的西文排字间已有最新式的从法国进口的自动排字机。四十年代，土山湾印书馆则拥有了分页印刷及其他先进技术。"

　　土山湾究竟印了多少出版物？德礼贤在《中国天主教传教史》中称："第一，要算土山湾印书馆的出品最多，竟多到五十三万种。"这个数量太过庞大，不知道德礼贤是不是把册数误为了种数。任东雨觉得这种说法值得商榷，他在论文中引用了《台州教区月刊》1935 年第 4 卷第 5 期刊载的《上海徐家汇土山湾印书馆概况》一文中给出的数据："上海徐家汇土山湾印书馆每年所用纸量达五十吨。每年所印书籍平均中文约六十种，三十万册左右，西文约五十种，五万册左右。"由此推论，他认为1870 年到 1935 年间，土山湾印书馆印刷的书籍应该在 6600 种左右。

　　当年这里所印的《汉学丛书》在国外也有一定的影响，然而却少有人了解其中的细节。徐家汇曾经有一个以徐光启之名取名的光启社，此社的法文名称为 "Bureau Sinologique"，直译过来叫"汉学研究所"。当年此社长期从事汉学研究活动，所出的法文著作均由土山湾印书馆负责出版，其中最著名的汉学著作就是《汉学丛书》。这是一套在上海编纂、讨论主题也都是关于中国的、正文为法语的丛书，其中有许多有价值的著作。比如华籍神父黄伯禄曾写过一部《中国大地震目录》，此书在 1909年由土山湾印书馆出版，是《汉学丛书》中的第 28 部。这部书记录了中国古代曾经发生过三千多次地震，可惜该书至今没有中国译本。我看到一块展板上提到了土山湾所印的《汉学丛书》，其中有五本获得了法国儒莲汉学奖。

　　对于印书馆的结局，任东雨在论文中简述道："1955 年，上海民政局接管土山湾孤儿院，由中国教友董贵民担任院长。不久之后，土山湾孤儿院附属的各个机构即逐渐消失。土山湾印书馆因'有思想问题'，印刷量大大下降，后来只能靠印刷瑞金医院的挂号单、文件等来维持运营。

1958 年土山湾印书馆改为徐汇区大华中心厂主管，而后又随该厂并入上海中华印刷厂。至此，运营了将近九十年的土山湾印书馆不复存在，从而也就退出了历史舞台。"

沿着展线继续前行，看到了当年土山湾的孤儿们制作的木壁炉以及彩绘玻璃，据说这些产品当年出口到了很多国家。细看这些物品的工艺，确实与今天机器制作的有着较大的区别。

整个展线的出口是在学校的操场边，我猛然想起在进土山湾博物馆之前，先看到了马相伯故居，而故居与博物馆之间有一个学校的操场，这个操场正是这些孩子们的锻炼之地，看来这所中学使用的操场正是当年土山湾孤儿院的地界。再抬头上望出口处的走廊，看上去很眼熟，终于又想起在《遥望土山湾》一书中附有孤儿们站在楼前的集体合影，照片的背景正是此楼。看来这座楼就是当年土山湾孤儿院的原楼，现在只是将该楼的一层辟为了展区，不知楼上是否为学校所使用。

宋耀如得《圣经》赐福

上海华美书馆跟宋耀如有很大的关系，有的文献上说，这个书馆是宋耀如创办的，也有的资料显示他只是一位经营者，也许是因为他及其家族成员在中国近代史，尤其是政治经济史上有着巨大的影响，所以一些文献反而忽视了他在印刷史上所做出的贡献。但无论从哪个角度来说，这家书馆都跟他有着千丝万缕的联系。

宋耀如是宋氏三姐妹的父亲，他的大女儿宋蔼龄嫁给了孔祥熙，二女儿宋庆龄嫁给了孙中山，三女儿宋美龄嫁给了蒋介石，而他的儿子宋子文同样是中国近代史上重要名人之一。宋氏一门说起来如此显赫，可是从宋耀如的人生起点来看，却只能用出身卑微来形容。

《广东省志·华侨志》对宋耀如早期的人生简历有如下描述："宋嘉

树（1863—1918），字耀如，西名查理·琼斯·宋。海南文昌县人。本姓韩，名乔荪，又名致准。1872 年（9 岁）随长兄去苏门答腊学艺谋生。1875 年（12 岁）随姓宋的舅父到美国波士顿当学徒。1878 年被收为养子，改姓宋。宋氏因受两位中国留美学生的影响，'不甘心做一个平凡的店员'，于 1879 年出逃，在一艘税收巡行船上当侍童。1880 年受洗礼加入基督教（新教）后，被安排到一间印刷厂工作。不到半年，获一富商（朱利安·卡尔）资助到圣三一学院读书，不久转万德华尔特大学神学院就读。"

由此可知，早期的韩乔荪改名换姓后，才成为日后的宋耀如。对于他的家族简史，李清栋所著《中国历史上的著名家族》一书中称："经中国人民政治协商会议广东省文昌县委员会文史组的考证，宋庆龄、宋美龄、宋子文等本是韩家的子女。根据该组的考证，宋庆龄的父亲宋耀如，也称宋嘉树，原姓原名为韩教准，他的父亲是韩鸿翼，夫人王氏，生有三男一女。教准为第二个儿子。宋嘉树（即韩教准）的祖辈是客家人，北宋时住在河南相州之安阳。在南宋（1127—1279）时期为避战乱而南迁。族人有一位叫韩显卿，到浙江会稽（今绍兴）县任县尉，后又迁粤（广东）任廉州太守。公元 1197 年，韩显卿的后人渡海来琼（海南岛），定居于锦山。到清代这一系韩氏后裔居住在罗豆市圮乌坡村，后又迁到昌洒区古路园村。宋庆龄远祖的神主牌一直安放在罗豆市圮乌坡村，这些神主牌在 1953 年被毁坏了，但宋庆龄近代的祖公牌还放在昌洒祖居内。"

这样的家族史并未给宋耀如带来多少荣耀，龙流编译的《宋美龄传》附录有其翻译的美国哥伦比亚大学出版的《中国名人录》中的《宋耀如小传》，该传中称："宋氏生于海南岛文昌县，是韩姓人家三兄弟中的老幺。九岁时，他也走上广东沿海大多数贫寒子弟无法避免的道路，随同他的一个哥哥到东印度群岛工作。三年之后，一个膝下尚乏子嗣的舅父辈收养了他，把他带到美国波士顿，他也因而由韩改宗宋氏。然而，过了一段时日之后，他终于决定脱离养父家茶丝行的学徒生涯。"

因为家中贫寒，所以他9岁的时候就跟着一位哥哥到东印度群岛去谋生，这段传记中没有讲到其打工的具体地点，而李清栋的文中却指出，他的打工之处是在爪哇群岛："由于家境困难，韩教准9岁时（1875年）随哥哥（韩政准）到爪哇一个远房亲戚处当学徒，订了3年契约。1878年年初，教准在爪哇遇到了一位姓宋的堂舅，本家姓宋的婶母的弟弟。这位堂舅原在美国加州当华工修筑铁路。后来跑到东岸波士顿开设一家专售中国丝茶的小店，他在海南岛探亲后返美途中经过爪哇。韩教准不等约期届满就跟着堂舅一起远渡'新大陆'。这位膝下犹虚的堂舅就把教准收为儿子，改姓宋，取名嘉树，又名高升。"

韩教准跟随堂舅来到了美国后，因为堂舅膝下无子，就将他收为了养子，使得这位本名韩教准的少年改名为宋嘉树。然而《广东省志·华侨志》中却又称宋耀如原名有两个，一为韩乔荪，二为韩致准。而陈益所著《浪费生命的方式》一书中则又称："宋耀如，出生在海南岛文昌县一个普通的小商人家里，原名韩阿虎。"《中华民国史资料丛稿 译稿 民国名人传记辞典》中则称："宋嘉树，原名：韩乔荪（音），别名：耀如。"究竟其本名如何，我未查得定论式的说法。从《民国名人传记辞典》上的这句话可知，耀如不是宋嘉树的字乃是其别名，而"韩乔荪"有可能是"韩教准"的译音。

　　宋耀如到达美国后，跟着养父在波士顿的丝茶商店里打工，《民国名人传记辞典》记载他"在过继父亲设在波士顿的丝茶行当学徒，不久逃走"。他为什么要逃走呢？该辞典中未作说明，而沈渭滨所著《孙中山与辛亥革命》一书中则称：

　　他要求上学读书遭拒绝后，逃离养父家，到美国海岸警卫队一条缉私船上做侍童。后又几经转移，于1880年11月在威明顿第五街监理公会教堂受洗，皈依基督教，取教名查尔斯·琼斯·宋（Charles Jones Soon）。不久，受资助，于1881年4月就读于达勒姆主日学校（Sunday School）和圣三一学院[Trinity College，即后来的杜克大学（Duke University）]，学习神学。1882年秋，转入田纳西州纳什维尔市的温得毕尔特大学（Vanderbilt University）神学院半工半读。

　　宋耀如的养父为什么反对他去读书呢？我未查得相应史料。关于宋耀如逃走后的情形，《中国名人录》中宋耀如的小传则称："多年来的传闻认为，当时年幼的宋氏偷渡到波士顿港考尔费斯号（Colfax）缉私船上，钟斯船长（Charles Jones）雇佣他当仆役，导引他成为基督徒，并且让他接受更高的教育。这个故事的结局是：宋氏为感恩图报，在受洗时即以钟斯船长之名为教名。"但是《中国名人录》中又接着称这种流传已久的说法并非事实：

　　上面这一说法后来被再三地传述，几乎没有人怀疑它的真实性。直到一九四九年，一个新闻记者涂尔泰特（Ensign A. Tourtellot）发表《宋氏与美国海岸防卫队》一文才加以推翻。涂氏在二次大战期间任职于美国海岸防卫队，他提出的新证据是：宋氏在一八七九年初逃脱到波士顿港阿尔拔·格列丁号（Albert Gallatin）缉私舰上。指挥官盖布利森船长（Eric Gabrielson）征募他充当仆役。一八七九年元月八号，他的名字开始被列入点名册内，宋氏因而成为美国海岸防卫队的一员。一八八〇年五月，盖布利森船长调掌北卡罗来纳州维明顿（Wilmington）港考尔费司号缉私船。同年七月，宋氏即自请解职前赴北卡罗来纳州，而于八月一号再入盖布利森船长麾下。

总之，宋耀如是一位既有头脑又有运气的人，后来他加入了基督教，从此改名为查理·琼斯·宋，所以有的史料中又称宋耀如为宋查理。宋查理在加入基督教后曾在美国的一家印刷厂工作过，这给他日后回国办印刷厂埋下了伏笔。后来他获得了一位名叫朱利安·卡尔的富商资助，进入圣三一学院读书，后来又转到万德华尔特大学神学院就读。宋查理在完成这个学业后，就被派往中国传教。《广东省志·华侨志》中写道：

毕业后，1886年1月回国，被安排在上海南方卫理会布道团为传教士（1888年提升牧师），开始牧师生涯。1887年加人"洪帮"，创办华美书馆，印刷英文版《圣经》和中文版《新约全书》，行销世界各地。1892年，他辞去布道团职务，转而经商，成为上海第一个外国机器的代理商。宋氏于1894年结识孙中山，成为孙中山的积极支持者和挚友。华美书馆不仅替孙中山印刷大量革命文章和小册子，且成为革命党人经常秘密活动的场所。

宋查理既然是回国传教，为什么又办起了华美书馆呢？资料称宋耀如回国后被派往昆山传教，因为他不会说上海话，传教两年仍未能打开局面，故而他的上司林乐知不认可他的能力，这让宋耀如工作得很不舒心。第二个原因则是此时的宋耀如已经结婚，随着孩子的出生，家庭开支也大了起来，而他在教会工作每个月仅有15美元的收入，这点钱无法养家糊口，于是他提出了辞职。

宋耀如后来的转运跟他妻子也有一定关系。关于其妻的情况，《民国名人传记辞典》中称："宋嘉树于1886年1月到上海后，开始学习当地的风俗习惯和方言。因为上海话同他本乡的方言大不一样，而他本人已经彻底美国化，以致他一生从未恢复对中国食品的喜好。以后他又把六个儿女都送到美国上学。1886年11月在华传教士大会举行首次会议时，宋嘉树被派去苏州地区昆山一带传教。第二年，他与倪桂珍（1869—1931.7.23）结婚，倪家是中国清朝初年的大官和第一批基督教徒之一的徐光启的后裔。1889年又调到上海乍浦区，那时他还在一些学校中教英语，其学生中有胡适。"

这段记载似乎少有人留意，因为宋耀如的妻子倪桂珍乃是明末最早的基督徒之一徐光启的后裔。同时宋耀如还给胡适上过课，教授他英文，胡适后来也留学美国，成为中国近代史上著名的人物。

宋耀如何以认识了倪桂珍及倪桂珍对宋家所做出的贡献，李清栋在《中国历史上的著名家族》一书中有如下说法："宋嘉树在上海重逢牛尚周、温秉忠，二人是宋嘉树在继父的丝茶店里打工时认识的，他们是当时被清政府选派赴美就读的幼童留学生。牛尚周介绍浙江名媛、明代学者徐光启的后裔倪桂珍给宋嘉树。1887 年夏天，22 岁的宋嘉树与 19 岁的倪桂珍结婚，从后来看，这是一件影响宋嘉树一生的大事。结婚带来的不仅有一份丰厚的嫁妆，更带来了女方有头有脸的社会地位和良好的社会关系，这些都成为宋嘉树日后在上海发迹的后盾。没有宋嘉树的长袖善舞，就不会有宋家子女的出人头地；同样的道理，没有倪桂珍的'帮夫运''旺夫运'，宋嘉树也不可能飞黄腾达。倪桂珍为宋嘉树带来了好运，结婚后第二年 1889 年宋成为正式牧师。他和倪桂珍的家庭生活颇为美满，宋家 17 年内添了 6 个子女：长女霭龄（1889 年生）、次女庆龄（1893 年生）、长子子文（1894 年生）、三女美龄（1897 年生）、次子子良（1899 年生）、三子子安（1906 年生），这 6 个子女即是日后'宋家王朝'的基本成员。"

宋家三姐妹跟中国近代史有着极其紧密的关系，但有些情况不是宋嘉树能够提前预料到的，比如他的二女儿嫁给孙中山。对于这件事他坚决反对，其过程离奇曲折，因为宋耀如怎么也没有想到，自己给孙中山以很大的资金支持帮助其搞革命，但这位朋友却硬要给他戴上岳父的头衔，这令宋耀如十分愤怒。李清栋在文中写道：

在他的举荐下，1910 年自美留学回来的宋霭龄从 1912 年 4 月起担任了孙文的英文秘书。1914 年 9 月，改由宋庆龄任孙中山的英文秘书。宋嘉树尽管与孙中山是革命的密友，但对于成为孙中山的岳父却从来都没有更加充足的准备。1915 年 10 月。孙中山与宋庆龄在神户结婚。既有革命的开明，又有传统的守旧意识的宋嘉树极为愤怒，立即赶到日本，与孙中山断交。

宋耀如在 1918 年 5 月病逝，未曾预料到自己的两个女儿后来都身份显赫，若他地下有知，是否会后悔当年的拼命阻拦呢？

宋耀如因为工作不愉快以及收入低的原因，辞职离开了教会，他做出这样的决定之后靠什么来生活呢？王磊所著《四大家族恩怨史》中有如下几段话：

1890 年，倪桂珍生下了他们的第一个孩子，宋嘉树深感家庭经济拮据，所以想方设法找些事做来赚钱。

为了反清事业的需要，也为了自己的生计，宋嘉树决定——自己办印刷厂。

在两位连襟的帮助下，他用妻子的嫁妆买了几部印刷机，在法租界山东路买下了一幢旧房子办起了印刷厂——华美书馆。

当地产的纸张很便宜，排字、印刷工人也很廉价，所以，宋嘉树的印刷厂效益很好。

当时正值中国掀起西学高潮之际，需要翻译、印制大量的西方书籍，宋嘉树抓住这个机遇，一下子发了财，成为了上海的印刷大亨。

正是因为经济上的拮据，宋耀如办起了印刷厂，而其办厂的资金是来自两位连襟的资助以及妻子的陪嫁之资。其实宋耀如在建厂之初也得到过其美国监护人的资助，但宋耀如在筹得资金后，就退回了这笔资助。汪耀华所著《1843 年开始的上海出版故事》一书中记载了这件事：

　　建印书馆的事在宋耀如心中绸缪多日。1890 年，宋耀如在美国的监护人卡尔的夫人为其热心印刷《圣经》而感动，寄了一笔汇款给宋，资助他开办一个印书馆。当汇款寄到时宋耀如已有财力来着手进行此事了，他把钱如数退回，并在回信中说："谨致诚挚的感谢。赞美上帝！上帝已经佑助我，使我有能力用他恩赐给我的金钱开始推行我的开设印书馆的计划。"

　　为什么给自己的印刷厂起这样的名称呢？汪耀华在其专著中的说法是："印书馆开在哪里呢？别人都以为他大概会在哪个不起眼的角落悄悄地把印书馆搞起来。谁知宋耀如不鸣则已，一鸣惊人；不飞则已，一飞冲天——他要把印书馆开在南京路附近的热闹地段！有人笑宋耀如痴心妄想，要在繁华的南京路附近开印书馆怎么可能？大名鼎鼎的美华印书馆也只是开在北京路上，离南京路还有一段哩！""1890 年 2 月，印书馆挂牌开张。宋耀如给自己的印书馆取名'华美'，他说：'美华，美华，美华印书馆美字放在前面，我偏要把美字放在后面，就叫华美印书馆。'"这种说法的出处在哪里，该文中未曾提及，以致有些研究者对印刷厂名称的来由提出了疑问。

　　华美书馆的成立恰逢其时，让宋查理发了大财。对于这件事，寿韶峰编著的《宋美龄全纪录》中亦有相同说法：

　　在美国经营丝茶的实践和多年资本主义社会的耳濡目染，特别是卡尔将军的商业经验使得宋耀如比别人更有眼光，他很快看出了赚钱的门路。当时的宗教书刊都由国外印刷再运到中国出售，这样一是价钱太高，一般劳动阶层都买不起；二是这些书都是英文，大多数人买了也读不懂。宋耀如那时正在给美国圣经协会当代理人，销售宗教书刊，这个圣经协会向世界各地提供不同文字的《圣经》，宋耀如代理出售的是英文版的《圣经》和中文版的《新约》。

看来，宋耀如正是在美国练就了商业眼光。他在中国传教的过程中，也渐渐察觉到了商机，于是有了辞职办印刷厂的想法。

根据这种情况，宋耀如作出了一个大胆的计划，准备买几部印刷机，用当地便宜的纸张、硬板纸封皮和本国的排字工人来全天开工生产，这样他就能以很低的价格复制和印刷大量的外文书刊出售。因为成本大大降低，宋耀如提供的《圣经》和其他外文书籍的价格也要比直接从国外运进来低得多，是大部分中国人都能承受得起的。当时白话文的《新约》在中国已经出现，如此一来凡是能读书看报的中国人便都能看得懂《圣经》了。

华美书馆办了起来，业务来源怎么解决呢？寿韶峰的专著中有这样的说法："宋耀如把自己的公司称作华美书馆，利用原来的代理关系，很快他就得到了替美国圣经协会印制《圣经》、为卫理公会印小册子和为其他传教组织印赞美诗的合同。这时的宋耀如为了自己事业的发展而日夜奔波，已把传教变成了兼职工作。而这时他和林乐知的关系也因为有了自己的事业而开始缓和起来。"

看来华美书馆早期的业务还是从美国教会那里得到的，但要想将印出之书在上海打开销路，还需要把生意本土化。寿韶峰在文中又写道：
"在印刷厂的筹办过程中，他又听取温秉忠等人的建议，组织人把《圣经》
等书翻译成了上海地区的吴语方言，这样信教的即使是纱厂女工、乡间
的农民和码头装卸工，也都能买得起，读得懂了，印刷数量就可以大大
增加。"

　　对于华美书馆的出版方向，汪耀华在其专著中称："宋耀如打破用价
格昂贵的纸张印《圣经》的成规，大胆地用廉价的中国纸张开印《圣经》，
使其价格大大降低，销量猛增。仅此一项，就使宋耀如发了财。他还大
量翻印西学书刊，由于只给译者稿酬，此类格致书（科学书籍）的价格
也较便宜，受到国内读者的欢迎。尽管外籍出版商指责宋耀如是'海盗'
行为，他却毫不在乎。他认为，此事只要对中国有好处，就可以干。翻
印格致书也使宋耀如获利不少。"

　　更有意思的是，书籍印出来之后，宋耀如还发明了自己的一套营销
方式。汪耀华在其专著中写道："不久，华美印书馆门口出现了一支管弦
乐队，这是宋耀如为了招徕读者而雇来的。他自己也常常吹着小号加入
乐队的合奏。一曲终了，就推销《圣经》，介绍西方的格致新书。即使在
他成了富翁之后，也还是喜欢这样直接与购书的读者见面。"

　　随着业务的展开，华美书馆不再仅限于印刷《圣经》及科学著作，
还开始印刷革命宣传品。汪耀华在其专著中写道：

　　在宋耀如的主持下，华美印书馆后来又印制了大量的宣传品，如兴
中会的宣言、通告、传单，革命军的债券、钞票、金币票等等，连同盟
会的委任状也是由华美印的。这里还成了反清革命志士躲避官府追捕、

秘密聚会议事乃至试制炸药武器的地方。一位反清志士曾留下这样的诗句：

壮哉印书馆，"华美"天下传。《圣经》表其志，檄文快我胆。党人议光复，志士制炸弹。勇兮中华人，至此最耐看。

宋耀如办印刷厂的地点，如前所言，有法租界山东路之说。然而沈渭滨在《孙中山与辛亥革命》一文中则称宋耀如"1885 年 5 月毕业，于同年 12 月被美国监理公会以'副牧'的神职，派往中国传教。1886 年抵达上海，在江苏昆山、七宝、太仓等地传教。1890 年，自请改为'本处传道'，在上海定居，执教于上海慕尔堂主日学校。同时，他在自家地下室内开办小型印刷厂，为美华圣经会印刷《圣经》"。

这段话说宋耀如办印刷厂的地点是他家的地下室，宋庆龄在其所著《我家和孙中山先生的关系》一文中有同样说法："父亲在他住宅的地下室里设了一个印刷厂，印刷宗教书，也印刷宣传革命的秘密小册子。那时我们年纪都小，记得父母当时告诉我们切不可向任何人提及此事，也禁止我们拿宣传革命的小册子。"

两种说法的不同，使得后世对华美书馆的来由产生了不同的论述，为此，王月琴在《上海华美书局及其在近代上海出版印刷文化中的作用》一文中对此做了详细的梳理，而该文也是我所读到的对上海华美书馆研究得最为透彻的文章。此文首先说出了研究后的结论：

上海华美书局（Methodist Publishing House in China）是美国监理会在上海创办的一家教会出版机构，它与同时期的伦敦会的墨海书馆

（1843 年）、长老会的美华书馆（1860 年从宁波迁往上海）一起构成了上海近代早期最重要的三个基督教（新教）出版机构。但由于资料的缺乏，并未对它有专门的研究，仅在极少数的文献中有提及，有些资料中甚至对其的论述有误，将其与美华书馆混为一谈。上海华美书局在创办的 60 余年间，曾用过华美书坊、华美书馆、华美书局等名字，也有一些资料中用到"华美印书馆"一名。

看来，上海华美书馆乃是美国监理会在上海创办的一家教会出版机构。对于监理会的情况，该文的小注中做了如下简述："该会属于基督新教的一个较大的宗派——卫斯理宗。1784 年 12 月 24 日，美国卫理公会（Methodist Episcopal Church）在马里兰州巴尔的摩成立。以后经过数次分裂，形成美以美会、监理会、美普会、循理会和圣教会等。在美国南方的称监理会（The Methodist Episcopal Church South），在美国北方的则称美以美会（The Methodist Episcopal Church）。"

既然华美书馆是教会机构，那么为什么那么多的相关论述都将其跟宋耀如扯上关系呢？究竟他们之间有没有关系？王月琴在文中首先罗列出三种不同的观点："第一种观点认为上海华美书局最早是由宋耀如在上海创办的华美书馆或华美印书馆；第二种观点认为上海华美书局最早是由美国监理会（The Methodist Episcopal Church South）在上海创办的出版机构，最早可追溯到传教士蓝柏创办的华美书坊；第三种观点将上海华美书局的创办时间追溯到美国美以美（The Methodist Episcopal Church）在福州创办的福州美华书局。"

对于第一种观点，除了我上文引述的，王月琴在文中还罗列出如下说法：

　　陈立文在《宋耀如的历史地位和作用》一文中描述道"1890年2月印书馆挂牌开张，宋取名'华美印书馆'"，他说："美华，美华，美华印书馆把美国放在前面，我偏要把美国放在后面，就叫华美印书馆"；黄瑾编著的《孙中山一家人》书中描述道："宋耀如回国后，从事的是低级传教士的工作，生活清贫，环境压抑，一切皆不如意。但他发现了一个商机，即可以印刷中文版的宗教书籍，销给中国人；因此开设了华美印书馆，大量印刷《圣经》，取得了丰厚的收入"；吉少甫在其《中外文化交流与出版》一文中提到"1890年，一位来自美国的中国人传教士宋查理在上海开办了一家华美印书馆"；张宪文等主编的《中华民国史大辞典》中提到宋耀如于"1890年在上海创办华美印书馆，印行西方宗教及文化方面书籍，同时成为反清革命志士联络员……"

　　看来，认定宋耀如是华美书馆创始人的这种说法颇为普遍。但也有人认为华美书馆的创始人其实不是宋耀如，阮仁泽、高振农在《上海宗教史》一书中称："美国传教士蓝柏（J. W. Lambuth）1854年来华时随身携带了一套印刷机具，他们先设华美书坊于郑家木桥，不久迁往山东路。"

　　蓝柏在1854年就从美国带来了印刷设备，而后创建了华美书坊，而宋耀如则到了1886年才回国，这两者之间有几十年的时间差，显然宋耀如不是该印刷厂的创始人。但也有人认为华美书坊的创建时间追溯不到1854年，王月琴在文中引用了如下说法：

《1901—1920 年中国基督教调查资料》（原《中华归主》修订版下卷）书中记载，上海华美书局（Methodist Publishing House in China）于 1862 年创建于福州。陈建明在《近代基督教在华出版事业》一文中指出上海华美书局创办于 1862 年。郭晓霞在其《五四女作家和圣经》一书中也提到，华美书局创建于 1862 年。

即使把华美书馆的创始时间定为 1862 年，这仍然无法接上宋耀如回国的时间，而王月琴翻阅了几大图书馆所藏华美书馆的出版物，她所看到的有最早记录的该书馆所印之书为 1867 年出版的《亨利实录》，此时宋耀如同样还未回国。既然如此，那为什么很多论述都说宋耀如是华美书馆的创始人呢？王月琴的推论是："关于宋耀如创办华美书馆的观点来源，笔者根据查阅资料推测出两种可能性，一种是因为宋耀如归国后，于 1890 年左右受监理会之托经营过华美书馆，掌管华美书馆的一切事务，并通过其亲戚在美国订购机器设备以扩充工厂，故外人认为华美书馆是由宋耀如创建……"

看来宋耀如只是华美书馆后来的经营者之一，并非创建者。那么，宋庆龄明确地说父亲在家中的地下室开办印刷厂，这个印刷厂跟华美书馆是两个印刷单位吗？《民国名人传记辞典》乃是翻译国外传记资料而来，此辞典中明确地称"宋嘉树虽然辞去教会职务，但仍是一个虔诚而活跃的基督徒，他办了一家'华美书馆'出版中文圣经"。

既然宋耀如的确办过华美书馆，那会不会跟美国监理会所创办的印刷机构使用了同一个名称呢？对于这个猜测，至今我未找到能予以佐证的资料，但宋耀如的确在印刷出版方面有着独特的才能。于醒民、唐继无等著的《宋氏家族第一人：宋耀如全传》中以生动的情节记载了夏瑞芳和包氏兄弟创办商务印书馆的过程，创办不久后他们还特意到宋耀如家请教如何能把印刷厂办好之事。

　　他和三个妻舅集股四千元开办了商务印书馆，地址就在公共租界江西路德昌里。因为知道宋耀如是沪上华人西式出版业的肇始人，又经营有方，名声很响，所以特意来请他指导帮忙。
　　夏粹芳是个很耿直的人："我们投资印刷出版业，为的是替中国教徒争一口气，别让外国人笑话，我们在中国地界上印刷还搞不过外资。"
　　宋耀如当即驾起马车来到夏粹芳的商务印书馆。

　　《宋氏家族第一人：宋耀如全传》中写道，宋耀如来到了刚刚创办不久的商务印书馆，看到了那里的设备极其简陋，而后问夏瑞芳商务印书馆总共投进了多少资金，当听到只有五千元时，宋耀如于是说：

　　嗯，我懂了，所以你们借用这样危险的房屋。这样吧，我和你们合资，怎么样？假如你们赞成，可以搬到北京路顺庆里，那里还有十几间房子空着，华美印书馆来不及印的《圣经》都交给你们印。我再给你们几部机器。

　　看来商务印书馆在创建之初还得到过宋耀如的帮助，只可惜这段描写未知其原始出处，如果确有其事的话，那么宋耀如将是中国印刷史上最重要的人物之一，因为商务印书馆后来成为了华人所办印刷机构中的巨擘。

这里暂且不管人们时常提到的上海华美书馆是否为宋耀如所创办，该馆所印之书却并不像大多数文献中所论述的那样主要是《圣经》等宗教书籍。关于华美书馆的出版物，王月琴在文中统计出了几十种，从这些书名看，宗教书籍的印量反而在少数。比如该书馆出版过的数学著作有《形学备旨》《笔算数学》，物理学著作有《格物质学》《热学揭要》，哲学著作有《哲学源流考》，文学著作则有《阿里巴巴遇盗记》（此书应当就是后来广为人知的《阿里巴巴与四十大盗》）。除此之外，华美书馆还出版过署名为袁枚的诗歌类著作，即《详注圈点诗学全书》（又名《诗学全书》）。由此而足见华美书馆印刷门类的广泛。

宋耀如故居位于上海市虹口区东余杭路 526 弄，2016 年 3 月 8 日我前往此地。这日一直阴着天，车辆到达时瞬间下起了暴雨，暴雨之大让我无法下车，只好跟朋友坐在车内聊天。然而二十分钟后，暴雨没有一点暂停的意思，无奈只好撑上一把小伞跑入了雨中。

一瞬间迎风飞扬的雨令我从头到脚变了颜色，而更为困难的是路上看不到行人，让我无法打听欲访之处。于是走入几家小商店，而店主都说自己是外地人，对此处并不了解。好在一位快递员进来派件，他指给我此弄的位置。

走入小巷弄之中，两侧的大门都紧闭着，从外观看有些院落颇为破烂，但也有几家的石库门依然完好如初。一百余年前的虹口区乃是颇为偏僻之地，宋耀如为什么会在这里建房居住呢？寿韶峰在其编著的《宋美龄全纪录》中有如下说法：

图一　雨中的里弄

图二　完好的石库门

　　现在宋耀如所选的建房之处虹口，当时还是远离市区的荒田旷野，这当然要让许多人感到不可思议了。但宋耀如自有他的想法，他觉得老城里街道又狭窄又肮脏，而这里环境优美，视野开阔，空气新鲜，可以把房子建成很有现代气息的别墅。四周一片田园风光，还可以为将来的孩子们提供一处适于身心健康发展的活动和玩耍空间。

　　看来，美国空旷的环境使得宋耀如养成了喜欢开阔视野的居住习惯。而在这雨中，我很想走入几个院落看看室内的建筑格局，于是试着敲了三家院门，里面均无人应答。我不清楚是家中无人，还是雨声太大，以致里面的人听不到敲门声。对于宋耀如家中的格局及陈列，我也只能抄录寿韶峰书中的记载了：

　　院子里一前一后建了两幢房子。前排是二层楼房，底层是一个很大的餐厅，还有宋耀如的书房。宋耀如还特别给家里设计了一中一西两个不同风格的客厅。中式客厅里的家具是红木方桌和凳椅，还配制了一些立式小凳。西式客厅摆放着钢琴，舒适的扶手椅和沙发。沿着油漆的木制楼梯可以登上二楼。楼上宽敞的游廊显得气派不凡，尽头通向一个宽阔的凉台，可供一家人露天就餐。楼上的房间是舒适的卧室和浴室，还有孩子们的游艺室，当然还有专门用来读圣经和做祈祷的房间。卧室共有四间，每间卧室里都安放着精美舒适带有弹簧垫的美式沙发床，而不是大多数中国人用的平板木床。

图三　疑此处为宋耀如故居

京师大学堂编书局译书局

儒典西学，官修官译

在北京最先官办的外文学习和出版机构是同文馆，该馆在开办期内据说花费了二十余万两白银，为此引起了舆论非议，不少人称花了这么多钱却并没有达到预期的效果。可见人们总是急功近利地想要立即看到效果，而不考虑观念的培养及风气的转变需要很长的一个周期。

但是舆论有时候也能左右政策。到了光绪二十四年（1898）五月，孙家鼐给朝廷上了《奏陈开办京师大学堂办法折》，提出在大学堂内附设编书局和译书局，以此来替代同文馆。这个提议得到了皇帝的批准，这一年的七月三日，皇帝下了《光绪二十四年五月十五日着照所议章程办理并派孙家鼐管理大学堂事务谕旨》。该谕旨中称："军机大臣会同总理各国事务衙门王大臣奏遵旨筹办京师大学堂，并拟详细章程缮单呈览一折，京师大学堂为各行省之倡，必须规模闳远，始足以隆观听而育英才。现据该王大臣详拟章程，参用泰西学规，纲举目张，尚属周备。即着照所议办理。派孙家鼐管理大学堂事务，办事各员由该大臣慎选奏派；至总教习综司功课，尤须选择学赅中外之士，奏请简派。其分教习各员，亦一体精选，中西并用。所需兴办经费及常年用款，着户部分别筹拨。所有原设官书局及新设之译书局，均着并入大学堂，由管学大臣督率办理。"

皇帝批准了孙家鼐的建议，命他组织官员开办京师大学堂，并将原来开办的官书局以及新设的译书局全部并入大学堂，由孙家鼐统一管理。在这一年的五月，军机大臣与总理衙门经过商议，准备让编译局来统一编写和翻译学校用的课本。到了七月十四日，黄赞枢提请裁撤同文馆，将其并入京师大学堂。

朝廷在批准孙家鼐建立京师大学堂的同时，又任命梁启超负责办理译书局之事，谕旨称"举人梁启超着赏六品衔办理译书局事务"。而后梁启超就给皇帝上了《奏译书局事务折》，他在此折中提到了十条章程，以此来声明他的办学宗旨，比如其中一条中称："查原章溥通学第一门为经学，原奏亦有将经史等书撮其精华之语。惟六经如日中天，字字皆实，凡在学生皆当全读，既无糟粕之可言，则全体精华何劳撮录。可否将经学一门提出不在编译之列？"

可见梁启超当时的办学观点还是坚持正统，强调传统经学是最重要的学问，学生们应当全部熟读，用不着对经学著作进行编译。对于西方的修养学，梁启超则提出可以汇集宋明理学家的语录来替代："泰西、日本各种学校，皆有修身一科，无非荟萃前言往行，以为熏陶德性之助。

今理学门功课书，拟辑宋明诸贤语录文集之名言，分类纂成，使学者读之以为立身根底。"对于编译局所出之书，他认为应当以很便宜的价格卖给其他省市的学堂，以便让这些治学观念广泛传播："各书除备送大学堂应用外，其余各省每学堂按送一分，余则以贱价廉售。"

梁启超在十条章程之外，同时提到了开办费用的问题，为此他提出了三点要求，其中第二点为："查原章，学堂藏书楼、仪器院皆有办理经费。今译书局开办之始，购买印书仪器暨洋文书籍，所费固已不资，而编辑中学功课取材尤当大备。其中掌故一门所据之书最为浩繁，如二十四史、《九通》、《资治通鉴》、《续通鉴》、《大清会典》、《大清通礼》、《十朝圣训》、《东华录》、《国朝耆献类征》等书，卷帙甚繁，编辑之时缺一不可。其余取材于群籍书之中者尚多，既例简义赅，岂能因陋就简。然则历代要书必须备列，且编纂时必须批评割补，亦不能借藏书楼之本以应用，故非专购不可。计京师一局购仪器，购洋文书籍、中国书籍，三者非得万金不能开办。"

梁启超认为，开办译书局首先要购买打算翻译之书的底本，同时要买大批的中国经典，也就是寻常所说的正经正史。购买这些书至少需要上万两白银，考虑到翻译书需要一些时日，所以应当马上着手，因为他已经从日本东京购买了一些国外的教科书，而立即翻译就马上会有开支，所以他希望朝廷尽快拨付相关费用。

关于译书局所用之书，孙家鼐也给皇帝上了奏折（《奏请译书局编纂各书请候钦定颁发并请严禁悖书事》）。孙在奏折中强调了编译局买书的重要性："伏乞皇上简派大员，管理京师大学事务，即以节制各省所设之学堂等语。是学堂教育人才，首以书籍为要，而书籍考订尤不可不精。

若使书中义理，稍有偏歧，其关乎学术人心者，甚非浅鲜。"

在孙家鼐看来，开办京师大学堂首先要有适用的课本，编译局翻译之书是课本的主要来源，所以编译局在选择所译之书时首先要考虑书中内容思想的正确性问题。"臣观康有为著述，有《中西学门径七种》一书，其第六种《幼学通议》一条，言小学教法，深合古人《学记》中立教之意，最为美善。其第四种、第五种《春秋界说》《孟子界说》言公羊之学及孔子改制考。第八卷中《孔子制法称王》一篇，杂引谶纬之书，影响附会，必证实孔子改制称王而后已。言《春秋》既作，周统遂亡，此时王者即是孔子。无论孔子至圣，断无此僭乱之心，意即使后人有此推尊，亦何必以此事反复征引、教化天下。方今圣人在上，奋发有为。康有为必欲以衰周之事行之今时。窃恐以此为教，人人存改制之心，人人谓素王可作。是学堂之设，本以教育人才，而转以蛊惑民志，是导天下于乱也。履霜坚冰，臣窃惧之，一旦犯上作乱之人起于学堂之中，臣何能当此重咎？皇上既命臣节制各省学堂，臣以为康有为书中，凡有关'孔子改制称王'等字样，宣明降谕旨，饬令删除。"这段话显然是针对康有为而发，孙家鼐认为康所著的几部书有悖圣人之教。

按照古文经学家的观点，孔子是一位伟大的教育家，但今文经学家却认为孔子是一位无冕之王。孙家鼐认为开办学堂乃是为了教化人心，不是为了让人人争王，所以提请皇上应当禁止康有为这些著作的流传。不知道当时孙家鼐是否虑及梁启超乃是康有为最著名的弟子，孙家鼐提出禁止梁启超老师的著作，会让梁启超作何感想。但彼时梁启超属于低级官员，想来是这个缘故，孙家鼐写此奏折时没有考虑梁启超的心情。

开办京师大学堂，当然需要相应的办公场所。光绪二十四年六月二日，总理各国事务衙门的奕劻给皇帝上了奏折："臣等奉命承修大学堂工程，业经电知出使日本大臣裕庚，将日本大学堂规制广狭、学舍间数，详细绘图贴说，咨送臣衙门参酌办理。现在尚未寄到，将来按图察勘地基，庀材鸠工，亦尚需时日，自不得不权假邸舍，先行开办。臣等查地安门内马神庙地方，有空闲府第一所，房间尚属整齐，院落亦甚宽敞，略加修葺，即可作为大学堂暂时开办之所。"

当时的教科书底本主要得自日本，建校的规划也是仿照日本的大学而来，但是建造一所大学需要不短的时间，而学校马上就要开办，因此需要先找一处场地临时过渡，于是奕劻提出将地安门内马神庙一带的一处空闲场院，略加整修，作为大学堂的暂时开办之所。后来的京师大学堂编书局和译书局就一并开办于此处，可惜的是这个完整的规划在两年后因为战争而终止。

光绪二十六年（1900），八国联军打入北京，慈禧太后带着光绪皇帝一同躲到了西安，京师同文馆解散。到了转年十二月，皇帝下旨将同文馆并入京师大学堂，同时任命刑部尚书张百熙为管学大臣，命令他"酌采中西有用之学"，重建京师大学堂。其实原本在戊戌政变时，张百熙因为支持变法而受到了留任处分，后来慈禧太后准备实施新政，重新起用张百熙为刑部尚书，接下来又任命他为管学大臣。

张百熙提议请桐城派传人吴汝纶为大学堂总教习，严复任大学堂译书局总纂，这些提议都得到了朝廷批准。但是吴汝纶提出要先到日本进行考察，以便了解日本的学校是如何设置的，张百熙同意了他的请求。可惜吴汝纶归国后不久就得了病，还没来得及到京师大学堂任总教习就去世了。经过一番周折，京师大学堂总算办了起来，同时教科书的编写也很快着手进行。

张百熙在筹建京师大学堂的同时又给皇帝上了《奏请设立译局与分局折》，他在折中称："惟是中国译书近三十年，如外洋地理、名物之类，往往不能审为一定之音，书作一定之字。拟由京师译局定一凡例，列为定表，颁行各省。以后无论何处译出之书，即用表中所定名称，以归划一，免淆耳目。"在那个时候，翻译西洋书最大的问题，就是一些名词没有统一的译名，所以张百熙提议应当确定人名、地名确切统一的翻译方式。

徐国萍在《京师大学堂教科书编译研究》一文中称，编译机构的组成总计有四个部门：译书局、上海译书分局、译学馆和编书处。译书局建成后不久，就因为八国联军攻打北京，而随同京师大学堂一并停办。光绪二十八年（1902）十月译书局恢复原有编制，直到光绪三十年（1904）停办。

上海译书分局成立于光绪二十八年五月，关于此局的开办原因及其任务，可由《筹办奏章》得以了解："今宜在上海等处开一编译局，取各种普通学尽人所当习者，悉编为功课书……局中集中西通才，专司纂译。其言中学者，荟萃经史子之精要，及与时务相关者编成之，取其精华，弃其糟粕。其言西学者，译西人学堂所用之书，加以润色。既勒为定本，除学堂学生每给一分外，仍请旨颁行各省学堂，悉遵教授，庶可以一趋向而广民智。"

关于上海译书分局的开办地点，金梅所撰《长天集》中写道："综合各种史料推断，这个京师大学堂的附属机构，亦在江南制造局之内，而且是在其原有的同文馆和翻译馆的基础上建起来的，也可以说，它的基本构成，即是同文馆和翻译馆的骨干人员。由此亦可推断，翻译局作为京师大学堂的附属机构，其地址，就在江南制造局所在地高昌庙，即现在的高雄路一带。"

金梅推论上海译书分局就开办在江南制造局内，我曾到现场探访过此地。虽然找到了该局，但那里的工作人员也不知道这里曾经开设过京师大学堂的译书分局。回来后细想，此分局的工作人员跟江南制造局内的翻译人员有可能是一批人马、两块牌子。

关于上海分局的总办，金梅称是沈兆祉，并且称："分局下面设有一所印书局，负责印制京师大学堂编译的所有书籍。在不长的时间中，上海译书分局翻译和出版了数十种书，如《东洋伦理学史》《国民教育爱国心》《堃氏实践教育学》《学校改良论》《欧美教育观》《美国通史》《教育古典》《财政学》《地文学》《经济统计学》《今世欧洲外交史》《天文浅说》《博物学教科书》（植物部、生理部两种）等。"

译书局之外，京师大学堂还开办有译学馆。其实译学馆就是京师同文馆合并而来的，该馆的主要任务是培养外交人才，同时引进国外的相关书籍进行翻译。译学馆内的翻译机构名称为"文典处"，朱志瑜、黄立波所著《中国传统译论——译名研究》中称："晚清政府设立的第一个官方译名统一机构是京师大学堂译学馆的文典处。"光绪二十八年同文馆并入京师大学堂同时改名为译学馆，而转年就设立了文典处。关于该名称的来由，《译名研究》中称："文典以品汇中外音名，会通中外词意，集思广益，勒成官书为宗旨。"其实，文典处的主要任务就是编纂词典。

徐国萍在其文中提到的京师大学堂第四个出版机构就是编书处，对于该处的任务，光绪三十年《大学堂编书处章程》中写得十分明确。此章程中提到的编纂宗旨为："一曰端正学术，不堕畸邪；二曰归于有用，无取泛滥；三曰取酌年限，合于程途；四曰博采群言，标注来历。"

当然这都是一些总体要求，但它说明了教育对于国家的重要性。对于具体的编纂方法，该章程中称："各门课本，拟分两项办法：一最简之本，为蒙学及寻常小学之用；二较详之本，为高等小学及中学之用。惟两项课本，相因为用，详略之间，宜斟酌妥善，不当过涉复重，至精深完博，则原则具存，以待专门学堂自行抉择。"

看来大学堂所编制的课本不仅仅面对大学堂学生，同时也会面对中小学堂学生。从章程中提到的人员安排，可以了解到编书处具体编纂了哪些方面的课本，"编书处既经奏明办理，自应克期开办。除总办两员外，拟经学一门，派分纂两员。史学一门，派分纂两员。地理一门，派分纂两员。修身伦理一门，派分纂两员。诸子一门，派分纂一员。文章一门，派分纂一员。诗学一门，派分纂一员。每员各给书手一名。总办处给书手四名"。

为了编写相应之书，编书处购买了大量的参考书，为此，章程提到要专门派出一位官员负责管理这些书："编书处书籍繁多，及纂学各编，均须有会归之处，拟收掌官一员，凡查调书籍，收拾编稿，均归管理以专责成。"

章程中同时规定大学堂编书处可以调取官书局所出之书："编纂之事抉择精严，而采览务极宏富。其中应用各项书籍，除官书局原有之本可以随时调取外，其余未备之籍必须补购；应准陆续添补，随时给价。"由此可知，官书局与大学堂编书处同为一体，可以任意调取其出版物。

对于译书局，在光绪二十八年同样规定了独立的章程。章程的第一个栏目是设员，规定了译书局内相应的人数和职责："总译一人，以总司译事。凡督率、分派、删润、印行及进退译员等事皆主之。分译四人，分司迻译。其不住局而领译各书者，无定数。笔述二人，以佐译员汉文之所不及。校勘二人，即以笔述之员兼之。润色二人，分司最后考订润色及印书款式之事。图画二人，一洋一华，司绘刻图式。监刷一人，主刻刷印行之事。书手四人，司抄录。司账一人，司支应及发行书籍。"

从这些职责可知，当时有专人负责刻印、刷版、印行等出版事务，而印书局的人员组成在《京师大学堂同学录》中有如下记载："印书局总纂兼考校处李希圣；舆地总纂兼考校处邹代钧；分瑜韩朴存、孙宝瑄、桂植等；正校马浚年；分校陈毅。译书局总办兼考校处严复；分译常彦、曾宗鞏、胡文悌、魏易；笔述林纾、陈希彭。"

看来编书局的负责人是李希圣，译书局的总办则是前面提到的严复，译书局中还有著名人物林纾。林纾进入译书局正是受到了他的同乡好友严复的聘请。虽然林纾不懂外文，但他却是一位著名的翻译家，他翻译出的国外小说在社会上大为风行，他跟严复被世人并称为"译才并世数严林"。

林纾就是著名的翻译小说家林琴南，他在译书局任笔述一职，三年之后又被京师大学堂聘为预科和师范馆经学教员。在此期间他编写了《中学国文读本》，此书分为十卷，林琴南用了五年时间将其编完。他和魏易共同翻译的《民种学》《布匿第二次战纪》二书也由京师大学堂出版。

至于大学堂编书及译书的数量，徐国萍在文中转引了如下数据："据北京大学历史学博士张运君统计，京师大学堂从1898年到1911年翻译、出版的教科书为六十余部一百多册；购买的西方教科书大约为两千余部六千多册，其中光绪二十五年购买西书十二部，光绪二十九和光绪三十年共购买西书四百余部，光绪三十一年购买西书两百余部，光绪三十四年购买西书四百多本。从史料来看，大学堂所出的教科书中，直接从国外购买的书籍所占比重最大。"

因为京师大学堂设有师范馆，为此译书馆还翻译了不少日本的相关著述。北京大学校史研究室所编《北京大学史料》中，提到译书局编译过的师范著作有日本鹰村太郎之《东西洋伦理学史》、穗积八束之《国民教育爱国心》、佐藤传藏之《中学矿物学教科书》、藤代桢辅之《垤氏实践教育学》、清水直义之《实验教育行政法》及小林歌吉之《教育行政法》等。

由以上可知，当年的京师大学堂编书局和译书局出版过大量的著作。这些著作属于实用之书，使用频率高，损坏率同样高，虽然到如今仅有一百余年的历史，但他们编的这些书却不容易寻得。当年的编书局和译书局到如今也难觅痕迹。

关于京师大学堂编书局和译书局的具体位置，根据奕劻所言，乃是在地安门内的马神庙，但是这样的说法显然有些笼统。于是我给北大的栾伟平老师去电话请教，栾老师曾帮我审校过《得书记》和《失书记》，我知道她做事极其仔细认真。她帮我查证之后，告诉我编译书局就处在北大老法学院也就是后来的北大三院，而后她给我发来截图，乃是《北大校园的变迁》一文。该文中称："法学院（北大三院）位于东华门北河沿54号，原为京师大学堂译学馆所在地。"之后她又给我发来了1903年6月7日《申报》第二页，此页刊载的内容正是《京师大学堂译学馆开办章程》，此章程中的第二节中称："本馆建于大学堂附近北河沿，乃大学堂购置房产……"以此可证《北大校园的变迁》中所说的北河沿 54 号应该就是其确切地址。

有了确切的地址，寻找起来当然会方便许多，于是驱车前往此处。几年没有从此经过，这条路已然整修一新。北河沿大街很长，我在路上慢慢地开行，注意到其右边已经建成了城墙遗址公园，左侧大多数为国家重要的机关部门。因为门牌号较为清晰，所以一路上可以数着号码前行，左侧的这些门牌号一律为单号，我的车一直开到了此路的北端，此时的号码已经是一百余号。

看来走过了地方，我想找个地方将车停下来仔细查看，然在这一带

图一　北河沿大街

转了两圈都没有找到停车处。之后两次拐入旁边的小胡同，里面早已停满了汽车。在路上我已看到了大量的探头，看来想把车随意停下已然没有可能，一咬牙只好开车离去，去探访其他地点。

三天之后，正赶上了五一假期的第一天，我决定打车前往。出租车司机跟我走的路线完全不同，但他还是开到了北河沿大街北端这一带。下车之后，我穿过城墙公园，远远地看到公园的另一侧有文保牌。十几年的寻访让我对文保牌特别的敏感，每见此物就心生欢喜，于是迅速地跑到近前。这个文保牌上写着"原中法大学"，此刻的我真希望此牌去掉前三个字，再在后面再加上个"堂"字。站在这个大门前，看到的是一处中西结合式的老建筑，没有门牌号码，我推了推门，无法打开。于是沿着侧墙向北走几十米，又看到了一个仿古院落，到此时我才明白中法大学的入口改在了这里，而今这里成了一些部门的办公场所。我想走进院内了解这里是否跟京师大学堂编译馆有关系，保安将我拦下，他说不知道我问的是什么问题，但我却不能进内。

无奈继续前行，在此看到了社区办事处，于是进内打问。一位女工作人员跟我说，城墙遗址公园的右侧道路是东皇城根北街，而我找的北河沿大街则在公园的西侧，让我到那一带去寻找。无奈只好穿过公园，又穿过北河沿路，沿着对面的街区慢慢探访，然而门牌号从北河沿 31 号直接跳到了 77 号，我要找的 54 号就处在这已然消失的范围内。

昨天栾伟平给我发微信，问我是否找到了这处寻访之地，我对她说停车太困难，但我还会再次访之。栾伟平建议我向北大教授白化文先生请教，因为白先生对北大的校史特别的了解。此刻我站在北河沿路上想起了栾老师给我的提醒，于是给白先生家打了个电话。接电话的是师母，

图二　原中法大学

图三　文保牌

她说白先生正在睡觉，闻听此言我马上说自己没事，只是打电话问候老先生。

放下电话后沿着北河沿西侧道路继续北行，这一带保留下了许多老房子，然在街面上看不到我要寻找的门牌号，于是我穿入了一条小巷，在胡同口看到此巷的名称为"水簸箕胡同"。沿此胡同慢慢行走，在这里看到了"黑芝麻胡同小学"。这一带所见门牌号均为单号。穿过此巷见到了一处正在整修的绿地，此处的地面上满布着厚木板，不知下面是怎样的设施。沿此路向西，看到了"吉祥社区居委会"，推了推铁门，竟然没有上锁，于是走进院内遇到了一位工作人员。我向他出示自己的寻访名

图四　北河沿大街西侧

图五　水簸箕胡同

单，他看后明确地跟我说北河沿双号的部分早在十七年前就已经拆掉了，其位置就是现在的城墙遗址公园。

　　这个结果当然令我十分沮丧，但只能无奈地接受现实，向这位工作人员道谢后又重新穿过马路来到了公园之中。此公园的北头还保留了一段老墙，旁边有介绍牌，这个介绍牌上称此处为"明清皇城东墙北段"。细看上面的介绍文字，完全没有提到京师大学堂编书局和译书局。这两处重要的人文遗址究竟处在公园的什么位置呢？看来只能向白化文先生请教了。今日是假期的第一天，想来老先生也在做休整，我当然不能唐突地打扰他休息，于是决定先在这附近转一转，磨蹭一段时间后再给老先生打电话。

图六　明清皇城东墙北段

　　此处距著名的南锣鼓巷不足一百米，我决定到那里去消磨时间，可是刚走到入口处就被吓了回来，因为里面的游客已经把巷口堵满。远远望进去，里面的游客之多已经超过了"下饺子"。其实我一直不明白这么多游客为什么要进这条胡同内去拥挤一番，因为里面实在没有什么可看的景点。我想进入此巷是因为里面有几家书店，虽然那里没有我要买之书，但毕竟新书跟古书也称得上"庶几近焉"。可是眼前的这个阵势让我迅速打消了进书店的念头。展眼望去，这一带完全找不到能够歇脚的地方，恰好此时一位游客从出租车上下来，我立即登上此车，逃离了这汹涌的人海。

学部编译图书局

最早的官定教科书

关于学部编译图书局的设置，以往的资料大多引用管学大臣孙家鼐的奏议，他在《奏为译书局编纂各书宜由管学大臣进呈检》中称："宜集中、西通才专司纂译，其言中学者荟萃经、史、子之精要及与时务相关者编之，勒为定本，请颁行各省学堂悉遵教授，庶可一趋向而广民智。"但也有文献称最初的提议人乃是山西学政宝熙，光绪朝《东华录》卷五中收有宝熙的奏折，他在奏折中提议："由编译处统加审定，择其要者，分别部居，暂作为各学堂应用之书，俟学部成立后，人才敷用，再行详细编纂，随时改良。"

宝熙的奏议得到了皇上的批准。清光绪三十年（1904），京师大学堂编书局和译书局先后停办，此后成立了学部，紧接着就筹办编译图书局。

光绪三十二年（1906），学部编译图书局正式成立，朝廷任命袁嘉谷为该局第一任局长。袁嘉谷为光绪二十九年（1903）经济特科第一名，被称为云南历史上唯一的一位状元。两个月前，我到云南寻访到了他的故居，其故居修复得十分完好，可见当地人对其十分重视。

学部编译图书局成立之时，将原总理学务处编书局的业务全部接了过来，而原编书局督办黄绍箕被派往湖北去做提学使。当时袁嘉谷的职务是学部行走，经学部推荐他担任了新成立的编译图书局的局长。这个任命应该跟袁嘉谷的经历有一定关系，除了他的状元头衔，更为重要的是他对日本学制的了解。光绪三十年七月，袁嘉谷曾被派往日本考察学务和政务，直到转年的八月方回国，而后任学务处副提调，因此他对日本的教育体制颇为了解，并且对中国当时的学制也同样熟悉。

晚清政府为什么要开办编译图书局呢？这跟当时的内外环境有很大的关系。在编译图书局成立之前，中国的一些私人出版机构也发行了一些教科书，这些教科书编纂的质量良莠不齐，这种情形当然对教育不利。比如当时《大陆报》所发《群宜译社广告》中称："浅尝之士每未能融会书意，涂乙一二联络词，鲁莽卒事，甚者且竞骛牟谋，惟速是尚，不暇问于义之安否，驯致所译之书，格格不堪卒读。"

由此可知，当时发行教科书没有统一的管理机构，致使这些书出得良莠不齐。宋以丰、汤霞所撰《晚清学部的教科书编译与审定》一文中讲到了当时学部成立编译图书局同时审查教科书的原因，其第一个原因是从学术上而言，针对各地发行教科书的乱象做出相应的规范；第二个原因则是政治考量，要维护国家体面，其实主要就是维护国家的教育自主权。该文转述了《两江学务译员之条议》中的一段话："上海毫猾之商，因资本不充，往往私借外人之款，统计资本，几占十分之八，延聘名宿，编译各种教科书籍……如不抵制，则外人握我教育之权，出版自由使我学界被其文化。久之，而我书籍组合之权力必为其侵占而不觉，关系匪细，故也应请大吏随时饬员考虑，遇有书肆与外人合资，其图书必经审查无违碍者，方许发行。"

可见当时有些出版机构因为资本不充裕，于是就向外资借款，而外国人所占投资比例很大，编出的教科书就会偏重外国人的观念，这种情形在当时颇为普遍。比如宣统元年（1909）商务印书馆呈送的《和文汉译读本》，经审查后就被发现这种问题："查该书系日本寻常小学国语课本，译者以为便吾国人学和文之用，故每卷附有译文，然以所译汉文与和文对勘，闲字尚多，且有不成语处，况系彼国小学读本中取材颇有不宜于我国者。"（《商务印书经理候选道夏瑞芳呈〈地质学〉各书请审定批》）当时的商务印书馆乃是中国最大的出版机构，它所出之书尚且如此，余外的出版社其情形就可想而知了。由此也可以看出清政府建立学部编译图书局的必要性。

对于这些必要性，王昌善在《晚清政府学部编译图书局教科书编译述评》中分析了当时的形势，他认为科举的废除以及新式教育的急剧扩张都使得社会上需要大量新式教材，于是很多学堂和私人都开始编写教科书，但由于"编写者的思想素质、学术水平与知识结构的参差不齐，对新旧学的取舍标准不一，个别出版机构甚至唯利是图，亦导致教科书质量参差不齐。特别是由于它冲出了晚清政府对教科书的控制，影响了教育的划一，不利于甚至危及清王朝在意识形态领域的统治地位。继京师大学堂启动我国第一次由官方组织、有计划、有系统地编写学校教科书的计划失败后，再一次统一中小学教科书就成了晚清政府重要的教育任务"。

由以上这些可知，清政府成立学部编译图书局，主要目的就是要出版统一的官定教科书，而朝廷对袁嘉谷委以重任，就是希望他能够编出适合社会使用，同时又符合晚清教育思想的正统教科书。

袁嘉谷到任不久就有人提议由编译图书局来掌控图书版权，而后批

图一 《春秋经传集解》卷首，清宣统二年（1910）学部图书局影印本

图二 《春秋经传集解》牌记，清宣统二年学部图书局影印本

准私人机构仍然发行教科书，这样不费吹灰之力就可以给编译图书局带来大笔收入。但袁嘉谷反对这么做，以为"生财乃财部事，非学部事也"（《袁嘉谷年谱》）。他坚持让编译图书局出版的教科书以很便宜的价格对外销售，迫使民间出版社所发行的教科书跟着降价，这种做法使得文化更利于普及。

袁嘉谷到任后，首先对这个新机构做部门设置，王昌善在其《述评》一文中说："学部编译图书局……设总务、编书、译书、庶务四课，每课下设若干股。总务课下设总务、总校、校定、文牍四股。编书课下设经学修身、国文、历史地理、法制理财、图画、音乐体操手工、算术、博物理化八股。译书课下设日文、英文、俄文三股。庶务课下设会计、印刷、校对、书籍、管理书记、管理杂务六股。可谓从编纂、翻译至校对、印刷、管理，一应俱全。"

这些部门中包括编书和译书两个体系，教科书的内容也涉及学校的方方面面，但是此时的编译图书局乃是中国历史上的首创，如何能够使得编出之书更加实用合理，他们并没有相应的经验。为此袁嘉谷又在局内设立了研究所，专门研究各种课本。为了厘定、规范教科书中的中外名词，使其整齐划一，学部还于宣统元年九月，在编译图书局内专门设立了编订名词馆，以严复为总纂，编订各种中外名词对照表及各种辞典，以"统一文典，昭示来兹"。

关于编译局的人员设置，王昌善在《述评》中说道："编译图书局成立之初仅设局长一人，光绪三十四年增设副局长两人。职员包括总务一员，总校、校定、编书、译书、图书、庶务、书记、画师若干员。局长、副局长总理全局之事，总务佐局长、副局长经理各事，总校、校定员校定编译各书，编书员任编纂书籍，译书员任翻译外国书籍，图画员及画师任专科图书及书中插画各事，庶务员任局中庶务及经理图书出入经费各事，书记任抄录书籍收管文件各事。"到了光绪三十三年（1907）年底，编译局的正式职员已有 77 人，一年之后在这里工作的人员有 108 人。为了能够编出有价值的教科书，袁嘉谷广泛招揽人才，陈古逸在《袁树五传》中说："大学士荣公长学部，辟君编译图书局长。君网罗海内耆宿，聚之一堂，上下古今，斟酌中外，邃密商量，编教科书甚夥；译外国文书，刊印流通。书坊以新著专利求审定，粹者可之，驳者否之，不徇情，不受方物，时论以为公。"

袁嘉谷对工作兢兢业业，他在此任上做了四年，招聘了许多重要的学者。因为他还负责审核私人机构所编教科书，所以那些人想办法贿赂他以便让自己的出版物得到批准，但袁嘉谷能够坚拒诱惑，在那个时代的确难得。当时所编出的教科书都由他亲自审核并做出相应的订正，张希鲁在《袁树五先生传》中说到了这件事，"先生在图书局，广征博学能文之士，象寄之才，编译中西要籍与各科教授书。国内学校，有教科之编，盖自此始。至今通用'乐歌'、'星期'诸名词，皆先生新订"。

在学部编译图书局工作过的学者，有不少是当时的名人，比如副局长杨兆麟。宣统元年秋，袁嘉谷离开编译图书局，前往浙江任提学使，后来又兼任布政使。接替袁嘉谷任图书局局长者就是杨兆麟，他原本是光绪二十九年（1903）的探花，曾在日本早稻田大学留学，获得了法学博士学位。第三任局长戴展诚是光绪二十一年（1895）进士，他在光绪二十八年（1902）自费到日本留学，回国后仍在朝中任职；副局长王仁俊是光绪十八年（1892）进士，乃经学大师俞曲园弟子，另一位副局长黎湛枝则是光绪二十九年进士，曾是末代皇帝溥仪的老师。

曾在这里任职的工作人员中还有两位状元，一位是光绪十八年的状元刘福姚，另一位是光绪二十九年状元王寿彭。除此之外，在此任过职的工作人员中，应该以王国维的名气最大，而王在此编译图书时也的确兢兢业业。袁嘉谷在《王静安国维别传》中写道："光绪丙午，愚长学部编译图书局，静安受聘为局员，月脩百金。设座于著书楼下之北窗，镇日默默，未尝离座而一步东西窗间也。译欧籍，编词史，晨入夕出，三年如一日。学部长官闻其贤，派之总务科行走。"为此，袁嘉谷对王国维颇为照顾，王因为家中杂事较多，所以多次请假，而袁都没有扣他的薪水。

当时，这个编译局是清政府所设，故所编课本的思想内容当然是本着朝廷的旨意来办。光绪三十二年（1906），学部左侍郎严修提出了五项教育宗旨，编译图书局所制定的编译各书《章程》就是本着这种理念："编纂教科书无论何种，俱宜恪遵'忠君、尊孔、尚公、尚武、尚实'之宗旨，以实行国民教育。小学须合于应用之道德、智识、技能，中学须合于完备之普通教育，初级师范教科书与中学略同而加以教育，各书要使程度相宜教育进步。"

可见在那个时代，就已经有了德、智、体全面发展的教育思想，但首先还是要忠君。古代封建社会是"家天下"，忠君与爱国是一回事，尊孔则是中国千百年来的正统观念。关于何以要尊孔，《章程》阐述："孔子生于中国，历代尊崇，较之日本之敬奉，尤为亲切。无论大小学堂，宜以经学为必修之课目，作赞扬孔子之歌，以化末俗浇漓之习。春秋释菜及孔子诞日，必在学堂致祭作乐，以表欢欣鼓舞之忱。其经义之贯彻中外，洞达天人，经注经说之足资羽翼者，必条分缕析，编为教科，颁之学堂，以为圭臬。"

五大宗旨中还有"尚实"一项，就是学习西方的实学。《章程》中称："查泰西科学所以横绝五洲，而制造实业之相因以发达者遂日进而不已。今欲推行普通教育，凡中小学堂之教科书，宜取浅近之理与切实可行之事以训谕生徒。修身、国文、算术等科，皆举其易知易从者勖之以实行，课之以实用。其他格致、图书、手工皆当视为重要科目，以期发达实科学派。"

编译图书局还制定出了十九个不同的规章制度，分别为《试办章程》《职员章程》《编译各书章程》《办事章程》《印书章程》《售书章程》《会议处章程》《校雠处章程》《文牍处章程》《研究所章程》《编译处章程》《会计处章程》《校对处章程》《收发新书处章程》《收发参考各书处章程》《收发书稿处章程》《管理书记处章程》《油印处章程》《办事杂务处章程》。这些制度中包括了《印书章程》和《售书章程》，可见该局在编书的同时，还负责出版发行。因此宋以丰、汤霞在《晚清学部的教科书编译与审定》中说："编译图书局兼事书籍编纂与翻译，这一点同晚清官书局的业务传统有着密切联系。"

从《印书章程》中可知，该局所印之书是由其他出版机构代行印刷的。此章程中称："要求印商承印本局之书宜尽先速印，不得因别有印件而将本局之书置后。"《印书章程》中还同意其他的机构翻印编译图书局的出版物，"凡官局及本国各书坊遵守本局所订章程者，均准其随时翻印"。在今日看来，这样的规定简直是太宽松了，当然翻印该局所出之书也有一定的要求，必须先将样本呈送检查，声明印刷部数、册数，并且要求翻印之物在墨色、页数、字形等细节上必须跟原本完全一致。但是对所用纸张没有硬性规定，只是做出了指导性意见，要求"用纸色宜淡黄、质宜坚韧"。

根据《印书章程》，可推测该局似乎没有设立自己的印刷厂。但是按照该局的人员设置，可知其中印刷股有七名印刷员，他们均是日本印刷学校的毕业生。既然有着这样的专业技工人员，似乎该局也有自己创办印刷厂的打算，只是不知道为何此事并未办成。

在售书方面，该《章程》也给予了详细的规定，比如只接受现金交易，不允许赊账，但是如果购买数量大则可以打折，并且详细规定"凡购五部者记名，十部以上者九折优待，三十部以上者八五折，百部以上者八折"。该局还给学生们发放购书券，持券购书者按书价打九折。总之，这一切规定都是为了能够让新的教科书在社会上更为普及，让更多的学子受惠。

对于所编教科书，袁嘉谷的确下了很大的气力，他在《初小国文教科书》序言中讲到了编纂教科书的起因以及相应的难点："近日教育日兴，研究儿童心理者日进。教授儿童之书宜简不宜繁，宜实不宜虚，宜变换不宜故常，又必就其习见习闻之事引其推究事物之兴趣，且副于智育、德育、体育之宗旨，切于今日国民之应用。执此求中国古书，颇难其选。此国文教科一书，所为不得而作也。"

既然教科书有着这样大的作用，因此袁嘉谷又在序言中讲道："聚二十三省之人才，择三四千字之适用，几经讨论，几经弃取，其以培养，斯加商量……执笔之余，动多牵掣，苦心绌力，勉勉皇皇。然则是书之成，安敢自信而共信。"

　　总体而言，袁嘉谷编纂教科书是有着长远规划的，比如他在《学部奏报分年筹备事宜折》中写道："宣统元年，预备立宪第二年，'颁布初等小学各科教科书，颁布中学堂初级师范学堂教科书'，'编定各种学科中外名词对照表'。宣统二年，预备立宪第三年，'颁布高等小学教科书'，'审定各高等专门学堂所选讲义，编定中学堂教课书，编辑初级师范教科书，编定官话课本'。'编辑女子小学教科书，编辑女子师范教科书，改正已发行之各种教科书（以后年年照行），编辑各种辞典（以后逐年续编）'。宣统三年，预备立宪第四年，'颁布中学教科书，颁布初级师范教科书'，'颁布女子师范教科书，颁布女子小学教科书'，'颁布官话课本'，'编译高等专门以上学堂各种科学用书'。宣统五年，预备立宪第六年，'编定中学堂法制课本'。"

　　这份规划已经排到了宣统五年，然而，在此前的两年清朝就结束了，学部编译图书局也随之被取消。但是，它在六年的运作中的确出版了不少的书。杨维新所撰《清末北京学部编译图书局略考》中对该局所出之书做了统计："光绪三十四年，戊申（1908 年）编译图书局年印书 66 种，印行 523100 部（册、张），共用足银 1399 两，银元 37429 元；出书品种除各种课本而外，尚有《内则衍义》《近思录补注》《家族谈话》等与教育有密切关系的书（王国维的《译辨学》这年编成）。这年编译成书 55种；售书处售书 124 种，计 102720 部（册、张、份），寄各提学使司书籍 17 种，31280 册；全年售书入款各省解交 4683 两，售书处入款 3633两，共 8316 两（小数未计）；未售书目中尚有《御纂内则衍义》等 156种；这年 12 月结存书 7337719 部（为丙午、丁未年结存之书，也有当年结存之书）；收发参考书处藏有经书 337 部、史 484 部、子 358 部、集

398 部、丛书 37 部、新书 1603 部、共 3257 部。"

虽然有这么大的成绩，但是这个图书局仍然受到了一些人的指责。一般而言，相应的研究文章都会引用江梦梅所撰《前清学部编书之状况》一文，该文的原题是"论现行教科书制度与前清之比较"，总计六部分，其中第三部分为《状况》。江梦梅在《状况》中首先称："学部自光绪三十二年设立图书局，编辑教科用书。次春颁布初等小学《国文教科书》第一册、《修身教科书》第一册、《教授书》第一册，《南方报》即著论攻之，为一时所传诵。是秋第二册出版，时报又起纠弹之。于是学部教科书恶劣之声，不绝于教育社会。"

可见图书局发行的教科书当时在社会上遭到了恶评，这些评论主要认为教科书在编辑体例上有不妥之处。同时江梦梅还认为图书局浪费朝廷公帑，"部书初颁之时，任人翻印，毫无限制。部中每年耗经费十余万，以从事编辑印刷，无人监督，任其报销，三四年耗费数十万金，以成此十余种教人不足、害人有余之教科书。后惧资政院攻击，自愿裁减经费；而又虑不足用也，于是招商承印，征印花税，而学部多一筹款之方矣"。

对于这些指责，有人赞同，有人反对。从历史记录来看，江梦梅所言也并非全为事实，比如浪费钱财一事，由《职员章程》可知该局对于开支的规定到了何等苛刻的程度："书记现用之笔，已经试验，每支能写三万字左右，每人每月发给笔三支，十日一发，五钱重墨二块，半月一发。"规定出每支笔写字的数量，如今恐怕没有任何机构能有这样的规定吧。既然规定了笔墨的数量，当然还要规定写出的字数："写字数目，现已试验，每日能写三千以外，……酌中每日定以二千五百字方为及格。"

当然，如此严苛的规定有可能与实际执行并不相符，故江梦梅的说法也不能说是捕风捉影，因为在宣统元年年底，御史赵炳麟确实称编译图书局办事不利。为此，图书局做出了整顿："详议章程，严定按人记功之法，每月每员必须编出课本若干册，方发薪水，挂名人员立予裁撤，编辑不佳者的加处罚。……编译书籍须先按照书帙之繁简难易酌计参考，编竣时日开列预计期限表由局长考察。"（《会议政务处奏议覆御史赵炳麟奏财政学务亟须整顿折》）

由此可知，学部编译图书局在方方面面都做出了自己的努力，只是任何事情都难以在初创阶段达到完美，用后来的观点和标准来评价前期的问题显然有失公允，不能因为有瑕疵就抹杀前人所做出的努力。

关于学部编译图书局的地址，王世光在《袁嘉谷与学部编译图书局》一文中称："编译图书局坐落于四译馆旧址，因办公需要，新建了著书楼。1907 年夏，著书楼落成后，袁嘉谷赋诗一首：'赫赫帝王都，尘软春风陌。辟此地数弓，高筑楼百尺。压檐新竹翠，入窗初月白。感触平生心，狂题三字额。云山伴吏隐，文学事竹帛。本非虞卿愁，休论仲蔚宅。'"（《中华读书报》2016 年）

学部旧址今天的位置处在西城区的教育街一号院和三号院。此处距琉璃厂很近，开车前往教育街也就五分钟的路程。2017 年 4 月 27 日，我来到教育街，因担心此街不能停车，于是停在了主街的路边，而后步行前往。其实这条街已经是距离长安街最近的一条小街，能在这个繁华地段保留下这样一个胡同也确实很难得。

从入口处向内前行二十米就看到了街边的文保牌，这里是北京市级文保单位，上面写着"清学部遗存"。文保牌的左侧是一处重新彩绘过的老房屋，此处为教育街一号，门楣上挂着青底金字招牌——清学部，然

图三 清学部旧址

图四 门楣上的青底金字匾额

而这里大门紧闭。我只好先去看这里的三号院，因为这个院落也同样是学部旧址。

三号院的大门同样是仿古建筑，侧门旁挂着的匾额却是中国人民武装警察部队招待所。显然想走进这样的招待所不是件容易的事，然一号院已经大门紧闭，那么三号院一定要一探究竟。在大门入口的位置站着三位工作人员，我编好了一套说辞，问他们是否可以入院拍照。我原本想等到他们拒绝时再讲出自己的一大堆理由，可是未成想这几位管事者很痛快地向我一挥手说可以进来拍照。这么容易就达到了目的，让我对这个威严之地立刻增添了八分好感，道谢之后走入院内。

从整体上看，这个院落已经成为四面合围的巨大天井状，正中的空地是停车场，正前方及左右两侧为现代化的大高楼，只有入口的位置为低矮的仿古建筑。站在正门看过去，正前方是一堵新做的影壁墙，此墙的后面乃是一栋横长形的仿古楼。

我穿过停车场走到了这个仿古楼的近前，这里已经是被用作了办公场所。当年学部图书局就设在该部的西偏院，现在的格局已经大变，我无法确认当年的西偏院在什么位置，因为此院的后方就已经是最为繁华的长安街，能在这里留下一栋仿古建筑，从用地角度来说可谓奢侈。

除了入口处的这一排仿古楼，以及与它相对应的正前方那排仿古楼外，在这里我没能再看到其他的历史痕迹。在此拍照完毕后，走出大门向那三位工作人员郑重地表示了我的谢意。然后我又回到了一号院的门口。在一号院和三号院之间还留存一栋灰色的二层小楼，我不确定此楼是否为当年学部的遗存，但其位置肯定是在学部旧址之上。无意间我在侧墙上看到了一块橘红色的小牌，走近细看，发现是"西城区文物保护

图五　三号院大门

图六　院内景象

单位"金属铭牌，可惜这个牌子上未能写明保护的内容，但由此可以确认这栋灰色二层小楼也是学部旧址。

灰色小楼紧邻着学部仿古大门，我站在门前仔细端详，感觉门是从里面上着锁的，贴着门缝听到里面有动静，于是我轻叩门环，果真从里面走出一位工作人员。我向他说明了来意，此人很有礼貌地告诉我这里已经停业，正在做转让手续，因为特殊的原因这里面不便拍照。他的所言当然令我没话说，但我还是努力跟他讲我仅想拍一张内景照片，他想了想同意了我的要求。而他的大度让我有了得寸进尺的念头，我还是想进内一探究竟，并且再次向他讲明，自己只是来探寻学部旧址，肯定没

图七 一号院和三号院之间的灰色小楼

图八　这栋小楼应当也是清学部遗存

图九　一号院院内景象

有其他的杂念。显然我的说词没有打动这位年轻人，他反而跟我说："你要了解这里的历史可以扫文保牌上的二维码。"

　　文保牌上竟然还有二维码，我难以置信，但还是礼貌地向他表示谢意，而后走到文保牌前，果真看到上面有一块用塑料板制作的二维码，如此现代化的东西贴在了文保牌上，这让我脑海中的时空转换产生了困难。而今这个世界的方方面面都在做着加速度，真不知道这种变化继续下去，会不会让我的所有寻访变得没有了意义。

中华书局藏书楼

四部备要，古今集成

中华书局的藏书量巨大，因为历史原因，该书局的旧藏分为了两大份：大部分归了当今的上海辞书出版社，还有一部分现庋藏于北京的中华书局图书馆。这两处我都去探访过，两处藏书量之大，远超我的想象，如若有一天能合二为一，中华书局的这份旧藏肯定能拔得中国企业藏书的头筹。虽然当年中华书局的旧藏之书我已看得了大貌，但毕竟这家伟大的出版社诞生于上海，那么它在上海的旧址当然是我必须要访得之处。

要谈中华书局的来由，当然首先要从它的创始人陆费逵先生谈起，可以说陆费先生是中华书局的灵魂人物。陆费逵对书业感兴趣，大约有两个渊源，其一是他的祖上有一位跟书有关的重量级人物，那就是乾隆年间的陆费墀。陆费墀先是以翰林院编修的身份荣任《四库全书》总校官，参与这项伟大的修书工程长达 20 年之久，而后又升任为《四库全书》的副总裁。而《四库全书》的编纂在清代乃至整个中国历史上都是一件重大的文化工程，几乎集中了当时各个学科的顶尖人物，能在这些人物中当总校官，没有深厚的学术功底，绝难在这个位置上坐得稳。因此可以说，陆费墀是其家族中名气最大的一位先人，陆费逵对这位先人当然也就极其推崇。从这个角度而言，陆费逵对书业感兴趣，应该说有着家族血统，或者称为前人的感召。

但是陆费逵真正走入书界，也有一个小小的因缘。他曾经写过一篇短文，题目叫"我为什么献身书业"。此文初次发表于《中华书局月报》1922 年第 2 期，这篇文章中有这样一个段落："我为什么要献身书业？其中有两个动机：第一次是我十九岁那一年；几个同志因为买书困难（一方是经济困难，一方是购觅不易），大家想开一家贩卖书籍的店，一面营业，一面有书可看。凑了一千五百元股本，在武昌横街开办，招牌叫'新学界'。做了一年，营业达一万余元，除了开销还有些盈余。"

因为买书难而去开书店，这种做法足够离奇，而他们开的书店竟然还挣了钱。我觉得这件事应该对陆费逵有较大的影响，至少能够让他觉得一箭双雕：一者可以不花钱就能读到书，二者经营书业还能挣钱，成为生存的手段。后来他建立起了中华书局，如果论思想萌芽的话，应该始自此时。

陆费逵在武昌的这段经历，不仅让他对书业有了信心，更为重要的一件事，是他在这个阶段了解了革命。陆费逵是 1903 年来到武昌，第二年就跟朋友开了以上所提及的书店"新学界"，并担任经理。在经营书业的过程中，他读到了《革命军》《警示钟》和《猛回头》等一些革命书籍，这些书内所谈的思想对他产生了较大的影响。

在这个阶段，有位革命党人名叫刘静庵，此人借基督教圣公会的阅报室秘密从事革命活动，宣传革命理念和发展组织。这个阅报室的名称叫日知会。于是他们就以日知会的名义成立了组织，陆费逵也参加了这个组织，并被任命为此会的评议员。日知会的会员张汉杰、冯特民还办起了《楚报》。当时的总督是张之洞，张以鼓吹革命罪查封了此报，随即张汉杰被捕，陆费逵则立即逃往上海。据说他得到消息的时候，连鞋都顾不上穿，穿着拖鞋就登上了前往上海的轮船。

陆费逵来到上海之后，原本打算前往日本留学，但因为费用不足，最终未能成行，而后在文明书局当起了编辑。那个时候的上海，或者不止是上海，就中国而言，商务印书馆都是第一大出版机构，其影响力可想而知。一个偶然的原因，商务印书馆的老板高梦旦见到了陆费逵，蒋维乔在《创办初期之商务印书馆与中华书局》一文中有这样一段描述："约在民元前三年间，高梦旦常代表商务出席于书业商会，屡与文明书局代表陆费伯鸿见面，谈论之下，大异其才。……陆氏既能操笔编书，又于发行、印刷，头头是道，故梦旦佩服之。归言于菊生……"

那个阶段陆费逵代表文明书局出席书业商会，在会上见到了高梦旦，两人一番谈论过后，高梦旦对陆费逵大为佩服，认为他是出版业的奇才，因为他不但能自己写书，还能编书，同时对发行和印刷也很内行。高梦旦爱才如命，认为陆费逵是位难得的人物，于是回到商务印书馆后就把此事告诉了总经理张元济，"于是以重金聘为出版部主任。梦旦欲坚其心，又以侄女妻之"。就这样，商务印书馆以重金把陆费逵纳入麾下，任命他为该馆的出版部主任。

　　蒋维乔说，高梦旦为了稳住陆费逵，让他安心地长期为商务印书馆服务，还把自己的侄女嫁给了陆费逵，从此成为一家人。蒋的这个说法较为笼统，实际情况是 1908 年秋，陆费逵进入商务印书馆。刚到商务时，陆费逵所任是国文部编辑员，到了第二年春才提拔为出版部部长，而后陆费逵又当过商务的交通部部长兼师范讲义社主任。1909 年 2 月，商务又创办了《教育杂志》月刊，任命陆费逵为此月刊的主编。陆费逵在商务擢升之快、受重用程度之高，远远超过了同僚，故蒋维乔说："商务待陆氏之优，超出同侪。虽年久资深之馆员，皆不能望其项背。"

　　可见，商务印书馆把陆费逵视为出版界的奇才。然而商务对陆费逵的高看，只是在于经营角度，其实这样的高看反而是低估了陆费逵的抱负。我们前面说过，陆费逵曾经参加过秘密组织，也读过一些革命刊物，所以他有着自己的政治抱负，同时，他又对社会的变革以及未来的社会风暴有着自己的预见。

　　陆费逵隐约觉得中国的封建社会即将结束，而社会的变革定然会影响到教育的观念，于是他开始偷偷地编写适应新社会的教科书。陆费逵的女儿陆费铭琇曾写过一篇文章，题目叫"我国近代教育和出版业的开拓者"，此文的副题是"回忆我的父亲陆费伯鸿"，而"伯鸿"就是陆费逵的字。这篇回忆文章中有这样一段话："在清朝帝制濒于崩溃，中华民国诞生之时，君主时代的教科书已不适用，如何改革教育成为文化教育界亟须解决的问题。父亲深信革命定能成功，应该准备一套全新的教科书开发民智，培养民国所需人材，乃秘密邀请几位知己，包括我三叔陆费叔辰，在家里编辑新的教科书。白天上班，晚间编教材，常至深夜。"

　　这个阶段，陆费逵正在商务印书馆任职，他认定新时代必将到来，而新的教科书必定是新时代急需之物，于是他在这场变革到来之前，就秘密地邀请了几位同伴，在自己家中开始编写教科书。陆费铭琇的这篇文章接着写道："一九一二年一月一日，父亲与戴克敦等人创立中华书局。定名'中华'，既是对革命的纪念，也包涵着培育共和国民的责任感。"

原来"中华书局"之名就是来源于"中华民国"，而书局的创立日期也跟中华民国的成立日期为同一天。在这一天，陆费逵脱离了商务印书馆，成立了自己的书局，他在这天宣读了《中华书局宣言书》，此宣言书中有一段话写明了他编新教科书的内在原因："国之根本，在于教育；教育根本，实在教科书。教育不革命，国基终无由巩固；教科书不革命，教育目的终不能达到也。"即此可见，陆费逵创建中华书局也是在实现他教育救国的理想。

中华民国刚刚成立，在百废待兴之时，教育当然首先要进行改革，以此来宣传新观念和新思想。这个时候，其他出版机构还完全来不及适应这种突然的变化，而刚刚成立的中华书局却有了全新的教材面世，其影响之大可想而知。关于这件事，蒋维乔说："暗中预备全套适用之教科书，秘密组织书局。于民国元年，中华书局突然宣告成立，中华民国之各种教科书，同时出版……伯鸿亦脱离商务，一跃而为中华书局总经理。"

陆费逵的这个举措受到了后世专家的关注，白化文先生有一篇文章，题目是"解放前中华书局古籍整理出版工作中的两大项目——〈四部备要〉和影印本〈古今集成〉"，这篇长文的第一段就这样评价："中华书局从它诞生之日，即 1912 年 1 月 1 日起，或者再提前一点来说，从它预测革命必将很快成功，因而在地下编纂共和国教科书，以便夺取商务印书馆在宣统年间几乎独占的教科书市场起，这两家多方面的竞争就开始了。

头一次竞争，即这次教科书的竞争，中华抢先，商务慢了好几步，大吃其亏。可见，预见并能顺应新潮流，十分重要。"

中华书局刚刚成立就打了一场大胜仗，真可谓"不鸣则矣，一鸣惊人；不飞则矣，一飞冲天"。白化文先生认为，中华的这次胜利，最重要的原因还是陆费逵的前瞻性，这种预见性在商业经营方面极其重要。

陆费逵掌管中华书局 30 年，将这家新起的出版机构做成了仅次于商务印书馆的第二大企业，而后两家有了长期的竞争。这种竞争当然是一种良性竞争，崔文印先生赞誉这种竞争是"商业竞争的良好典范"。在陆费逵的领导下，中华书局得以迅速发展，鼎盛时期，书局的编辑超过了200 人，其中有许多编辑成为社会中举足轻重的人物，比如张闻天、田汉、潘汉年等。而那个时代的文化界重要人物，都曾在中华书局出版过自己的重要作品或发表过文章。

民国初年是中国文化大发展的一个阶段，国内各地兴办起了许多图书馆，馆舍建起来后，自然需要大量的填充之物，这正是出版界的黄金时代。图书馆为了充实馆藏，会购买许多的大部头著作，而为了适应市场需求，当时的一些出版机构都开始广泛地复制和编辑古代的大部头著作。

对于那时的风气，白化文先生有如下的描述："大部头丛书便于各种图书馆一次扩容，如新开办的各级学校图书馆、省市图书馆。即便是库容很大的大馆老馆，购入这么一大套书，在当时也算不上珍稀之物，如果开架阅览，也省得总是入库找书，还省得动善本。于那时附庸风雅的有钱的人，有这么一大套摆在客厅或书房，也很壮观呢！"

商务印书馆的主政者是张元济先生，张先生是目录版本学大家，所以他选择出版底本时，都是尽量地去找到每一部经典古书的善本。但是到了民国时代，历史上的著名著作，能够找到极精极善之本者毕竟是少数。即使如此，张元济还是费尽心力影印出了《四部丛刊》和《百衲本二十四史》这些部头巨大的图书，这些著作也广受社会各界赞誉。中华书局缺乏这种先天优势，因为陆费逵并不擅长目录版本之学，也少有这一界的人脉关系，在出版大部头书这方面，中华书局如果想要跟商务竞争，就要按照商务的办法去选择底本，那就完全没有超越的可能，于是，陆费逵想出了一个出奇创新的办法。

这个办法还要从聚珍仿宋字和西泠印社谈起。直到今天，西泠印社仍然是中国篆刻界的第一重镇，能够担任此社社长的，必须是国学方面的一流人物或者对篆刻有着独特贡献者，而民国初年的西泠印社社长，则是丁辅之。丁辅之是杭州第一大藏书楼——八千卷楼的后人，其眼界之开阔无须多言，他在担任西泠印社社长的同时，还跟自己的兄弟一起发明了一种印刷字体。

在那个时代，出版书籍仍然是以传统的木刻技术为主，虽然在江南地区，西方印刷技术已经较为流行，但是这些铅字的排印本更看重的是内容的传播，并不像中国的古书那样，同时兼具字体、书法之美。这些铅字排印本对于追求文字美的中国人来说，当然是一大缺憾，但是传统木刻技术毕竟抵不过铅字印刷的便利。可能是基于这种原因，丁辅之想取两者之优：用中国的书法之美再结合铅字的便利，以此发明出字体优美的铅活字。

想要凭空造出一种字体，当然不是一件容易的事。中国的宋版书向来被认为是彰显中国古籍刊刻之美的最佳范本，于是丁辅之、丁善之兄弟就广泛征求宋版书，从中间选择出漂亮的字体，经过改造，将这些字统一成近似于唐代欧阳询的书体，然后以此为准，按照字体大小制作出多套字模。他们给这种字体起名为"仿宋体"，而后又借鉴武英殿聚珍版的名称，将这种字体称为"聚珍仿宋体"，而这种字体排印出的书很快就受到了社会上读书人的喜爱。

敏锐的陆费逵当然会听到别人的评价，也看到了这种排印优美的字体，他觉得这是个机会，于是几经商谈，在 1920 年把丁辅之、丁善之兄弟发明的这套聚珍仿宋体铜模全部买了下来。这件事见载于钱炳寰所写的《中华书局史事丛钞》："聚珍仿宋体，为杭州藏书家八千卷楼旧主人丁辅之、丁善之兄弟仿写创制。1916 年设有聚珍仿宋印书局，1919 年与中华合作，有所扩充。至 1921 年，议定以 2.6 万元将全部字模及其版权归并于中华，申请专利三十年。丁辅之亦随之加入中华，订约十年，特设专职部门主之。"

中华书局花这么大代价拿到这套字模，当然要有所作为。那时商务印书馆的《四部丛刊》在社会上产生了巨大的影响，陆费逵也想编一套这样的大部头，但他没有那么好的底本。更何况张元济所选择影印之书，主要是宋元本，如果没有宋元本，或者是宋元以后所出之书，则会选择每一种书能够找到的最好底本。但是如果不论版本而只论内容的话，清代朴学家们出版了大量的研究著作，这些朴学著作的学术价值远远超过前代，然而囿于版本，这些书却无法列入标准极高的《四部丛刊》之内。

陆费逵意识到了这些学术著作的重要价值，他列出了一个书单，这个书单几乎包括了中国所有的历代名典，尤其是清代学者已经整理校勘过的旧籍。由于他将清人著作也纳入了选择范围，所以这部大书的选择余地也大了许多，更何况《四部丛刊》强调好的版本，而许多历史经典因为没有善本流传下来，也就自然没有被收入丛刊，由此也为陆费逵留出了选择空间。

中华书局编的这部大书名为《四部备要》，由书名即可知，它的着眼点在于"备要"，重点是内容，而不在于版本，这样在历史典籍的选择方面，确实就能够做到"备要"。"备要"二字，以我的理解，就是既完备，又重要，故而白化文先生评价说："1921年就开始辑印《四部备要》。这是中华聪明之处。因为这种字特别适合印古籍线装本，古雅大方，当时中华独一份。这就甩掉了影印方面无法取胜的包袱或说无法克服的弱点——那是非影印善本不可的——排印则主要看内容有无价值，底本不是主要的考虑对象。"

既然找不到好的底本来影印，中华书局就以排印本的方式予以出版，既然是排印本，就完全不用考虑底本的善与不善，只要校勘做得好，依然可以称之为善本。这样一来，底本问题算是解决了。那么，如何印刷出版？或者说选择怎样的方式来印刷出版呢？这又是一个重要的问题。

前面谈到过普通铅排本的美观不足，排印出的古代典籍无法跟《四部丛刊》竞争，而陆费逵的高明之处，就是他前瞻性地买下了丁氏兄弟的那一大套聚珍仿宋字模。我不清楚他是买下字模之后才有了排印《四部备要》的想法，还是先有这个出书的想法，而后才买来这套字模，但无论孰先孰后，中华书局正是用这套漂亮的字模排印出了《四部备要》。

对于何以要出版《四部备要》，陆费逵曾写过一篇《校印〈四部备要〉缘起》，他在文中称："吾国学术，统于四部。然四库著录之书，浩如烟海；坊肆流传之籍，棼若乱丝。承学之士，别择维艰；善本价昂，购置

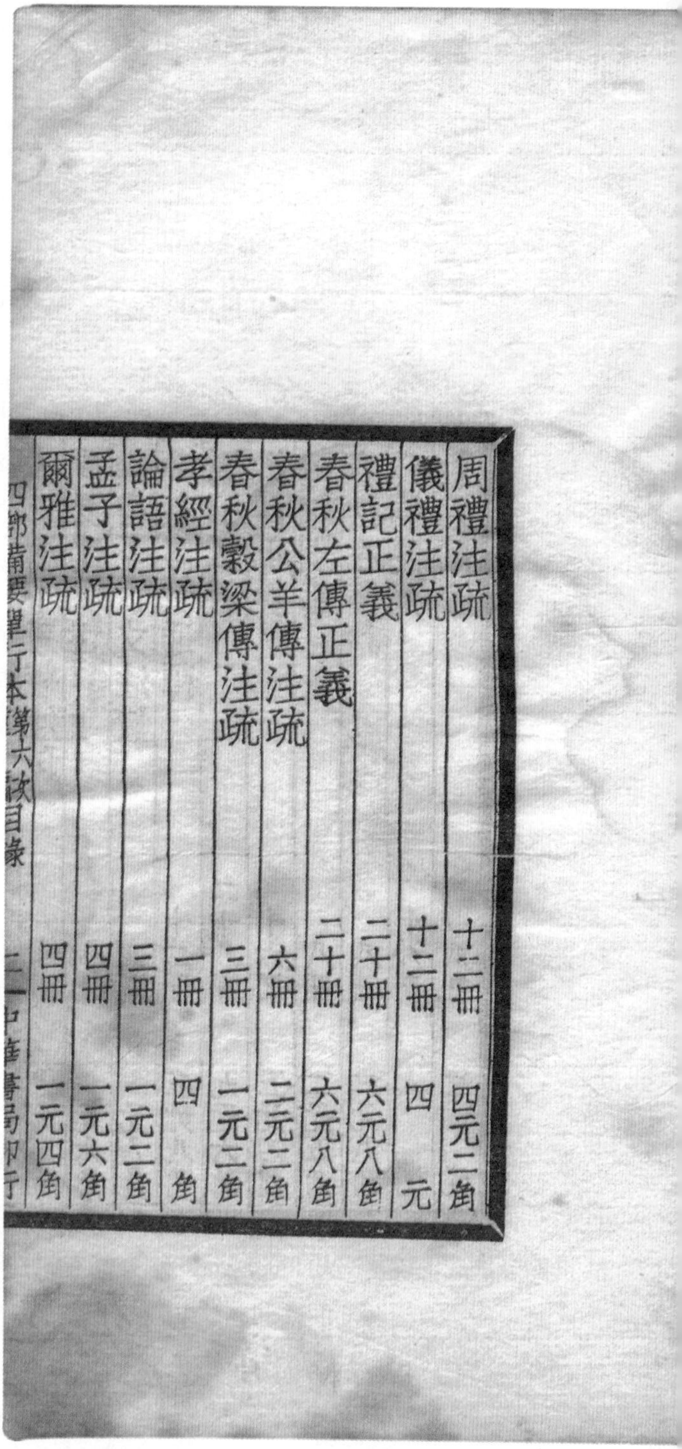

爾雅注疏	孟子注疏	論語注疏	孝經注疏	春秋穀梁傳注疏	春秋公羊傳注疏	春秋左傳正義	禮記正義	儀禮注疏	周禮注疏
四冊	四冊	三冊	一冊	三冊	六冊	二十冊	二十冊	十二冊	十二冊
一元四角	一元六角	一元二角	四角	一元二角	二元二角	六元八角	六元八角	四元	四元二角

四部備要單行本第六欬目錄

二一中華書局印行

图一　中华书局排印
本《四部备要》内页，
所用铅字即是仿宋聚
珍版

四部備要重印之重編目錄

書名	冊數	價格
春秋公羊傳 何氏解詁	六冊	一元八角
春秋穀梁傳 范氏集解	四冊	一元五角
孝經唐玄宗御注	一冊	四角
論語何氏等集解	二冊	八角
孟子趙注	四冊	一元六角
爾雅郭注	三冊	一元二角
十三經注疏		
周易正義	四冊	一元四角
尚書正義	六冊	一元九角
毛詩正義	十六冊	四元八角

中華書局印行

匪易。本局同人有鉴于此，爰于前年择吾人应读之书，求通行善本，汇而集之，颜曰《四部备要》。"

陆费逵说，四库著录之书数量十分庞大，一般的人难以选择，如果要购买这么多的善本，一般人也很难有这样的雄厚资本，所以中华书局针对这种情况，选择出一些古书之中必读之书汇在一起，这就是《四部备要》的来由。但对于这部书为何选择丁氏兄弟所用的仿宋铅字，陆费逵做了如下解释：

提纲挈领，取便研求；廉价发行，以广传布。惟是普通铅字，既欠美观；照相影印，更难清晰。适杭州丁氏创制聚珍仿宋版，归诸本局，方形欧体，古雅动人，以之刊行古书，当可与宋椠元刊媲美。兹将第一集至第五集分年校刊，共计二千余册；经、史、子、集最要之书，大略备矣。

《四部备要》出版之后，因为物美价廉，广受社会欢迎，成为那个时代畅销的一部大部头书，遗憾的是全套流传到今天的并不多见，而一旦上拍，均能以善价成交。但从内容而言，这部书也受到了后世学者的诟病，其中的原因，恰恰是当年中华书局所进行的点校。

当时中华书局为了能够印出这部用老式标点排印之书，请了许多人同时对该书进行点校工作。虽然他们找到了一些饱读诗书的前清遗老，但那些人因为名头太大，其实并不做事，而是由他们的门生故吏来具体操刀，这样一来，点校质量当然难以保证。

在选目方面，《四部备要》受到了白化文先生的赞誉："从古籍丛书书目结构的角度看,《备要》堪称组织得最好,收书最全面的,实用性最强的一套丛书。"但是因为这种点校改变了原书的面貌,使得后世学者在使用该书时,只能作为一般的读物浏览,而不能作为资料予以引用,故而白先生又对《四部备要》有了如下的说法:"作为一种能够引用的'版本',限于上述条件,《备要》恐怕不够格。您看见学术书籍与论文的注释中,有引《备要》本的么?青年人有首选阅读《备要》本的某一种典籍的么?附带说一下,已经有人指出,《备要》采用的底本颇多可议,禁不住细心的学者比对。这也是《备要》难以长期行世的一块定时炸弹类型的硬伤。"

《四部备要》以排印的方式出奇制胜,大部头书能够排得这么漂亮,成为那个时代的楷模。但是这个成果并没有让陆费逵满意,他还是希望在影印方面能够有所突破,这次他选中了《古今图书集成》。该书的初版以铜活字排印于雍正、乾隆之间,当年仅刷印了64部。而后到光绪年间,同文书局受朝廷委托,按照原样大小影印了100部,后因失火,这部影印本也流传不广,但有一部分被皇帝作为国礼赠送给了国外,这部书被国外称为"中国的百科全书",享有很高的声誉。

可能陆费逵正是看中了这一点,才要从此书下手。虽然中华书局自有藏书量很大,但是这稀见的《古今图书集成》,书楼里却未备。正好在此时,又有一个很好的机会出现了。广东藏书家孔广陶早年买到一部铜活字本的《古今图书集成》,康有为的老师朱九江听说了此事,命令康到孔家去读这部大书,康遵师命,在孔家一读就是三个月。可能是康有为太过喜爱该书,后来将这部书收归己有。到了民国初年,康以万元的代价把此书卖给了简照南,简去世后,该书被陈炳谦买下。

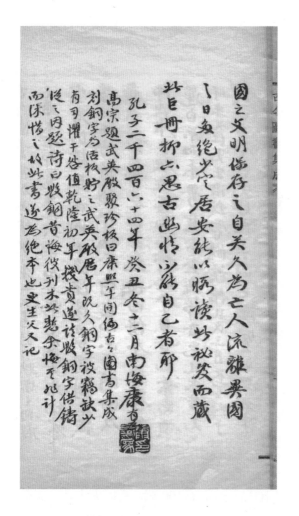

图二　康有为得到铜活字本
《古今图书集成》后所写的
题记

一位叫路锡三的人听闻这件事后，把消息告诉了陆费逵，陆费逵当即替中华书局买下此书。在当时这也是一件很轰动的事情，很多人前来中华书局观看此书。为了应对这么多的观赏客人，从1937年3月27日到4月1日，中华书局每天下午允许人们自由参观。今天看来，这个做法也应当是预热宣传的一部分吧。

《古今图书集成》有一万卷之多，另外还有四十卷目录，如果将其原样影印出版，售价不会便宜，中华书局经过商议，最终决定以缩印的方式予以出版。陆费逵给该书写了一篇《缘起》。为了能够说明这部影印本的价值，《缘起》中有如下一段话：

民国十五年，敝局刊行《四部备要》全书之际，高野侯先生即主张重印《图书集成》，就扁字本影印，或用聚珍仿宋版排印。然细加整理之后，发现扁字本脱卷、脱叶、脱行、讹字，不可胜数。舒新城先生力主用铜活字本，然求之多年而不得，即影印本亦鲜完全无缺者。客冬，陈炳谦先生以铜活字本原书见贻。是书旧藏孔氏（岳雪楼）、叶氏（华溪），继藏康氏（有为），全书五千零二十册，仅有六十二册抄配。每册首均有孔氏、叶氏、康氏藏书之印。武进陶氏谓："同文影印本缺十余叶，以与故宫所藏四部对勘，所缺相符。岂六十四部一律如斯耶？甚可惜也！"乃一经核对，则《草木典》所缺之一叶，此本居然存在，且确系铜活字本，并非配补，诚人间瑰宝已！

陆费逵说，高野侯曾经提议用美查版的扁字排印本作为底本来影印出版《古今图书集成》，或者用中华书局买来的聚珍仿宋体来排印。但是经过查证，美查版扁字本在排印过程中产生了很多的错讹，如果以此作为底本，无论是影印还是排印都不合适，于是舒新城提出还是用《古今图书集成》的第一个出版物，也就是当年的铜活字本来作底本。然而中华书局寻求了多年，一直都没能得到这部铜活字本，于是转而想用同文书局的原大影印本来作底本，但即便这个影印本，也找不到全套无缺者。如今终于得到了康有为旧藏的这部铜活字本，然里面有 62 册为补抄，中华书局派人到各地图书馆去寻找所缺原卷，下了很大功夫，最终将其补齐。

　　我不知道陆费逵在写此文时，是否想到了他所排印的《四部备要》，这个排印本所产生的错讹一直受到后世诟病，可见古籍点校看上去简单，其实是很难做到完美的一件事。总之，《古今图书集成》影印了出来，虽然是缩印本，但毕竟在价格方面便宜了很多，也成为一部畅销的大部头书。

　　正是因为陆费逵这种既有前瞻性又执着的秉性，使得中华书局迅速壮大。他曾经说过，做事情专一和有耐性，是能够将事情做下去的先决条件。"我的长处，我也不必客气，不妨说说。第一，专心。我有许多机会可以做别种商业和入政界，但我始终不为所动。第二，忍耐。近十年来，无论怎么样我都忍耐得住。第三，不失本来面目。我从小到现在总不断地看书，不阔绰。这三种虽没有什么价值，但却也是办事必须的条件。"（陆费逵《我为什么献身书业》）

　　以他的这种秉性，如果天假以年，应该能够创造出更多的辉煌，可惜的是一个意外让他很快地离世了。陆费铭琇在文中写过这样一段话："一九四一年七月七日中午，父亲自己下楼会见客人。下午三点左右，他全身疼痛出大汗，枕头和身下的床单也汗湿了。父亲叫我给他捶背捶腿时对我说，刚来的客人给他抽过一支小雪茄烟。七月八日，父亲自我感觉不好，半夜整理中华书局的账册，给母亲留下了遗言。九日晨，父亲从浴室出来，猝然摔倒，从此长眠不醒。"如此看来，他是被一位不速之客给暗害了。当然，究竟情况如何，后人难以知晓，因为陆费逵的死亡诊断结果，说他是心脏病。总之，这位伟大的出版家就这样离世了。

　　中华书局创建之初，办公地点在河南路与福州路交叉口，后来建起了一座大楼，这座大楼跟商务印书馆的大楼毗邻而居，然而今日在这个

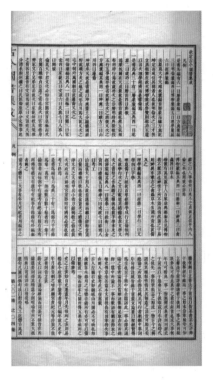

图三 中华书局影印三栏本《古今图书集成》式样

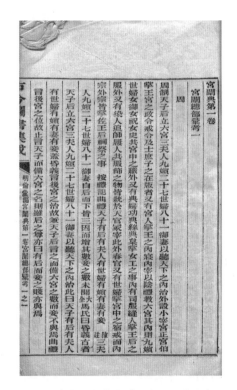

图四 美查版扁字本《古今图书集成》

地点已经完全找不到痕迹了。1935 年，中华书局在上海建成了印刷厂，总办事处和编辑部也随后迁入此地。我终于查得一些信息，这个工厂的办公大楼今日依然存在，只是被改成名为"中华1912"的连锁酒店。虽然改成了酒店，有些煞风景，但毕竟有遗址可探寻。

2015 年 11 月 28 日，我一到上海就打的前往此处。这个地点现在的门牌号是"澳门路 477 号"，站在路边就看到了"中华 1912"的字样，1912 这一年正是中华书局创立的日子，然"1912"之后没有"酒店"二字，后面写着"文化创意产业园"。在两栋楼之间还有一个新建的钟楼，我向门口的保安请教，这里是不是中华书局的旧址，他给了我肯定的回答。于是我又问他，这个钟楼是怎么回事？保安告诉我，他来此地工作已经两年了，来的时候钟楼就在那里。看来问下去会更加不得要领，于是我去拍摄岗亭后面嵌着的四个金属铭牌。可惜的是，那四个牌中没有我想要见到的文保牌。

这栋楼的侧面也邻着一座体量较大的建筑，在建筑的下方有一个长长的通道，上面写着"休闲广场"，我想进内找一些遗迹，然而里面黑洞洞的没有开灯。我无意间看到墙上挂着一些镜框，里面竟然是一些老钱币。这个发现让我兴奋，至少说明这里跟收藏有关，于是我调整相机的光圈，准备将这些镜框拍下来，还没等操作完毕，就听到身后一声断喝："你要干什么？！"

转身一看，一位 40 多岁的壮汉正望着我。从穿着打扮来看，他应该是这里的管理者，于是我马上陪笑着跟他解释，自己来此的目的是寻访中华书局的旧址。他闻我所言，问到了一些中华书局当年之事，这对我来说，自然不在话下。我的回答显然令此人很满意，他脸上紧绷的肌肉瞬间松弛了下来，告诉我说，旁边的那一栋才是中华书局的原办公楼。但那栋楼显然关着门，我问他，如何能够进去一看究竟？他说你推门进去就行，因为他就是这里的物业经理。遇到这样的爽快人，真是寻访过程中令人高兴之事。

进入敞亮的大堂，此人为了让我拍照，把里面的灯光全部打开。我

图五　澳门路 477 号

看到在一、二层之间的隔层墙上，悬挂着长长的一排老照片的复制品，显现着当年中华书局的辉煌。其中第一个展板上就有陆费逵的照片，我指给这位经理看，告诉他这就是陆费逵。我的这些有限知识在这位经理眼里大有市场，他允许我在这里随意拍照。

有些照片里的情形是当年印刷厂内的工作场面，这些照片我从未见过。还有的照片显现着当年印刷机的外观，另外还有当年作者队伍的集体照，其中一张照片我很熟悉，里面是毛主席接见张元济的场景。中华书局为何要挂张元济的照片？这让我一时没想明白，转念思之，陆费逵早年也是商务印书馆的重要工作人员，以此论起来，挂张元济的照片似乎也有些道理。

大堂里还挂着两幅上海外滩的油画，这两幅画绘制得颇为精细。油画侧边的墙上挂着排字的字模照片，不知道是否就是丁氏兄弟所创造的那套聚珍仿宋字。这套字模当时名气极大。1920 年，丁氏兄弟曾向政府申报了专利，因此这套聚珍仿宋体的字模，成为中国第一个获得国家认可的字体专利。这些字模归了中华书局后，1929 年中华书局还把这种字体的专利出让给日本名古屋的津田三省堂，而后这套字体风行天下。虽然我来此看不到原物，但在这里能够看到一幅这样的老照片，多少也是件开心之事。

这间大厅的窗户与大门上的花饰跟楼体很是相配，我问经理，这是不是当年的原物？他说不是，并且告诉我，他调来此处任物业经理时，这里的改造还没有完工，所以他看到了一些改造前的痕迹。他说当年原有的门窗玻璃跟这个风格很相像，因此这里的改造确实是修旧如旧，尤其是大堂内的格局完全没有改变，只是做了修补与粉刷。

这种拍照还是让我觉得不过瘾，毕竟人都喜欢得寸进尺，我也不能免俗，于是问他，在这里还有什么旧物能够让我看得到？他想了一下说，楼体的四、五层之间有一段楼梯，这段楼梯的地板和墙裙所用的马赛克，都是当年此楼建成时的原样。闻此让我大感兴奋，提出可否让我前往一看。经理很爽快地答应了我的请求，然后把我带到楼后。

由此进入，我又在侧墙上看到了一些中华书局物品的复制件，其中还有一张当年的股票。细看之下，这张股票是上海世界书局发行的，而非中华书局，不明白这里为什么挂这张照片。这条宽敞通道的格局，经理说也都是当年的原样。而后我们乘电梯一起来到了五楼。

出电梯门，果真看到了楼梯间，风格独特的马赛克保留得十分完好，墙裙和地面上都是用这种材质拼成的图案。虽然有了近百年的历史，但

图六　楼内景象

图七　改造后的门窗玻璃仍是原有风格

图八　后楼大堂所挂当年旧物

这些图案的式样一点儿都不显得过时，尤其是施工质量不知比今天要高多少倍。我已经装修过多套房屋，每套房的装修都用不了几年，就会有这样那样的问题，尤其是裱贴的脱落问题。我始终不明白，为什么科技越发达而施工质量却越粗糙，今日看到了中华书局的这段原装修，又让我跟物业经理大发一阵感慨。

下楼之后，我感谢了经理为我提供的方便，同时问他，这个文化创意园区是怎么回事？他告诉我，这些房屋正在招商，招商者正是旁边的那栋大楼。我问他，那个楼跟中华书局有没有关系？他说，这一点不清楚。看来只能回去查资料再确认了。

我谢过了这位好心人，然后站在澳门路边等候出租车准备离去。正在这个等候期间，我隐约地看到这栋楼一侧的绿植之下，似乎有一块铭

图九 保存完好的旧楼梯

图十 "优秀历史建筑"文保牌

牌，于是立即上前用力拽开这些爬山虎，果真看到了文保牌。然而我一松手，这些爬山虎又弹回来将这些文保牌遮盖。我转身找经理，他已经离开，我就把保安请过来，让他帮我拉着这些枝枝蔓蔓，总算将这个文保牌拍了下来。回来细看，此牌上写着："澳门路477号。原为中华书局印刷厂。泰利建筑有限公司设计并承建，钢筋混凝土结构，1935年竣工，共有车间、仓库、办公楼10幢。现代派风格，立方体造型，立面简洁……"见此文字我大感兴奋，看来这几栋楼当年都是中华书局建筑旧址，能够找到这些遗迹，看来缘分也占着较大的比重。

嘉业堂书板

踵毛氏而为儒林别开生面

　　以藏书数量论，嘉业堂名列晚清民国间全国最大的四家藏书楼之一；以刻板数量论，它仍然属民国第一。

　　嘉业堂能够如此傲视群侪，与其强大的经济实力有直接关系。嘉业堂处在南浔镇，该镇属于湖州，所以南浔不是个重要城市，它甚至不是县城，然而有一度这里的经济实力在全国首屈一指。南浔镇的水路交通极其便捷，在南宋以前，这里仅是个小村落，当时称为浔溪。南宋理宗时，因浔溪之南商贾云集，故此处又称为南林。宋淳祐十二年（1252）于此设镇，南林、浔溪两名各取一字，称为"南浔"。

　　从南宋时开始，南浔的蚕桑业就极其发达。宋理宗端平元年（1234），李心传在《安吉州乌程县南林报国寺记》中已称："南林一聚落耳，而耕桑之富，甲于浙右。"明洪武年间，当地的"辑里湖丝"名扬天下。天启元年（1621），朱国桢在《涌幢小品》中评价："湖丝唯七里尤佳，较常价每两必多一分。苏人入手即识，用织帽缎，紫光可鉴。"七里就是辑里，因为七里村人改良蚕种，能够缫制出又细、拉力又强的丝，在市场上大受欢迎。"每当新丝告成，商贾辐辏，而苏杭两织造皆至此收焉。"（清咸丰间《南浔镇志》）

清代时，辑里丝仍然畅销于天下，且有大量出口。董蠡舟在《南浔蚕桑乐府·自序》中说："蚕事吾湖独盛，一郡之中，尤以南浔为甲。"虽然南浔是湖州下属之镇，但其经济实力远超湖州，甚至有"繁荣富丽压苏杭"之说。

为此，南浔镇出现了许多大富翁，而当地人根据每家资产的多少，有了一种极为形象的说法："四象八牛七十二只狗者，皆资本雄厚，或自为丝通事，或有近亲为丝通事者也。财产达百万以上者，称之曰'象'；其在五十万以上、不过百万者，称之曰'牛'；其在三十万以上、不过五十万者，则譬之曰'狗'。"（刘大钧《吴兴农村经济》民国22年［1933］版）项文惠在《嘉业堂主——刘承干传》中总结说："照此估算，他们的财产总额当在6000万至8000万两之间。这是一个令人震惊的数字，因为19世纪90年代初，清政府每年的财政收入仅有7000万两左右，其财产总额几近清政府一年的财政收入，富足可敌国。"

所谓"四象"是指刘、张、庞、顾四家，"四象"之首即是南浔刘氏。刘氏发家本自刘镛，其家资本达到2000万两，第二名的张竹斋家资达1200万两，故刘、张两家又被当地人并称为"二狮"。可见刘氏乃是南浔首富。

刘镛年幼时在丝绸店打工，挣的钱并不多，他觉得这样不足以发家，于是离开丝绸店改学丝业。道光二十二年（1842），经叔祖达泉公介绍，17岁的刘镛到谈德昌丝行打工，这里收入比丝绸店高很多，每年可得10元大洋。四年之后，刘镛辞别谈德昌，与同乡邢赓星、张聿屏各出资200银元，合伙办起一家小型丝行。之后他又抓住了太平天国控制南浔时的机会，再加上经营有道，财富得到迅速的积累。

同治元年（1862），曾国藩在上海招商运盐以筹集款项，刘镛抓住时机，与人附股，开始经营盐业。之后又从事典当业，最终成为浙江最有钱的三大家之一。按照张謇在《南浔刘公墓志铭》中的所言："自咸丰、同治以来，东南富商最著称者，而能以风义自树于当时者，于浙得三人焉：若杭州之胡，宁波之叶，而其一则湖州南浔刘氏……南浔一天下之雄镇，已莫不闻刘氏。"

刘镛有四子三女。长子刘安澜发奋读书，可惜他在参加科举考试时因中暑而身亡，年仅29岁。次子刘安江，以锦藻名行世。刘镛去世后，刘家产业主要是靠刘锦藻来经营，在他的努力下，刘家经济地盘得到了极大的拓展。刘锦藻在扬州设有盐场，成为淮盐巨商，此后又涉足农垦业，开办电灯公司，发起成立浙江铁路公司，参股投资浙江兴业银行等等，商业行为涉及多个领域。

刘锦藻有一妻三妾，总共十二个儿子，九个女儿。由于哥哥安澜早逝无子，故将自己的长子刘承幹出继给安澜为嗣，并且劝慰安澜之妻邱夫人："汝有子矣，苟轻生，此子谁育者？"邱夫人闻言"涕泣受命"，视刘承幹为己出，每晚教导刘承幹读书。光绪三十一年（1905），刘承幹考中秀才，但此后清政府废除了科举制度，使得他没能考取更高的功名。

再后来，他给各地赈灾捐银达三万多两，被朝廷赏三品卿衔、四品京堂。

民国六年（1917），刘承幹与章梫合纂《纶旅金鉴》，进呈乙览，蒙赐"抗心希古"匾额，此匾至今仍挂在嘉业堂的正堂中。后来，他又以德宗实录馆报效，赏二品顶戴；以宗人府工厂报效，晋头品顶戴。民国十一年（1922），溥仪大婚，刘承幹从上海前往北京觐贺献礼，蒙溥仪在养心殿召见两次。在京期间，刘承幹前往西陵拜谒，看到崇陵有些破损，于是出银两万余两予以修复。民国十七年（1928），东陵被盗，刘承幹又进献银两予以修复。民国二十五年（1936），溥仪30岁生日，刘承幹特意到长春祝寿，溥仪对伪满洲国官员夸赞他说："刘某惓惓孤忠，不独朕知，天亦知之，朕心感激，属勿灰心。"

对于刘承幹的心态，其子刘䜣万说："先父官瘾很大，但一生之中，既从来没有做过官，也不会做生意，只知道花钱，不知道赚钱，只是托祖宗福泽，安富尊荣，本人从未显赫。"（许寅《"傻公子"作出的"傻贡献"——嘉业堂藏书楼的过去和现在》）

关于刘承幹藏书的起因，很多研究文章都是引用《嘉业藏书楼记》中的一段话："溯自宣统庚戌，开南洋劝业会于金陵，瑰货骈集，人争趋之。余独徒步状元境各书肆，遍览群书，兼两载归。越日，书贾携书来售者踵至，自是即有志聚书。"

然而项文惠在其专著中却认为刘承幹的藏书之好与其参加诗社有重要关系。刘承幹的同乡周庆云曾任两浙盐业会长、苏浙沪盐业公堂总经理等职，从事盐务几十年，办有多家工厂，同时热心于乡邦文献，撰有《南浔志》《历代两浙词人小传》和《中国盐业通史》等。周庆云联络刘承幹成立淞社，该社的成员有吴昌硕、郑文焯、况周颐等，还有很多前清遗老参加，然而这些人因为鼎革后没有固定收入，只能变卖藏书等各种物品。刘承幹为人忠厚，一向乐善好施，凡是那些遗老向他出售的藏书，刘承幹都会尽量买下。陈乃乾在《上海书林梦忆录》中说他"宅心仁厚，凡书贾携书往者，不愿令其失望。凡己所未备之书，不论新旧，皆购之，几有海涵万家之势"。

刘承幹购书还有另外的原因，许寅在其文中说："一是想继承生父刘锦藻编著《清续文献通考》的事业，所以大量收购史部书。二是想继继父刘安澜编辑清朝《诗萃》的事业，所以又大买清人集部。"

在藏书的同时，刘承幹还刊刻了大量书籍。从民国二年（1913）开始，他分别刊刻了《嘉业堂丛书》57种、《吴兴丛书》65种、《求恕斋丛书》33种、《留余草堂丛书》10种、《嘉业堂金石丛书》5种。另外还有十几种单刻之书，比如《八琼室金石补正》一百三十卷、《晋书斠注》一百三十卷等。

刘承幹为什么要用这么大心血来刻书呢？他在《嘉业堂丛书序》中称："试观五代之际，群盗建国，诸方瓦解，而贞明开帖，昇元继之，而魏晋之翰墨以传；长兴雕板，毋氏继之，而书册之流播以易；即在有明之季，亦可谓乱世矣，而隐湖毛氏独刻十余万叶经史子集，以及释、道二氏，无不传之，迄今二百余年，好古之士，其心目中均有一毛氏本在，然则今其时乎？子四部充溢，三益麋至，何不踵毛氏之辙而为儒林别开生面乎？"

毛氏堪称古今第一大私人刻书家，其汲古阁刻书名扬天下，刘承幹认为二百年来爱书人心目中始终记着毛氏刻本。想来他是为了接踵前贤，才刻出这么大量的书。

图一 《邠州石室录》卷首，民国嘉业
堂刊《嘉业堂金石丛书》本

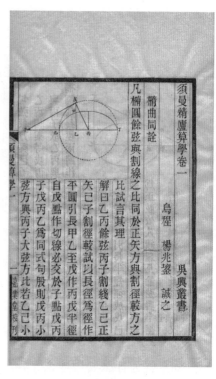

图二 《须曼精庐算学》卷首，民国五
年（1916）嘉业堂刻《吴兴丛书》本

　　刘承幹刻书态度谨严，在底本选择及校勘方面请来很多专家把关，他在《嘉业老人八十自叙》中说："延海内通人校雠编审，如缪筱珊参议荃孙、叶菊裳侍讲昌炽、王玫伯观察舟瑶、陈筱重侍郎毅、孙益庵广文德谦、杨文敬公钟羲、况夔笙太守周颐、董授经推丞康，均曾主余家。"

　　对于刊刻哪些丛书，以及刊刻它们的原因，刘承幹均有通盘考虑，比如刊刻《希古楼金石萃编》的原因，他在该书跋中说："顾古器古石出土后，市侩惟知射利，往往输入市舶，求售海外，数年之后，求一墨本而不可得，好古者徒深扼腕而已。余先后搜获拓本颇多，惧其久而散失，因收辑萃为一编，凡已见前人甄辑者，悉屏勿录，石文则以晋宋为断，共得十卷，名曰'希古楼金石萃编'。"民国年间出土了大量古器物，有些珍贵文物流失海外，这对国人研究碑版造成一定的困难，于是刘承幹搜集各种拓片汇为此书。

另外，他还刊刻了大量的清代禁书，当年鲁迅前去购买这些书时，恰好赶上刘承幹不在，账房先生因故没有卖书给鲁迅，鲁迅只好托朋友辗转买得。对于这件事，刘诉万认为："迅翁太认真，以其大名，只要一封短简，先父必送无疑。亲自登门求购，反而遭到白眼，这也是一种'阎王好见，小鬼难当'，无可奈何之事也。"（许寅《"傻公子"作出的"傻贡献"——嘉业堂藏书楼的过去和现在》）

虽然没有买到书，但鲁迅对刘承幹并无抱怨，他反而在《病后杂谈》中说："《安龙逸史》大约也是一种禁书，我所得的是吴兴刘氏嘉业堂的新刻本。他刻的前清禁书还不止这一种，屈大均的又有《翁山文外》；还有蔡显的《闲渔闲闲录》，是作者因此'斩立决'，还累及门生的，但我细看了一遍，却又寻不出什么忌讳。对于这种刻书家，我是很感激的，因为他传授给我许多知识——虽然从雅人看来，只是些庸俗不堪的知识。"另外，鲁迅在《给杨霁云的信》中说过一句著名的话："有些书则非傻公子如此公者是不会刻的，所以他还不是毫无益处的人物。"由此民国之后的人在写文章提到刘承幹时，经常会把他称为"傻公子"。

二十世纪六十年代，嘉业堂主人刘承幹将嘉业堂内所藏之书和书版，以及藏书楼所在的整个院落一并捐给了浙江图书馆。自此之后，嘉业堂就成了浙图的一部分。

近两年，国家实施了古籍板片保护计划，嘉业堂所藏板片不仅数量大，且保存完整，故而成为重要的板片保护基地。某次，我陪友人参观嘉业堂时，正赶上里面在刷印板片。刷板之事我见过多次，始终对此有着浓厚的兴趣，遇到此况，我马上向嘉业堂管理者郑宗男主任提出希望能参观这里的板片库，得其同意后，我窥得了嘉业堂藏板的基本情况。

嘉业堂现存各种书板十五万片，单说这个数字可能没什么概念，但是当你亲眼看到偌大的库房内整齐排列着一排排书板，那种阵势让人感觉很是震撼。嘉业堂的书板盛放在专置的木架上，这种架子的形制跟书

图三　嘉业堂藏板库房

图四　书板架上的细竹条

图五　嘉业堂影刻本《后汉书》的板片

架有些类似，但四围没有挡板。郑主任说，这样便于书板的通风。有些书板和书板之间还用小竹条分隔开来，但大部分书板架没有这个装置。我细看了两者区别，猜想较为珍贵的书板有木条相隔离，以免相互间摩擦而损伤了版面。

嘉业堂所刻之书，名气最大的是《史记》《汉书》《后汉书》和《三国志》，这四部书合称"前四史"，刊刻方式为影宋刻，在嘉业堂刻过的大量古书中，应当是刊刻得最为漂亮的。这套影刻本现在也时常出现在拍卖会上，成交价格根据品相和用纸的不同，在两三万和七八万元之间浮动。其实在几十年前，文物出版社曾经将这套书板借来刷印发行，而今市面上能够见到的，大多是文物出版社的后刷印本。然而即使如此，这种后刷印本也能卖出不菲的价格。

这套书的刊刻者是民国间最有名的刻书家陶子麟。陶子麟在湖北武昌开办刻字工坊，原本没有太大名气，据说是在杨守敬的启发下，刻书技艺才有了很大的进步。陶子麟刻书最擅长影宋刻，这种刻法类似照猫画虎，但若想刻出宋版书的神韵也绝非易事，而影宋刻除了要求刻工拥有高超的操刀技巧，还要对古文字有深刻的了解。刻板前的写样乃是一关键步骤：刻工水平再高，如果写工水平差，同样难达到效果。难得的是，陶子麟刻字铺里有位叫饶星舫的伙计，他写样的水平绝属一流。陶、饶两人结合，可谓珠联璧合，故其影刻之书深受市场看重。嘉业堂刊刻的"前四史"正是由饶星舫写样、陶子麟操刀，以此成为嘉业堂刻书中的翘楚。

"前四史"能够达到这样的刊刻高度，跟嘉业堂主人刘承幹的严格要求是分不开的。当年刘承幹在给陶子麟的信中写道："既曰影宋，须与宋椠本一律，不能稍有游移。"在刘承幹看来，既然号称影宋刻，那么刊刻出的书版就不能与原书有丝毫的差异。

嘉业堂刊刻"前四史"已是民国年间的事，无论是陶子麟还是饶星舫，他们所处的时代与原书的刊刻年代已经相距八九百年之久，要想完全展现那个时代的风貌，犹如戴着脚镣跳舞。更何况，刻板乃是手工活，不能像机器那样做到完全不走样，因此后世看到的影宋刻本，猛然看上去都很精彩，但若将原件与之对比，还是能够看出一些差别。陶、饶二人虽然技艺高超，但也无法做到丝毫不走样，然而刘承幹却要求刻工必须达到极致。

如何能做到这一点，刘承幹采取的办法是亲力亲为仔细审核，凡有不满意处，必令对方返工。民国七年（1918）四月二十五日，他在给陶子麟的信中写道："乃据校勘者所述，其中字画与原本参差不同处，约有数百张之多。按其体例，必须重刊，庶与原本一律。"

看来陶子麟刊刻完的板片是陆续交呈，每交到一批，刘承幹都会仔细检查，此次他查出有数百张板片质量较差，于是毫不客气地要求对方将这些有瑕疵的板片全部予以重刻。过了一个月后，他在给陶子麟的信中解释了为什么要提出这样严格的要求，"至于影宋刊本，原贵与旧本无二，斯为完善，设或稍有参差，即不免贻讥大雅，为士林诟病。其当日未照原本影写者，万难将就，当即逐一检出，请执事重刻，以归一律"。

在刘承幹看来，影宋刻的可贵之处就是酷似原本，若刊刻的稍有走样，就失去了影宋刻的意义，拿这样的印本送人会贻笑大方，所以他要求凡是刊刻稍有走样者，一律不能将就。正是他的高要求，才使得嘉业堂刊刻的"前四史"受到了广泛的赞誉。

　　其实当年给嘉业堂刻板者，不仅陶子麟一家，根据陈谊在《嘉业堂刻书研究》中的统计，计有六地七家刻字铺承揽嘉业堂刻书业务。刘承幹对每一家都会严格要求，比如苏州刻字铺的穆子美，从1913年开始给嘉业堂刻书，刘承幹要求他先寄来写样，经其同意后再做进一步的刊刻。某次，刘承幹看到写样后给穆子美写信说："字则有瘦硬者，亦有刀锋滞钝、笔多缺陷者，参差不一。"刘承幹还把此事写入日记中："阅子美所刻《吴兴备志》，有未修光者，有笔画缺少者，有大小不匀而歪斜不整者，较日昨所阅，劣字尤多，因以墨笔点出，须饬其重改、重挖、重修方好。"从这段话可以看出，刘承幹绝不是一位甩手掌柜，他不仅事必躬亲，还能指出板片上的一些瑕疵。他在板片上用笔一一点出哪里需要改正，哪里需要挖补，还有哪些需要重新刊刻。

　　给嘉业堂刻印书的还有上海的朱文海。朱交来他所印之书时，刘承幹看到刊书质量有所下降会立即指出，当对方进行辩解时，刘承幹也绝不松口，必须要让对方改正过来。刘承幹在日记中写道："朱文海来，予以其所刻所印之书，近来愈刻愈劣，刷印亦然，故与之争论良久。"

　　就目前能够得见的材料来看，只有北京文楷斋所刻之书，在质量上没有受到刘承幹的指责。文楷斋刻字铺的主人是刘春生，该刻字铺很有规模，刻工有一百五六十人之多，是北京第一大刻字铺。当时的藏书家兼刻书家董康在这里有股份，故文楷斋所刻之书的质量可谓北方第一。

　　经董康介绍，嘉业堂在文楷斋刊刻了两部大书，一是《旧五代史笺注》一百五十卷，此书刻了近七年，于1925年完工；另一部为《晋书斠注》一百三十卷，此书陆续刊刻达十年之久。其实这两部书的刊刻质量不在"前四史"之下，只是没有像"前四史"那样多次予以刷印，故得见者较少。这批书是用枣木板刊刻的，看上去颇为华贵。当这套书板从天津装船要运到上海时，还被海关估值为万元，要求补交八百元税款。

本来文楷斋的刻板费用就比其他家高出四分之一以上，而今又被课以重税，刘承幹很不开心，他在日记中写道："予历年以来为刻书所受各种感触，不一而足，今此之事，尤令人不平也。"虽然生气，问题还是要想办法予以解决，于是他托董康等人找到了蔡元培。当时蔡元培任图书馆协会会长，而刘承幹也是该协会的董事之一，因为这层关系，蔡元培几经努力，终于使得这批书板被免税放行。

关于刘承幹刻书的缘起，相关研究文章较少。陈谊先生在其文中从几个方面展开了全面论述。他认为杭嘉湖地区自古就是鱼米富庶之乡，南宋在杭州建都后，这里文化更为发达，从五代开始，杭州就成为全国刻书中心之一。而湖州属于杭州地区，早在宋代就刊刻了著名的大藏经《思溪藏》。至明末，湖州闵、凌两家刊刻的套印本传遍天下，故湖州自明代之后，渐渐成为中国的刻书中心之一。王国维在其所撰《传书堂记》中谈论了自宋至清湖州地区的藏书之盛，而嘉业堂所在的南浔一直属于湖州地区。

刘承幹延续了湖州地区的刻书传统，二十年间刊刻出版了大量有价值的丛书，胡道静在《周子美撰集书目二种序》中说："嘉业版行之书，几媲汲古。"自明代以来，汲古阁刻书风行天下，毛子晋被誉为天下第一大私人刻书家，胡道静把嘉业堂刻书与汲古阁并提，足以说明嘉业堂刻书成就之高。

关于刘承幹刻书之缘起，陈谊总结出四点，其中第二点是受时代风气影响，这一点是指张之洞在《书目答问》中那段极具名气的劝人刻书的话。

　　凡有力好事之人，若自揣德业学问不足过人，而欲求不朽者，莫如刊布古书一法。……其书终古不废，则刻书之人终古不泯。如歙之鲍，吴之黄，南海之伍，金山之钱，可决其五百年中必不泯灭，岂不胜于自著书、自刻集者乎！假如就此录中，随举一类，刻成丛书，即亦不恶。且刻书者，传先哲之精蕴，启后学之困蒙，亦利济之先务，积善之雅谈也。

在张之洞看来，如果一个人有一定的经济实力，同时又觉得自身的学问不足以名世，但又想不朽的话，那么刻书是一种好办法。翻刻古代的孤本秘籍，让孤本不孤，这是一件功德事。张之洞举出了鲍廷博、黄丕烈、伍崇曜、钱熙祚等刻书大家，认为这些人的名声可以流传五百年之久。

　　想来刘承幹读到过张之洞的这段话，并且付诸行动。经过多年的刊刻，刘承幹对自己的刻书成就颇为肯定，比如1932年他在《浙江图书馆月刊》上读到了"丁松生百岁纪念"专号，然后在日记中发了一顿感慨：

　　伏念松生钞补文澜阁藏书而外，刻有《嘉惠堂丛书》《武林掌故丛编》《武林先哲遗书》《当归草堂丛书》共四种，其所藏书不过十万卷，而身后不及十年，以所设温州官银号倒闭，亏欠官款，将藏书悉数售于江南图书馆，即缪筱珊经手而世所传八千卷楼者也。松生在日，非独雅好藏书，杭城善举，靡役不与，虽生值洪杨，躬遭离乱，当日奉有朝廷褒奖，至今尚有人缅怀往哲，为订此编。若余所刻书籍较丁氏为多，藏书亦十万卷，虽未敢与丁抗衡，而身遭国变，不如洪杨时，尚有戡平大乱、天日重光之一日，从此已矣，恐他日未必有人念及，为予作纪念者，良可慨也。

松生乃八千卷楼主人丁丙之号，丁丙最大的壮举就是搜集散失的文澜阁《四库全书》，同时组织大量人员补抄损毁的部分。刘承幹在日记中更为关注丁丙刊刻的几部大丛书，谈到八千卷楼藏书数量在十万卷左右，只可惜丁丙去世后不到十年，因其开设的钱庄倒闭而欠官款，八千卷楼藏书全部出售给了江南图书馆。

刘承幹很赞赏丁丙的藏书刻书之举，可见丁丙是他仰慕的对象之一。刘承幹说嘉业堂所刻之书已经超过了八千卷楼，藏书数量也不在八千卷楼之下，八千卷楼的藏书最终售给公馆。嘉业堂藏书的结局如何，刘承幹在那时还不知道，他所刊刻之书有的捐赠给了各大图书馆，有的被一些学者买去，比如鲁迅就买过不少。这些书流传后世，使得人们永远念及刘承幹的功劳，而这也正是刘承幹希望得到的结果。他在生前就把嘉业堂藏书楼以及里面的藏书全部捐给了浙江图书馆，这一点与八千卷楼的结局颇为相像。

从刘承幹的《求恕斋日记》来看，他刚开始刻书是受到朋友们的鼓励，一是刘承幹的记室沈楗，二是南浔藏书名家周庆云。当时刘承幹住在上海，上海聚集了不少藏书家和前清遗老，这些人也在劝刘承幹刻书。刘在给徐荣光的信中写道："弟侨居海上，寂寞无聊，蒙诸老辈怂恿刊刻丛书，非敢与古之荛圃、渌饮争颉颃，直不过借耗壮心已耳。"

事实上，刘承幹的刻书事业是从收购他人刊刻的书板起步的，刘承幹所收的第一套书板，是同光时期杭州著名藏书楼结一庐所刻的《结一庐腾余丛书》。结一庐乃是藏书家朱学勤的堂号，他去世后，所藏为女婿张佩纶所得。张佩纶去世后，结一庐旧藏散出，刘承幹收到不少。

《结一庐腾余丛书》是由缪荃孙代朱氏编校的。1912 年末，刘承幹有刻书之念时，周庆云推荐缪荃孙到嘉业堂主持此事。有可能正是缪荃孙的介绍，刘承幹从朱学勤之孙朱士林手里买到了这套丛书的书板，经手人是书商钱长美。当时刘承幹买下这套书板加上运费合计花了 840 元。

关于这套书板与嘉业堂刻书的关系，刘承幹在《嘉业藏书楼记》中有如下表述：

因念昔贤所著，见于诸家著录而亡佚者盖多。其幸而仅存者，不可无以永其传，会购得朱氏《结一庐丛书》版，益以所自刻者，汇为《嘉业丛编》，此为校刊丛书之始。嗣是有《吴兴丛书》，所以存乡先哲也；有《求恕斋丛书》，所以存故家文献也；有《留余草堂丛书》，所以表理学微言，亦怵夫浇纯散朴，为道铎之振也。他若《希古楼金石丛书》《宋四史斋景宋四史》及《章氏遗书》《旧五代史注》《晋书斠注》，诸为世所希见者，不能觏缕，悉校刊弄藏楼中。

因为藏书以及刻书的关系，刘承幹开始研究古代书目，他发现有些书目中所载之书失传了，而有些书即便有幸流传后世，但也有可能再次失传，此乃刘承幹刻书的基础心态。等到收购了《结一庐腾余丛书》书板后，他更加意识到了刻书的重要性。刘承幹把收购《结一庐腾余丛书》书板视为嘉业堂校刊丛书之始。

刘承幹得到《结一庐賸余丛书》书板后，将该部丛书的七百多块板片予以重新刷印，使得这部丛书更为广泛流传。自此之后，嘉业堂陆续刊刻了一系列丛书，据陈谊统计，"嘉业堂刻书前后持续二十余年，刊印书籍二百四十余种三千余卷，投放资金二十余万元，是刘承幹一生中精力所注、最为看重的事业"。

2008 年和 2009 年，陈谊两次到嘉业堂整理书板，对这里的书板进行了仔细清点，统计出嘉业堂自刻板片计有四万余片，而后他给出了如下数据：

《嘉业堂丛书》五十七种，书板 8100 块

《吴兴丛书》六十五种，书板 10022 块

《求恕斋丛书》三十种，书板 5800 块

《留余草堂丛书》十种，书板 550 块

《嘉业堂金石丛书》五种，书板 946 块

《宋四史斋影宋四史》四种，书板 5965 块

《章实斋遗书》书板 1496 块

《说文段注订补》书板 190 块

《明史例案》书板 117 块

《晋书斠注》书板 2250 块

《旧五代史》书板 1200 块

《危太仆云林集》书板 232 块

《八琼室金石补正》书板 3600 块

《清真集》书板 55 块

《一山诗存》书板 145 块

但是如今嘉业堂所藏书板，实际远远大于这个数量。我向郑宗男主任请教其中之缘故，他解释说嘉业堂现存书板不仅仅是嘉业堂所刊刻者，清同治、光绪年间，浙江官书局也刻了 200 多种，后来官书局和浙江图书馆合并，这些书板也就归了浙图。另外，还有其他一些藏书家刊刻的书板，比如八千卷楼丁丙的后裔，也把家藏的书板捐给了浙图。到 1965 年，浙图藏的其他一些书板也全部拉到嘉业堂来存放，这就是嘉业堂藏板的几大来源。

我在参观嘉业堂藏板的过程中还看到一些铅板，这些铅板乃是一种腐蚀板，制作得很薄，金属钉把铅板钉在了一块与其他书板尺寸相同的木板上。郑主任说二十世纪六十年代，北京文物出版社借嘉业堂的板片去刷书，因为有些板片损失了，故文物出版社找到原书的初印本，而后用照相制板的方式制作出新板予以补配，后来归还书板时一并拉到了嘉业堂。

我在一些书板上还看到了一些无字的方框，郑宗男说在校对板片时看到有误字，刘承幹会让刻工把这个字挖下来，另外刻一字补入板片，但经过几次刷印，木板的胀缩有可能会让所补之字掉下来。所以他们在巡视库房时，只要看到有掉下的木块，就会想办法补到缺字处，以便让板片完整。

虽然刘承幹请缪荃孙负责校书达七年之久，但刘本人并没有做甩手掌柜，从《求恕斋日记》来看，他时常要校对原稿，比如他在民国三年（1914）九月初四日写道："夜校《说文段注订补》，此书久经勘校，而御讳尚未尽避，再校一过。《傅与砺诗文集》近亦校出多字，具见托人之难。"

刘承幹以遗老自居，对避清帝之讳十分在意，故在校对《说文段注订补》时，发现有避讳不严之处，于是将书稿重新校对一过，同时感慨请人校对之难，实际是暗指校对者的不尽心。但刘承幹也承认校书如扫落叶，无论校多少遍，都不能做到一个字都不错。他在同年六月初三日的日记中写道："余新得邵位西校旧钞本《闻过斋集》，将已刊者校之，讹字尚多。可见剞劂之事，谈何容易。而校勘如落叶，归去复来，尤不可草率为之，以贻笑大雅也。"

从以上的这些记载都可看到刘承幹对刻书事业的重视，从内容到形式，他都一一予以把关，以此保证嘉业堂所刊之书的质量，而这也是嘉业堂刻书受到后人重视的原因。

参观完板库，郑宗男主任带我去看刷板现场。嘉业堂有两间小屋专门用作刷板，郑主任告诉我，这是总馆的要求，希望通过刷板的方式，来摸清楚嘉业堂具体的藏板数量，同时也将这些刷板后的印本装订成册，以此来作为查阅板片的依据。因为书板刷印之后，从视觉上讲，成了黑乎乎的一片，很难通过它们将十几万块看上去近似的书板查清楚，这倒不失为一种巧妙的清点方式。

我很喜欢看嘉业堂工作人员的刷板过程，熟能生巧再加上专注用心，这种简单的重复劳动在这里变成了行云流水般的艺术享受。我忍不住试着上去刷了两张，虽然有工作人员的耐心指导，但刷出的纸面仍然惨不忍睹。看来做什么事情，都是看上去容易，一旦自己亲身去做，才知道远非那么回事。

图六　刷版步骤之一：刷墨

图七　刷版步骤之二：铺纸

图八　刷版步骤之三：刷纸

图九　刷版步骤之四：揭纸

　　我问郑主任书板的利用，郑主任说，其实在 1964 年，这些书板就刷印过一些，1980 年文物出版社也刷印过一些，当时刷印的都是大部头书。我想起来，20 年前很多古籍书店的架子上，都摆着嘉业堂刷印的这些大部头书，当时这些书的价格很便宜，我感觉便宜过了新书，于是也买过一些。郑主任告诉我，在 2000 年，华宝斋也刷印过嘉业堂刊刻的"前四史"中的两史——《史记》和《三国志》。

　　就目前情况看，国内还有不少地方藏有前人所刻的书版，期待这些板片都能刷印出来，以便让更多的爱书人能抚摸把玩，感受古书版刻之美。只有这样，才能让更多的人喜欢传统的线装书，进而收藏线装书，这不仅可普及藏书文化，也是延续传统文化的一种好方法。

京华印书局

从民国开过来的木电梯

在爱书人心里，虎坊桥的中国书店大楼绝对是个胜地。因为有许多年，这座大楼一直被用作中国书店的善本仓库。早些年，如果在这个仓库有熟人，可以直接进库内选书。约 20 年前，这种行为渐渐被禁止。中国书店在北京市有多个门市，这些门市里的古书来源，一部分靠原有库存，还有一些靠少量的收购，而大多数线装书的来源，则是靠虎坊桥这个仓库的发放。因此说，至少有那么几十年的时间，北京市面上出现的善本书，有很大一部分直接或间接地出自这个大库。

很多人喜欢藏古书，都是受这个大楼里藏书的惠赐，因此，虎坊桥大库可以称为新时期古旧书业的宣传队和播种机。

中国书店的这座大楼，处在广渠门路和南新华街的交叉口上，一直到今天，这座大楼都是这个十字路口上最显著的建筑。这座楼从外观看，有着西式的建筑风格，一部分是三层，一部分是四层，顶上的钟楼最为明显。整个楼体不像上海洋楼那样高耸竖长，这座楼的外观是横式的，并且冲着路口的位置形成了一个锐角。我感觉这座楼像是不等边的梯形，也像一个楔子。以往我也很奇怪，为什么要把楼建成这个模样。这种建筑方式的楼，我在上海见过几座，但上海的是因为地理位置所限，尤其是在曲曲折折的弄堂交叉口处，无法找到横平竖直的地块，所以只能将楼因地制宜地建成那个模样。这个大十字路口的情形却完全不同，这里是方方正正、正南正北的走向，将楼体建成这种不规则的形态，只有一种情况，那就是刻意为之。

后来我终于为这种刻意找到了一种解释。曾在这座楼里工作了几十年的吴保真先生在一篇文章中，对这座楼的外形有如此一说："听老人们说，这里面有风水的讲究，因为这栋楼本来前面西侧古时是虎坊桥，于是就有了这栋船形建筑。"按照这个说法，这座大楼实际上是一艘船的形状。细想一下，好像也确实如此。建成船形，是因为旁边有虎坊桥，既然有桥，那一定就有水。虽然今天在这一带已经看不到一丝水的痕迹，但很有可能在古代，这里确实有水有桥。那么这座大楼建成船形，会不会是寓意着或期盼着水涨船高般的发大财？

从我家去琉璃厂，走广渠门路，然后拐上南新华街，这个拐弯的地方就是中国书店的这座大楼。所以我每去琉璃厂访书，都必从此楼前经过。十几年前，于华刚先生当上了中国书店新一代的掌门人，他的上任很大程度上改变了中国书店以卖库存为主的经营方式，随之而来的结果，是虎坊桥大库不再对外售书。此后不久，大库里也不再给各个门市及拍

图一　虎桥坊的中国书店大楼

图二　这个角度看去，
形似船头

卖行发放库存了。刚开始我跟其他书友一样，也认为这是一种临时措施，再后来，于总开始安排工作人员从境外拍卖行以及藏家手中大量收购书，这才让我明白了：再想从中国书店买库存书，已基本无望。从那之后，这座大楼对我，或者说是对书友的吸引力，就大为降低了，渐渐地我从这里路过时，也就没有了对这座楼的感情寄托。

从去年（2014年）开始，我又接续上前两年的京城遗迹寻访之旅。查资料时意外获知，民国年间北京最大的印刷出版机构——京华印书局的所在地，就是中国书店虎坊桥的这座大库，原来这个大库竟然有着如此辉煌的历史。前些年，于总已经把这里所藏之书搬到了另外的仓库，而今这座大楼已经改建为中国书店总部的办公处。几天前，我给于总打电话，告诉他我想到此楼去拍照，他马上告诉我说，楼里已经没书了。我笑着告诉他，自己没有打他库存书的主意，只是想拍这座楼，因为我了解到他现在的这座办公楼原本是京华印书局。闻我所言，于总的口气马上热烈了起来。他说虽然是办公之处，但我去拍照肯定可以，同时还建议我去拍楼里的那台木电梯。他说这台木电梯是当年京华印书局的原物，当年可能是北京的第一台电梯，而今则成为中国唯一留存至今的、还能够使用的木轨道电梯。

于总能够慨允，我当然很高兴，而我更高兴的，是知道了楼里竟然还有这么件稀罕物，我决定第二天一早就去拍照。于总说，他这两天不在总部，因为正忙着雁翅楼新店开张之事，让我明天去总部办公室找吕东。

虎坊桥十字路口确实是交通要道，一个红绿灯的等候就能堵很多车，而今（2015年7月24日）我站在这个路口，四处找角度拍照此楼。这是几十年来我第一次仔细观看此楼外形的细部，以前我仅注意到楼下对外出租的门脸房，而我对它们的观察很是粗疏，只是用余光看到楼下商店招牌的变换，而今这几间商铺经营了多长时间，我当然说不上来。路口转角处的那个楼体是楔形尖，其实也没有我想象得那么尖锐。以往来这座大楼，都是从楼的背面进入，因为楼体的后面有一条很窄的小路。今日走到这里，我突然间意识到，这条小路很可能是原有的古道。这样说来，京华印书局的这座大楼，有可能先是为了借地形，而后才建造成了所谓的船形，只是我手头没有民国年间的老地图，无法确认我的判断是否正确。

大楼在小道的这个侧面，而今挂上了一块银色的金属牌，上面写着如下的文字：

京华印书局

上海商务印书馆在北京设立的印刷机构。落成于 1920 年，因整栋建筑像一艘轮船，俗称"船楼"。该建筑平面呈三角形，地上四层，采用当时先进的钢筋混凝土框架结构，主要功能是印刷厂房，内部还保存有京城唯一一部木制导轨电梯。建筑外观的造型处理还受到古典主义的影响，但已很大程度地展示现代建筑的主要特征，是具有较高历史价值的标志性建筑。2003 年公布为北京市市级文物保护单位。

在这块金属牌的旁边，是楼体的大门，我用力地推了推，竟然未能推动，于是又来到了另一扇旧门旁。以往这个旧门是大楼里的仓储口，在这里装车、卸车，这扇大门的里侧有一间小屋，算是收发室。我刚一推门，里面的一位中年妇女很严肃地问我："来找谁？"我说，找于总。她仍然严肃地回答："他不在。"我想起于总说让我找吕东，于是又说出

京华印书局

上海商务印书馆在北京设立的印刷机构。落成于1920年，因整栋建筑像一艘轮船，俗称"船楼"。该建筑平面呈三角形、地上四层，采用当时先进的钢筋混凝土框架结构，主要功能是印刷厂房，内部还保存有京城唯一一部木制导轨电梯。建筑外观的造型处理还受到古典主义的影响，但已很大程度地展示现代建筑的主要特征，是具有较高历史价值的标志性建筑。2003年公布为北京市市级文物保护单位。

Jinghua Publishing House
The building of Jinghua Publishing House was completed in 1920 as a printing entity established by Shanghai Commercial Press in Beijing. It is a symbolic building with very high historical value popularly known as "ship building" because the whole building looks like a ship.

北京市文物局制

图三　大楼一侧墙上挂着的金属牌

了这个名字。这位妇女更加疑惑地问我："你到底来找谁？"我只好告诉她，是于总说，如果他不在，就让我找吕东。这位妇女不再坚持，她让我从另一个门进入。我又回到了那个门，仍然推不开，正巧楼内走出一位先生，他从里面往外一推，门就开了。原来是我推错了方向，难怪我始终没有打开中国书店大库之门。

沿楼梯来到了三楼，公司的这间办公室内有两位女士正在电脑前交流着什么，我趁她们说话的间歇，向二人请教吕东先生在哪里，其中一位应声答道："我就是。"吕东竟然是一位女士，我的意外肯定显现在了脸上。吕女士问我何事，我告诉她，是于总让我来找她，想拍照此楼。吕女士问我想拍哪里，我想起了那个木电梯，她马上告诉我，那个电梯在一楼。说话间，她带我到了三楼电梯入口处。这个入口处果真与寻常所见不同，而今的电梯门都是用两块金属板全封闭地遮挡，不可能看到电梯井，然而眼前所见的这一个，却是手拉的铁栅门，里面黑洞洞的电梯井看得很是清楚。我扒着栏杆向里张望，果真看到了侧墙上的木导轨。

在我张望的过程中，吕女士找来了一位先生，此人拿来钥匙跟我说，要想看电梯，可跟他前往一楼。于是我就跟着这位先生，沿着另一侧的楼梯向下走，看到每一层的大厅都设计成了精美的书房，里面摆放着许多中国书店的出版物。

来到了一楼，这里的格局仍然保持着当年用于装卸车的水泥高台，看上去依然是仓储间的模样。带我前来的先生拉开了一楼电梯的铁栅门，果真里面有一个陈旧的木电梯厢。电梯厢的木条虽然涂着油漆，但仍然能感觉到，这也是当年的旧物。我小心地走进电梯厢，看到了里面简陋至极的按钮，这种按钮的样式就如同40年前拉绳开关的拉盒。这位先生告诉我，这个电梯前些年还在使用，近些年已很少开动，主要是出于安全方面的考虑。他又告诉我说，这个电梯其实挺耐用，因为电梯间里的木导轨从安装使用到如今，已经近百年了，却未曾更换过。我刚才还打算请这位先生给电梯通上电，让我试乘一番，闻听此言，我马上打消了这个好奇心，于是问他，楼里头哪里还有当年京华印书局的旧物？他用手在空中画了个半弧，同时跟我说："整个大楼都是啊！"他停顿了一下，又指着旁边的一扇门说："这对木门没有更换过，你可以拍照。"

关于京华印书局的来由，我查得的资料中有很多矛盾的地方。有的资料说，京华印书局的前身是清朝官办的直隶官书局，而直隶官书局又是由康、梁所办的强学书局改组而来的。但这种说法跟邓文锋先生所著《晚清官书局述论稿》有较大不同，此书中说，直隶官书局当年分别设在

图四　电梯的木导轨

图五　电梯轿厢

图六　这两扇木门是京华印书局的原物

保定和天津，而北京却未曾开设。虽然孙殿起在《琉璃厂小志》中记载有一位名叫宋魁文的人开设有直隶书局，但汪家镕先生认为，那只是一家私营书店，而不是官书局。因此说，将京华印书局的前身认定为直隶官书局，似乎没有看到更多的文字佐证，更何况强学书局的前身按照资料记载，应该是京师官书局，因此这种说法似乎不能成立。

还有一种说法，是说京华印书局最初为清朝官办的撷华书局，1905年5月，上海的商务印书馆将此书局买下，改称为京华印书局。关于这一种说法，王之恕和宣节两位先生曾经写过一篇回忆文章《北京京华印书局50年》，此文的第一句话就是："京华印书局，是在1905年（清光绪三十一年），由商务印书馆出资接盘清官办直隶官书局后的命名，实际是商务印书馆设在北方的印刷工厂。"王之恕和宣节两位作者曾经先后当过京华印书局的经理，两位当事人的回忆录当然可信度比较高，但他们也说京华印书局是由直隶官书局改建而来，这让我有些无所适从。

王、宣两位作者还对京华印书局的名称来由做了如下的解释：

为什么不直接命名为商务印书馆北京厂，而另名京华印局呢？据闻和当时与官书局的约订有关。传说直隶官书局，是由康有为、梁启超的强学会改组而成，康、梁所用的四方双人办公桌，现尚在京华印书局内。《清史稿》记载置管理官书局大臣是在清光绪二十二年（1896年），其下附注："先是，京师设强学书局，详练时务，至是改归官办。"查康有为创立强学会，是在清光绪二十年（1894年）七月。根据置管理官书局大臣和强学会创立时间的先后，及康、梁办公桌现存京华印书局内的事实来推断，前后经过似尚可信。……

　　……于光绪三十一年（1905年）由商务印书馆出资接办，不但将机器设备全部作价，即官书局出版未售的木版印刷书籍及木版，亦全部价购。当时官书局所有对外承印的书籍业务，亦由商务印书馆全部接下。而商务本身的出版物，并未在该厂生产。因而厂的对外名称，既不用官书局，也不用商务印书馆，这是京华印书局命名的由来。

这段话虽然解释清楚了京华印书局的来由，但这个回忆确实出现了小的失误。文中提到的强学书局，其实后来变为了孙家鼐所管理的京师官书局，而非文中所说的直隶官书局。因此说，商务印书馆接盘的应当是京师官书局，而非直隶官书局。

　　按史料记载，当年强学会被关闭后，用具封存，此后的确开办成了官书局。光绪二十二年（1896）七月管理官书局大臣孙家鼐在《议复开办京师大学堂折》中说："臣查本年正月总署原奏，请立官书局，本有建设学舍之说，臣奉命管理书局，所奏开办章程，亦拟设立学堂，延请教习，是学堂一议，本总署原奏所已言，亦即官书局分内应办之事。刻开办书局，时近半年，各处咨取书籍，译印报章，草创规模，粗有眉目。惟苦于经费不足，只能略添仪器，订购铅机，搜求有用之图书，采撷各邦之邮电，俾都人士，耳目见闻，稍加开拓而已。"但是，当年官书局开办时是租赁民居，并没有单独建房，孙家鼐在此折中说："书局初开，为节省经费起见，暂赁民房，一切已多不便。今学堂将建，则讲堂斋舍，必须爽垲宜人，仪器图书，亦必庋藏合度。泰西各国，使署密迩，闻中国创立学校，亦将相率来游，若湫溢不堪，适贻外人笑柄。拟于京师适中之地，择觅旷地，或购民房，创建学堂，以崇体制。先建大学堂一区，容大学生百人，四围分建小学堂四所，每学容小学生三十人，堂之四周，仍多留隙地，种树莳花，以备日后扩充，建设藏书楼、博物院之用。"

想来孙家鼐所说的租赁之地，应该就是京华印书局的开办地，康有为等人建起的强学会处在今日之安徽会馆。安徽会馆距虎坊桥大楼仅有二三百米的距离，如此论起来，孙家鼐主持的官书局就开办在强学会附近。此后官书局变成了私营书局，再后来被商务印书馆买下，建成了京华印书局。

商务印书馆曾经长期为中国印刷业的龙头老大，实力与经验兼具，因此组建起京华印书局之后，迅速地就让这个印书局发展壮大起来了。《北京革命史简明词典》中在"京华印书局"一条中有如下评价："1920年在虎坊桥改建新厂房后，生产种类日趋完备，营业进入鼎盛时期，不仅居北京印刷业首位，且属全国实业界巨头之一。"王、宣两位先生对早期的京华印书局也有如下描述："1920年新屋落成，内部机器设备，有了大量的更新。业务也随着新文化运动的高涨，书籍杂志的印刷需要日多的情势，一反前一阶段以印刷有价证券、单据、账册为主的方针，转而同时大量承接排印书籍刊物。大批机器工具，从上海总厂运来。增设了打纸型、浇铅版、照相铜锌版、胶印、珂罗版印刷等车间。……业务发展盛极一时，在当时的北京，不仅占据印业的首位，而且成为实业界的巨头之一。职工达 400 人左右。"

对于商务印书馆收购该书局之事，中国印刷技术协会所编的《中国印刷年鉴 1982—1983》中说："1905 年，商务印书馆在北京出资接盘了官办的直隶官书局，改名为京华印书局，作为该馆在北京的印刷厂。通过淘汰木版印刷设备，增添铅印和石印设备，开始对外承印书刊、字帖和账册，并印制中、小学教科书。当时约有职工250人。辛亥革命后，京华印书局仍以铅印教科书为主。后来业务不断扩大，转向印制有价证券、新式账簿、股票和商标等。"

此后，商务印书馆就建起了这座大楼。对于该楼的建造时间及内部设备，《年鉴》中写道："1918年商务印书馆在北京南城的虎坊桥建造了钢筋混凝土结构的四层厂房大楼，于1920年落成，新的印刷机器设备则由上海运来安装。承揽的业务除铅印、石印外，又增加了胶印、铜锌版、珂罗版等，成为一个凸版印刷和平版印刷的全能印刷厂。随着新文化运动的高涨，书籍、杂志的印刷量与日俱增，清华、北大、协和医院、戊通航务公司、故宫博物院等都有定期的印件。当时印件众多，职工达到400人左右，居北京印刷业首位。"

大楼建成后，印书局的业务得以飞速发展，发行了大量出版物，鲁迅的第一部小说集《呐喊》就是于此首次出版的。唐文一在《书海拾珍：中国现代作家处女作初版本录》中说："时间转眼到了1923年初，鲁迅已在报刊上发表了10多篇小说，此时在北大新潮社任主任编辑的周作人与鲁迅商量，新潮社出版的《新潮》杂志与《新潮丛书》（社科类）销路不大好，目前的经费捉襟见肘，难以再维系下去。根据当下文学热的形势，不如转到文学丛书方面，这样可打开销路。兄弟俩取得了一致的意见，开始运作编辑起《文艺丛书》（后改为《新潮社文艺丛书》）来，5月出版丛书第一种是冰心的诗集《春水》，7月出版第二种是鲁迅翻译爱罗先珂的童话剧《桃色的云》，8月出版第三种就是鲁迅的第一部小说集《呐喊》，集中共收了鲁迅亲自编定的15篇小说，通红封面黑方块白字也是鲁迅设计的，这种红黑色醒目的搭配，在当时是很现代的。初版由京华

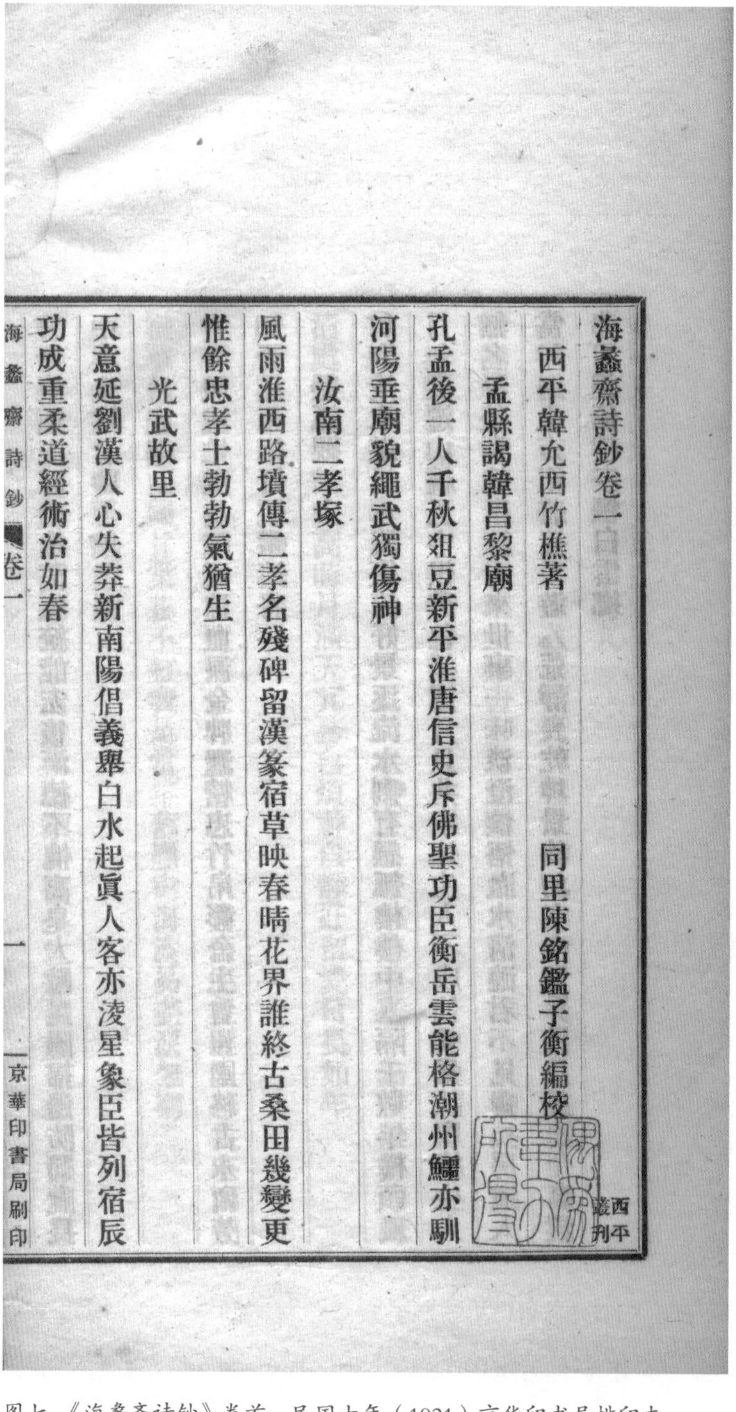

海蠡齋詩鈔卷一

西平韓允西竹樵著

同里陳銘鑑子衡編校

孟縣謁韓昌黎廟

孔孟後一人千秋俎豆新平淮唐信史斥佛聖功臣衡岳雲能格潮州鱷亦馴

河陽垂廟貌繩武獨傷神

汝南二孝塚

風雨淮西路壠傳二孝名殘碑留漢篆宿草映春晴花界誰終古桑田幾變更

光武故里

惟餘忠孝士勃勃氣猶生

天意延劉漢人心失莽新南陽倡義舉白水起眞人客亦淩星象臣皆列宿辰

功成重柔道經術治如春

海蠡齋詩鈔　卷一

一

京華印書局刷印

图七 《海蠡斋诗钞》卷首，民国十年（1921）京华印书局排印本

韓竹樵先生遺像

图八　《海蠡斋诗钞》作者的珂罗版画像，民国十年（1921）京华印书局排印本

印书局印了 2000 册，为出《呐喊》鲁迅垫付了 200 元印费。《呐喊》受到读者热烈的追捧，不出三个月就售完了，12 月再版印了 2500 册，此后到 1936 年鲁迅去世时又再版了 20 多次。"

1931 年九一八事变后，社会印件数量锐减，京华印书局裁撤多个车间，职工减少到 100 余人，但仍然有着印刷业务。例如张元济在民国二十一年（1932）在给藏书家甘鹏云的回信中写道："药樵先生大鉴：昨奉一月十八日惠函，如亲雅教为幸。承示有钜编《湖北文征》一书，拟委托商务印书馆代印。弟已辞去商馆职务多年，遵即将尊函详示各节转致馆中当局。据复可照办。惟沪厂因工作繁忙，相隔遥远，不若由分设北平之京华印书局代为承办，较为妥便。已去函知照该局经理王士倬君，属其按照尊示核实估价迳陈，以副惠顾之盛意。谨代奉复，即祈鉴督为荷。专此。敬颂台安。"

1937 年"七七事变"发生，日军占领华北，京华印书局印刷业务进一步萎缩，员工裁减到 40 余人。对于此后的情况，《年鉴》中写道："抗战胜利后，北京原有高等院校陆续迁回复课，印刷业务有所好转，但是，由于国民党的反动统治，物价飞涨，教科书印数大减，生意萧条。1948 年全年排字仅 1192 万字，印刷 5215 令，有时只能以出售纸张、原材料等维持生计。"

1948 年后，因为币制改革，北平京华印书局的员工生活困难，他们给上海总公司去函称："自币制改革后，各地物价无不暗中波动，一般商品概行隐匿不见而入黑市，尤以平市为甚。最近粮煤狂涨情形竟较 8 月 19 日限价超过七八倍之多，实令人意想不到。例如面粉每袋限价 10 元，黑市现需 80 元左右。麻油每市斤限价 8 角，黑市约需 6 元。硬煤每斤限价 1 元 3 角，黑市约八九元……物价既如此之高，而同人所得之薪津，早经冻结。最多者不过百余元。处此生活高压之下委实无法维持，于月初即前来请求暂支薪水半个月，以资购粮而免饥饿。"（《北京工运史料》）

解放之后，京华印书局的业务迅速复兴，《年鉴》中说："1949 年 2 月，北京解放。京华印书局在党和政府扶植下，得到各国营、私营出版社许多印件，业务迅速开展，增添班次，日夜生产。1949 年底职工人数增加到 130 人。1950 年恢复装订生产。到 1953 年底，全厂职工增加到 300 余人，年产量达到排字 4595 万字，铅印 67991 令。1954 年 5 月，商务印书馆公私合营，京华印书局划归中央出版总署领导，更名为高等教育出版社印刷厂。"

1954 年 5 月，京华印书局实行了公私合营。1963 年 9 月 11 日，文化部党组徐光霄写了《文化部党组关于收回北京新华印刷厂、京华印书局和北京新华字模厂等三个单位的请示报告》，此报告中写道：

原由我部直接领导管理的北京新华印刷厂、京华印书局和北京新华字模厂等三个单位，于 1958 年下放北京市领导管理。几年来，它们在北京市委的领导下，企业管理水平和生产技术水平方面都有所提高，成绩很大。北京新华印刷厂和京华印书局是全国的重点印刷单位，主要为我部所属几个出版社（人民出版社、人民文学出版社、人民美术出版社、商务印书馆、中华书局）服务，中央交办的许多重要印刷任务，一般也是由它们承担。北京新华字模厂负责供应全国各地印刷厂所用的字模，而且还要负责改进与创造印刷字体。它们所担负的任务都是全国性的，仍由北京市领导管理，也有一定困难。同时，为了加强对书刊印刷厂的指导，我部直接管理几个印刷单位，也便于积累经验。为此，我们意见，拟将这三个单位收回，由我部直接管理。

国务院在 1963 年 10 月 5 日以国文办字 663 号文件批复："同意你部将北京新华印刷厂、京华印书局和北京新华字模厂等三个单位收回直接管理。具体交接事项，请你部与北京市人民委员会洽商办理。"

　　此后，京华印书局就成为北京第二新华印刷厂，为出版事业继续做着贡献。